Olang
Ob. Pustertal
Welsberg
Toblach
Innichen
Furkel
Piz da Peres
M. Paraccia
M. Sella di Sennes
Seekofel
Plätzwiese
Pragser Wildsee
Drei Zinnen
Auronzo-Htt.
St. Vigil
Hohe Gaisl
Seekofel-Htt.
Rautal
Eisengabel-Sp.
Sennesalm-Htt.
Fosses-Alpe
Tamers
Kreuzkofel Gruppe
Pederü
Sennes-Alpe
Schluderbach im Gemärk
Fodara-Htt.
Wengen
Kl. Fanes-Alpe
Varella-Htt.
Col Becchei
La Stua - Htt.
La Varella
Fanes-Htt.
M. Cristallo
Fanes-Tal
Gr. Fanes-Alpe
Fanes-See
Conturines-Sp.
Val Travenanzes
St. Leonhard
P.so Tre Croci
Le Tofane
Cortina d'Ampezzo
Hot. Tre Croci
Alting
M. Faloria
Kassiantal
Sorapis
Piz La Villa
St. Kassian
Kl. Lagazuoi
Piz Sorega
Pocol
Corvara
Col Alt
Cinque Torri
M. Nuvolao
P.so Valparola
P.so Falzarego
Croda da L
P.so Campolongo
R. Andraz
Col di Lana
Pieve in Buchenstein
Livinallongo
Andraz
Colle S.
Selva di Cadore
Villagrande
Mga. Ciapela
Pescul
Val Pettorina
Caprile
Rocca Pietore
M. Civetta
L. d'Alleghe
Alleghe
Cencenighe
Forc. Staulanza
N
S
MATTHIAS

GUNTHER
LANGES
LADINIEN

SÜDTIROLER LANDESKUNDE
IN EINZELBÄNDEN

1

Vinschgau

2

Pustertal

3

Überetsch und Bozner Unterland

4

Burggrafenamt und Meran

5

Eisacktal

6

Ladinien

7

Bozen, Salten, Sarntal, Ritten, Eggental

LADINIEN

Kernland der Dolomiten

Ein Streifzug durch Gröden,
Gadertal, Buchenstein, Fassa und Ampezzo

von

GUNTHER LANGES

Vierte, überarbeitete Auflage
Mit 12 Farbaufnahmen und 40 Schwarzweißbildern

VERLAGSANSTALT ATHESIA - BOZEN

Umschlagbild: Goldener Herbst in Ladinien
Der Langkofel/Sasslong in Gröden

1979

Gesamtherstellung: ATHESIADRUCK, Bozen
ISBN 88-7014-117-9

Vorwort

Die Hochtäler Ladiniens sind geschichtlich bis ins hohe Mittelalter ein unbekanntes Land geblieben. Und alle Forschung hat bis heute nur sehr dürftige Ergebnisse gebracht. Denn Geschichte wird geboren und nistet dort, wo große Männer ihre Taten vollbringen, wo Landschaften dicht besiedelt sind und die „Völker aufeinanderschlagen". In den von der Natur durch Unwegsamkeit und Unbill der Witterung für die Außenwelt fast abgeschlossenen ladinischen Täler war nicht Raum für geschichtliches Geschehen in althergebrachtem Sinn, hier überwog der Lebenskampf des Einzelnen und der Sippe gegen die Allgewalt der Natur.

Das mag wohl mitbestimmend gewesen sein, warum sich über diese Talschaften aus dem ersten Jahrtausend nach Christi fast keine handschriftlichen Überlieferungen und Dokumente finden. Dafür treten für die moderne Geschichtsforschung behelfsweise die mündliche Überlieferung im Volke, sein Sagengut und dessen Deutung auf einen historischen Kern, sowie Ortsnamen und Siedlungsformen, Bodenfunde, Brauchtum und Kult u. a.

Für den beschreibenden Landeskundler aber ergibt sich dadurch die sehr schwierig lösbare Aufgabe, ein annähernd klares Bild zu entwerfen. Die direkte Abstammung der Ladiner von den Ureinwohnern (rätischen Volksstämmen) wird bezweifelt, noch erbitterter geht der Streit um die Eigenständigkeit der ladinischen Sprache. Reiches Sagengut der Ladiner ist im letzten Jahrhundert durch die moderne Zivilisation vergessen worden und untergegangen, es gelang nur Bruchstücke zu retten, die vor allem K. F. Wolff in seiner Lebensarbeit zusammengetragen hat.

Doch auch im ausgehenden Mittelalter und bis in die neuere Zeit fließen die Geschichtsquellen über Ladinien nur spärlich. Die Wegelosigkeit seiner Täler hat fast jeden Durchzug von Reisenden, deren Berichte uns unterrichten könnten, verhindert. Zu diesen Umständen tritt in den letzten Jahrzehnten der geradezu überwältigende Umbruch, den wirtschaftliche Faktoren, vor allem der Fremdenverkehr, in den ladinischen Siedlungen bewirkt hat. In dieser Flut sind sozusagen viele Dörfer und Weiler bis zu ihrem baulichen Kern verschwunden und durchzweckbedingte Neubauten erweitert worden. Wo früher neben Kirche und Widum meist nur ein oder zwei Dutzend Bauernhöfe standen, sind in den letzten Jahrzehnten in atemberaubendem Tempo Hoteldörfer mit vielen tausend Fremdenbetten erbaut worden.

Mit diesem Umbruch haben sich auch Volkstum und Brauchtum, ja die ganze Lebenshaltung der Ladiner immer mehr jener der Welt jenseits der Heimatgrenzen angeglichen. Doch das stolzeste Denkmal uralter volklicher Eigenart und Eigenständigkeit, ein vieltausendjähriger Adelsbrief, ist dem Ladiner verblieben: Die Muttersprache, die Sprache der Ahnen seit jenen unvordenklichen Zeiten, da sie die Herren dieses Alpenraumes waren.

Noch mehr als bei den anderen Bänden der Buchreihe „Südtiroler Landeskunde in Einzelbänden" konnte es nicht die Aufgabe dieses Bandes sein, kritisch wissenschaftliche oder forschende Arbeit zu leisten.

Da dieses Buch anderseits auch kein Führer im üblichen Sinne weder für den Einheimischen noch für den Fremden werden sollte (wozu auch der Umfang nicht annähernd gereicht hätte), konnte nur ein landeskundliches Mosaik entstehen, das weniger in Umrissen als in Farben versucht, ein Bild dieses wunderbaren Landes Ladinien zu geben.

Schließlich scheint mir die Bemerkung wichtig, daß mit Vorbedacht auch jene ladinischen Landschaften einbezogen wurden, die heute nicht mehr zu Südtirol gehören. Dies ist sine ira et studio geschehen und nur aus dem Grunde, weil man einen so festumrissenen Block von Menschen und Landschaft nicht spalten kann, ohne ihn zu einem Torso zu machen.

Bozen, im Frühjahr 1972 Dr. Gunther Langes

Vorwort zur vierten Auflage

Gunther Langes hatte gerade die Vorarbeiten für die zweite Auflage des vorliegenden Werkes beendet, da wand ihm der Tod die Feder aus der Hand. Ihn überlebt sein Werk, und es ist für den Verlag Athesia ehrenvolle Pflicht und wichtiger Auftrag, die Bücher von Gunther Langes stets zu überarbeiten und auf dem neuesten Stand zu halten. Demnach legt sie für alle Freunde des Dolomitenlandes und für all jene, die den besten Schilderer dieser Berge in guter Erinnerung haben, sein Werk nunmehr in vierter Auflage vor.

Bozen, im Sommer 1979 Der Verlag

Allgemeines

Ladinien

Ein Name — ein Begriff — eine Deutung

Niemand hat die vielen tausend Täler der Alpen gezählt, niemand hat sie alle durchwandert, und keiner wird sich vermessen, sie auch nur von Aussichtshöhen erblickt zu haben. Nur wenige Menschen haben es sich angemaßt, die schönsten Täler unter ihnen zu küren. Und wenn dies auch große Bergsteiger waren oder Alpenwanderer, die ein ganzes Leben lang durch diese Bergwelt gezogen sind, solche Werturteile werden immer nur Stückwerk bleiben.

Wohl aber gibt es unter den Alpentälern Namen, die nicht nur in Geographie und Landeskunde leben, sondern von weiten Kreisen der Menschen gekannt und von ihnen bewundert und geliebt werden, ja, die auch vielen, vielen Menschen ein Begriff sind, obschon sie nie die Alpen betreten haben.

Der Name Ladinien ist solch einer der hellsten Fanfarenstöße in der mächtigen Symphonie der Alpentäler. Denn dieser Name ist auch heute noch in seinem ganzen Wesen edelbürtig, er ist aus adeligem Schoß geboren, aus der urewigen, überwältigenden Bergschönheit der Dolomiten, und seine Täler furchen durch das in grauer Vorzeit wurzelnde Stammland der rätischen Urbevölkerung.

Was berühmt ist, hat meist auch eine große, geheimnisvolle und urgeschichtliche Vergangenheit. Von den ersten Menschen, von den alpenländischen Ureinwohnern Ladiniens, den Rätern, wissen wir nur, daß sie von den Römern zu allererst unter diesem Namen zusammengefaßt wurden. Heute ist es eine berechtigte Vermutung, daß es Veneto-Illyrer waren, die als erste in die Alpentäler vordrangen und dort siedelten. Inwieweit sie sich hierbei mit Kelten teilten und — wie einzelne Forscher vermuten — auch etruskische Volkssplitter neben sich duldeten, ist heute noch umstritten. Einzelne Gelehrte stoßen mit ihren Mutmaßungen in noch frühere Zeiten zurück: Reste wilder ligurischer Jäger, Protoitaliker und Euganeer hätten vor den ersten Dauersiedlungen die Täler nomadenhaft durchstreift und seien von den nachrückenden, dauersiedelnden Landnehmern in die höchsten Gebirgstäler zurückgedrängt worden.

Erst in jüngster Zeit (Sommer 1978) hat sich eine Bestätigung für diese Theorie ergeben, als der Südtiroler Archäologe Dr. Rei-

mo L u n z zusammen mit Professoren der Univ. Padua auf dem Grödner Joch Funde aus der mittleren Steinzeit tätigte.
Die Römer kamen mit den wilden und ungestümen Volksstämmen der Alpentäler, eben den Rätern, erst in Berührung, als sie über den Po vorgestoßen und den Fuß der Alpen erreicht hatten. Zu jener Zeit tauchte bei den römischen Historikern der Sammelbegriff „Räter" auf. Erst als die Römer der vielen räuberischen Einbrüche der alpenländischen Volksstämme in das Po-Land überdrüssig geworden waren und die Nordgrenze des Tieflandes gegen die Alpen hin geschützt sehen wollten, also erst nach dem berühmten Kriegszug des Drusus und Tiberius in den Jahren 15 und 16 vor Christi Geburt, bei dem Rätien überrannt, erobert und als Provinz dem Römischen Imperium eingegliedert worden war, erst dann lernten die Römer die Vielzahl der Volksstämme, die in den Alpentälern siedelten, genauer kennen.

Das berühmte Felsenland „Dolomiten"

Viele Merkwürdigkeiten umwehen das Bergland, das zwischen Eisack, Rienz und Piave eingelagert ist, und das wir heute als D o l o m i t e n bezeichnen. Die eine ist zweifellos, daß der Name Dolomiten sehr neu, ja nur etwa 150 Jahre alt ist, während auf alten Karten und auch aus alten Schriften für dieses so besondere und auffallende Gebirgsland kein einheitlicher Name zu finden ist. Es ist ja allbekannt, daß Bergnamen fast durchwegs aus den Tälern aufwärts wandern, mit anderen Worten, daß die Berge vielfach Namen der Täler oder Flurnamen annehmen. Nichts von alledem ist bei den Dolomiten auf alten Karten zu finden.
Über die Entstehung und Herkunft des Namens Dolomiten ist schon so oft gehandelt worden, daß ein kurzer Hinweis genügt. Der aus dem Dauphiné stammende Mineraloge D é o d a t de D o l o m i e u (1750—1801) fand auf einer Reise über den Brenner im Jahre 1789 im Eisacktal und noch weiter unten im Etschtal ein Mineral, das er im Gegensatz zum Kalk als einen magnesiasauren Kalk erkannte. Um dessen Entdecker zu ehren, wurde dem neuen Mineral, entgegen dem Willen Dolomieus, der Name Dolomite gegeben, und der Mann, dem wir diese Anregung verdanken, war der Naturforscher Théodore de Saussure (1767—1845), ein Sohn des berühmten schweizerischen Naturforschers Horace Bénédict de Saussure, des ersten Ersteigers des Montblanc im Jahre 1787.
Der Name für das neue Mineral setzte sich wohl sehr bald durch, hingegen stieß die Benennung des gesamten Gebirges

mit „Dolomiten“ durch längere Zeit auf Ablehnung, besonders aus alpinen Kreisen. Trotzdem ist diesem Felsengebirge der Name geblieben. Die ersten Schilderungen von Reisenden aus diesem Bergland durch die Engländer Churchill und Gilbert, die kurzweg das ganze Gebirge mit diesem Namen bedachten, waren hierfür wohl entscheidend. Der Wohlklang und die Fremdartigkeit des Namens mögen auch dazu beigetragen haben.

Entstehung des ladinischen Idioms

Eine andere Merkwürdigkeit des Dolomitenlandes ist die Tatsache, daß in weiteren Kreisen ebenfalls verhältnismäßig sehr spät bekannt wurde, die Einwohner einiger dieser Gebirgstäler sprächen eine fast unbekannte, fremdartige Sprache und seien vielfach in ihrem Wesen und Volkstum von den Bewohnern der umgebenden Tallandschaften verschieden. In der ersten Hälfte des 19. Jahrhunderts traten die ersten Sprachwissenschaftler auf den Plan, die diese merkwürdigen Idiome wissenschaftlich untersuchten und sich mit ihnen näher befaßten. Aufmerksam wurde man darauf wohl schon einige Jahrhunderte vorher, ja schon im ausgehenden Mittelalter. Man erkannte, daß es meist nur in den Alpenhochtälern gesprochene romanische Dialekte waren, und besonders in Graubünden erhielten sie auch den Namen rätische Mundarten. Das Bewußtsein, eine eigene, selbständige Sprache zu sprechen, kam jedoch nirgends auf. Die Verwechslung des Romanischen mit einem verlotterten italienischen Dialekt ist fast durchwegs zu finden.

> Auch Marx Sittich von Wolkenstein, der bekannte Beschreiber des Landes Südtirol, ist dieser Ansicht, wenn er zum Beispiel von Gröden schreibt: „In disen Tal Greten redt man auch die grobwelsche Sprach, die unser ainer nit verstein kan und wenig deisch . . .“

Die römische Herrschaft, die wohl mehr als lockere Etappenherrschaft und zur Sicherung der großen Verkehrswege zu werten ist, dauerte fast ein halbes Jahrtausend. Eine völkliche Vermischung der römischen Invasoren ist fast völlig auszuschließen, denn zu dünn war die römische Besiedlung, zu groß wohl die kulturellen Unterschiede und gar zu vereinzelt sind römische Funde in unseren Alpentälern, die auf ausgedehntere Siedlungen oder gar Befestigungen hinweisen würden.

Hingegen mußte sich in diesen fünf Jahrhunderten die Sprache der Römer allmählich bei der Urbevölkerung einnisten, denn die alte, urrätische Sprache der Volksstämme verlor allmählich immer mehr an Wert. Seit dem 5. Jahrhundert nach Christi Geburt scheint sie gänzlich verschwunden zu sein. Die Übernahme der römischen Sprache scheint auch durch den Beginn der Christianisierung sehr begünstigt worden zu sein. Der Legende nach kamen die ersten Glaubensboten schon sehr früh durch das Etschtal herauf, ja darunter sollen sich der hl. Hermagor und der hl. Fortunatus befunden haben, die Schüler des hl. Markus waren. Diese Glaubensboten drangen sehr weit in die rätischen Täler vor — was vor allem durch die schon sehr frühe Gründung des Bistums Säben (4. Jh.?) erhärtet ist — während der Legende nach schon vorher kleine, verstreute Glaubensgemeinschaften bestanden haben sollen.

Mit der Übernahme der lateinischen Sprache bestand zwar das Volkstum der Urbevölkerung weiter, die neue Sprache aber wurde ihrer Lauteignung entsprechend zur Sprache dieser Bevölkerung, dem „Ladinischen oder Rätoromanischen" umgestaltet. Es erscheint also ganz berechtigt, wenn von jener Zeit ab die alten Räter als Rätoromanen oder Ladiner bezeichnet wurden.

Der Ausdruck L a d i n i s c h wurde geprägt, um gegenüber dem übergreifenden Ausdruck rätoromanisch eine Unterscheidung für die rätoromanischen Idiome in Südtirol zu schaffen. Um dies aber auf einen einfachen Nenner zu bringen, genügt die Feststellung, daß das Ladinische ein Teil der weitverbreiteten romanischen Sprache ist, die früher die ganzen Alpen überzog. In ihr waren eine Reihe verwandter romanischer Sprachen, so Katalanisch, Provenzalisch, Französisch, Italienisch und andere zusammengefaßt.

Das Siedlungsgebiet dieser Vielheit von Volksstämmen in den Alpen, die vom Graubünden und dem Bodensee bis an die Grenzen Istriens reichte, wurde nach dem Zusammenbruch der römischen Herrschaft und zur Zeit der Völkerwanderung durch fremde Eindringlinge gespalten: Vom Norden kamen die Bajuwaren und Alemannen, von Süden drangen die Ostgoten und die Langobarden, später die Franken vor. Wie Keile sprengte diese Landnahme in den Alpentälern die geschlossene Front der Rätoromanen und Ladiner entlang dem östlichen Alpenbogen. Das hat den Beginn des heutigen Zustandes ergeben, die Aufspaltung des Rätoromanischen in drei große Inseln, das Rätoromanische in Graubünden, das Ladinische in den Dolomiten und das Friulanische („Furlanische") in den Karnischen Alpen und in Friaul bewirkt.

Streit um die ladinische Sprache

Ladin, das „Edelweiß" unter den romanischen Sprachen

Eines der Hauptmerkmale der Landschaft Ladiniens ist unbestreitbar die ladinische Sprache. Zur Unterbauung der These, daß das Ladinische eine eigene Sprache ist und nicht zu den oberitalienischen Mundarten gezählt werden darf, sollen hier einige kurze Erläuterungen eingefügt werden. Schon im vorigen Jahrhundert kamen die ersten Sprachwissenschaftler, die sich mit diesem Problem abgaben, zu dem Ergebnis, das Ladinische sei philologisch seinem Charakter nach einwandfrei eine eigene Sprache und keine italienische Mundart. Erst mitten im Ersten Weltkrieg wurde aus durchsichtigen politischen Motiven, die das ladinische Gebiet zu einer „Terra Irredenta" machen wollten, die Behauptung aufgestellt, das Ladinische sei eine oberitalienische Mundart. Obwohl dieser Behauptung eine geschlossene gegnerische Front von zahlreichen Gelehrten in verschiedenen Ländern gegenüberstand, wurde sie vom bekannten Romanisten Carlo Battisti und dessen Schule weitergepflegt und bis auf heute aufrechterhalten. Der Ahnherr dieser Schule und einer der verbissensten Gegner allen Deutschtums südlich des Brenners war der Nationalist Ettore Tolomei. Auch die Gegnerschaft bekannter italienischer Romanisten hat nicht vermocht, die Schule Battistis in ihrer Ausrichtung und Zielstrebigkeit zu verändern oder zu schwächen. Und dies vor allem mag ein Beweis dafür sein, daß heute noch politische Motive das Rückgrat dieser Schule mit ihren Ideen stärken und beeinflussen.

Die Gegnerschaft gegen das Ladinische, die dieses nicht als eigene Sprache, sondern lediglich als einen italienischen Dialekt erklärt wissen will, ist wohl letzten Endes zu einem Großteil politischen Charakters. Man wollte die Ladiner nach dem Ersten Weltkrieg besonders eben durch ihre Sprache zu Italiener stempeln und sie somit zu jenen Volksteilen rechnen, die unter österreichischer Herrschaft standen und befreit werden sollten. Mit Spitzfindigkeit ließ sich natürlich eine ganze Reihe von Randargumenten finden, weil ja bei einer so ausgeprägten Verwandtschaft dieser romanisierten Sprache mit dem Italienischen der nähere Grad dieses Zusammenhangs niemals genau festgelegt werden konnte.

Es ist hier nicht der Ort, auf eine nähere Untersuchung des Für und Wider einzugehen, denn die Auseinandersetzungen über die ladinische Sprache haben eine Breitenentwicklung angenommen, die schon raummäßig in einer kurzen, landeskundlichen Übersicht keinen Platz mehr finden würden.

Hier soll schließlich nur mehr darauf hingewiesen werden, daß die Ladiner selbst aus dem Gefühl, eine eigene Sprache zu haben, sich auch volklich weder zu den Italienern noch zu den Deutschen bekennen, sondern nur als Ladiner, und auch Ladiner bleiben wollen.

Es ist das Verdienst des bekannten italienischen Sprachgelehrten Graziadio Ascoli (1809—1907), das rätoromanische Idiom in seinem wissenschaftlichen Eigencharakter als Rest einer früher viel ausgedehnteren romanischen Sprache herausgefunden zu haben (Albin Kuhn). Unabhängig von ihm ist Theodor Gartner (1843—1925), der Romanist an den Universitäten Cernowitz und Innsbruck, zum gleichen Ergebnis gekommen. Diese Ansicht wurde auch von anderen italienischen Wissenschaftlern bis vor den Zweiten Weltkrieg herauf vertreten.

> Noch 1937 schreibt Giulio Bertoni, der Romanist in Rom: „Das Ladinische oder Rätoromanische oder Romantsch, wie es auch genannt wird, ist eine neulateinische Sprache, die, wie jedermann weiß, in drei verschiedenen Gegenden der Alpen gesprochen wird ... Es gibt keinen Grund, dem Ladinischen die Eigenschaft einer Sprache nicht zuzusprechen, das (in seinen Abarten) wichtige, gemeinsame Züge aufweist."

Gegen die Lehre der Schule Battistis bildete sich bald eine geschlossene, gegnerische Front vor allem ausländischer, romanischer Philologen. Darunter scheinen Namen wie Robert von Planta, Chaspar Pult, Jakob Jud, Ernst Gamillscheg und vor allem Walther von Wartburg auf. Sie alle konnten in hohem Maße nachweisen, daß das Ladinisch-Rätoromanische einwandfrei den Eigencharakter einer selbständigen Sprache habe.

Auch die Beweise, die Carlo Battisti und seine Schüler aus dem großen Schatz der Orts-, Flur- und Gewässernamen herauszumeißeln versuchten, fanden in einer großen Reihe von Gelehrten entschiedene Gegner. Zu diesen zählen Gamillscheg, Finsterwalder, Hubschmid, K. F. Wolff und andere. Aus dieser Sprachquelle, die ja teilweise zu den ältesten zählt, sollte nach Battisti eine nur geringe und späte Besiedlung der ladinischen Täler nachgewiesen werden, und die Behauptung wird aufgestellt, die deutschsprachigen Südtiroler seien zum großen Teil germanisierte Ladiner.

Mancherlei Umstände erschweren die zielsichere Deutung auf dem Gebiete der ladinischen Sprachforschung sehr. Wenn man bedenkt, daß die heute noch lebenden rätoromanischen Sprachinseln zahlreiche Abarten aufweisen, daß ferner in den fünf ladinischen Landschaften in den Dolomiten, die von nur ungefähr 20.000 Menschen besiedelt werden, in jedem Tal eine eigene, in vielem stark abweichende Mundart gesprochen wird, so läßt sich leicht verstehen, daß es nie dazu kommen konnte, eine für alle ladinischen Mundarten in den Dolomiten allgemein gültige Grammatik zu schaffen. Dies hinwieder hatte zur Folge, daß die einzelnen Mundarten, jede auf eigenem Wege, sich immer mehr veränderten, zum Teil auch durch den Einfluß der Nachbarsprachen, besonders des Italienischen, durchsetzt und zersetzt werden. In geringerem Maße ist dies von deutscher Seite her möglich, weil die engere Sprachverwandtschaft wie beim Italienischen nicht gegeben erscheint.

Die überzeugenden Ausführungen des deutschen Sprachforschers Walther von Wartburg haben für jeden objektiv denkenden Menschen den Schlußstrich unter diesen wissenschaftlichen Streit gezogen und bewiesen, daß das Ladinische einwandfrei dem Eigencharakter einer selbständigen Sprache entspricht und nicht als italienische Mundart gewertet werden kann.

Mit der Feststellung der territorialen Ausbreitung der ladinischen Sprache als heute noch lebende Umgangssprache gelangt man bereits zu einer näheren Umgrenzung des Begriffs Ladinien. Es besteht kein Zweifel, daß vor dem Eindringen der Römer und vor der Völkerwanderung das ganze Gebiet der Ostalpen zwischen dem jungen Rhein und Inn bis zur Rienz und Piave von Ladinern besiedelt war. Durch das Eindringen der Bajuwaren vom Norden schob sich ein Keil in diese ladinische Front, der sie nach zwei Seiten aufspaltete. Während nun der westliche Teil dieser aufgebrochenen Front viel weiter gegen Westen und im Laufe der Jahrhunderte durch die bajuwarische und alemannische Kolonisierung bis an die Grenzen Graubündens gedrückt wurde, blieb der östliche Teil hart an der Straße ihres Einbruchs und der Völkerwanderung bestehen. Hier wurden die Ureinwohner aus ihren Siedlungen in der Talsohle und auf den Mittelgebirgsstufen lediglich bis in die nahen Dolomitentäler zurückgedrängt. Wie der Prozeß dieser Einengung oder Verdrängung in den Jahrhunderten vor sich gegangen ist, darüber sind wir heute noch auf Vermutungen angewiesen. Noch ist es unklar, ob dieser Vorgang sehr abrupt vor sich gegangen ist, oder ob die einheimische ladinische Bevölkerung mit den eingewanderten germanischen Elementen durch kürzere oder längere Zeiten nebeneinander vermischt gesiedelt, also eine Art volkliches und sprachliches Brackwasser gebildet haben.

Heute sind die Grenzen schon fester umrissen. Der Kern Ladiniens ist der mächtige Gebirgsstock der Sellagruppe, von dem aus die vier ladinischen Täler nach allen Richtungen ausstrahlen. Von diesen haben das Grödental, das Gadertal und das Buchenstein scharf abgezeichnete Grenzen nach außen, während das Fassatal und schließlich das Becken von Ampezzo nur mehr als vermischte Gebiete mit fließenden Grenzen zu betrachten sind. Diese beiden Täler laufen verkehrsmäßig viel leichter und günstiger in italienische Gebiete aus, so daß vor allem in den letzten Jahrhunderten eine Vermischung und Zersetzung mit dem verwandten Italienisch eher möglich war. Hingegen hat sich die Berührungsfront gegen die deutschen Täler, besonders beim Gröden- und Gadertal, als viel kräftiger erwiesen und ist zu einer leicht erkennbaren und gefestigteren Grenze zwischen dem ladinischen und dem deutschen Sprachraum geworden.

In unsere Betrachtung ist auch das Ladinertum in den drei Landschaften, die heute nicht mehr zu Südtirol gehören, sondern den italienischen Provinzen Trient und Belluno einverleibt sind, einbezogen worden, weil dort immerhin noch ein starker Kern des Ladinischen vorhanden ist, den man auch heute, besonders bei geschichtlichen Betrachtungen, nicht einfach beiseiteschieben oder abtrennen kann. In diesem Zusammenhang ist überdies zu bemerken, daß sich vor allem in Fassa eine starke Strömung gebildet hat, die den Anschluß dieser Talschaft an die Provinz Bozen zum Ziel hat.

Die Schulen Grödens und des Gadertales sind in der Grundstufe (Volksschule) dreisprachig, in der Mittelschule wird teils italienisch, teils deutsch unterrichtet, mit einer Wochenstunde („Ladinische Kultur“) in ladinischer Sprache.

Touristische Erschließung Ladiniens

Bergsteiger und Reisende entdecken ein Wunderland

Das Gebiet Ladinien ist fast wie eine felsumgürtete Festung in den weiten Flächenraum der Gesamtdolomiten eingelagert. Die Pforten dieser Festung sind fast durchwegs durch ungangbare, schluchtartige Täler gegeben. So ist das Eggental die Pforte, durch die man in das Fassatal gelangt, das ebenfalls tief eingegrabene und an seinem Ende schluchtartig verengte Tal des Grödner Baches (Dirschenbaches) bildet die Pforte zum Grödental, das Tal des Gaderbaches, der so friedlich bis zu seinem untersten Teil durch liebliches Gelände führt, wird plötzlich in der Schlucht von Montal zur Nordpforte in das Pustertal. Auch das Fassatal wird unterhalb von Moena durch eine starke Verengung ganz deutlich vom breiten Fleimstal getrennt. Am stärksten fast wirkt sich die Verschließung durch eine Schluchtpforte im Buchensteinischen aus, wo der gesamte, steilflächige Talschluß, der diesen Teil Ladiniens bildet, in der Schlucht des Cordevole zusammengedrängt wird. Und sogar die beckenartige Talweitung von Cortina d'Ampezzo wird nach Norden und gegen Südosten von starken, schluchtartigen Verengungen zu einer eigenen Landschaft abgesondert.

Die schwierige Zugänglichkeit durch diese früher unwegsamen Schluchtpforten mag sich auch dahin ausgewirkt haben, daß sich eben in Ladinien Sprache und Volkstum entgegen anderen Teilen der Dolomiten bis auf heute und viel reiner erhalten haben. Wenn man von einer Abgeschlossenheit spricht, so ist damit keine absolute Verkehrslosigkeit gemeint. Wie wäre es sonst denkbar, daß schon seit einigen Jahrhunderten besonders Gröden einen Handelspfad für seine Schnitzereiwaren nach außen besaß, wie wäre es möglich, daß der Verkehr zwischen dem Fassatal und dem Fleimstal sich schon früher eher reger gestaltete, und vor allem Cortina d'Ampezzo war ja an der großen Handelsstraße aus dem Pustertal durch das Tal des Boite und weiter das Piavetal in die oberitalienische Tiefebene ein vielbewandertes und befahrenes Gebiet.

Eine Entdeckung Ladiniens ist also ganz im touristischen Sinne gemeint. Früher war ein Vordringen nach Ladinien an den Soi tenwegen der von der Natur verschlossenen eigentlichen Pforten wohl immer nur wirtschaftlich oder politisch zweckbedingt.

Englische Bergpioniere entdecken Ladinien

Wenn man jedoch hört, daß im Jahre 1860 die ersten englischen Reisenden — halb Touristen, halb Wissenschaftler — G. C. Churchill und J. Gilbert, die von Bozen aus in das Reich der „Bleichen Berge" vordringen wollten, und auf einer Landkarte wohl festgestellt hatten, man könne über den Karerpaß das Fassatal erreichen, in Bozen aber trotz überall eingezogener Erkundigungen nicht den geringsten Hinweis erhielten, welchen Weg sie einschlagen sollten, dann kann man füglich von einer Entdeckung im touristischen Sinne sprechen.

Tatsächlich waren die beiden Reisenden dadurch in ihrer Planung so irre geworden, daß sie den Weg über Seis und die Seiser Alm in das Fassatal nahmen. Ganz vereinzelt mögen auch andere Wissenschaftler schon zu Beginn des 19. Jahrhunderts etwas weiter nach Ladinien vorgedrungen sein, denn um 1820 fand ja bereits in Predazzo eine Art geologischer Kongreß statt, an dem auch Alexander von Humboldt teilnahm. Es wäre also verwunderlich, wenn keiner von diesen Gelehrten, die in dieser geologisch so ungeheuer interessanten Gegend verweilten, nicht auch weiter in Ladinien vorgedrungen wäre. Immerhin müssen die beiden Engländer als die ersten touristischen Entdecker zumindestens eines Teiles Ladiniens angesehen werden, schon deshalb, weil sie ihre sich über drei Jahre hinziehenden Wanderungen in den Dolomiten und allerdings auch in den benachbarten Gebieten (Kärnten, Carnia und Friaul) in einem Buche beschrieben, das im Jahre 1864 unter dem Titel „The Dolomite-Mountains" in London erschienen ist. Dieses Buch erregte großes Aufsehen und wurde durch eine Übersetzung ins Deutsche schon im Jahre 1865 auch auf dem Kontinent sehr bekannt.

Für die Erschließung war es besonders wertvoll, daß Churchill und Gilbert nicht an den großen Tälern und befahrenen Routen klebten, sondern absichtlich „mapped out routes" wählten, also Wege begingen, die auf der Landkarte nicht verzeichnet waren, Pässe überschritten, von denen außer den Einheimischen niemand etwas wußte. Diese ersten Engländer wurden von der einheimischen Bevölkerung so bestaunt, daß man diese „Vertreter einer exzentrischen Nation" in den Dolomiten noch vielfach nicht als Engländer erkannte, sondern sie für Ungarn hielt.

Zu Fuß oder beritten durchstreiften sie so einen Teil Ladiniens, sie waren die ersten, die von der Schönheit des Rosengartens, der Marmolata und der Palagruppe begeistert waren. Sie verwiesen erstmals auf die herrlichen „panoramic views", sie bemühten sich, den Standort seltener Alpenpflanzen zu finden und auf geologisch-mineralogische Merkwürdigkeiten hinzuweisen. Den Ehrentitel als Erschließer macht den beiden Engländern Churchill und Gilbert ein anderer Engländer fast etwas streitig. Es ist der bekannte Reiseschriftsteller John Ball, der um die gleiche Zeit, jedoch von Süden kommend, in die Dolomiten eindrang. Berühmt geworden ist John Ball durch die erste Ersteigung des Monte Pelmo im Jahre 1859 und damit der ersten Eroberung eines der Dolomitriesen überhaupt, dann aber auch durch seinen vergeblichen Versuch, die Marmolata als höchsten Berg der Dolomiten erstmals zu ersteigen, wobei er einen Teilerfolg errang und mit einem andern Engländer, Birchbeck, und dem chamoniardischen Führer Tairraz den Gipfel der etwas niedrigeren Marmolata di Rocca erreichte. John Ball ist also schon bis an den Rand Ladiniens vorgedrungen; mehr Absichten hatte er anscheinend nicht, denn als Verfasser des großzügig gehaltenen Buches „Eastern Alps" hielt er sich hauptsächlich an die begangenen Talrouten, schilderte Land, Leute und Leben und maß den Bergbesteigungen und den alpinen Siedlungen weniger Interesse bei.

Paul Grohmann — der größte Dolomitenpionier

Wenn jetzt erst und an dritter Stelle ein Österreicher, der aus Wien gebürtige Paul Grohmann, als Entdecker der Bergwelt Ladiniens genannt wird, so geschieht dies nur wegen der zeitlichen Reihung und nicht wegen seiner Bedeutung als Erschließer. Denn in dieser Hinsicht übertraf er bald alle seine Vorgänger.

Im Jahre 1862 kam der 24jährige Student Paul Grohmann erstmals in die Dolomiten und eroberte gleich im ersten Ansturm die Marmolata di Rocca, vollführte dabei die dritte Ersteigung dieses Berggipfels, wobei die höchste Spitze, Marmolata di Penia (3344 m), noch immer unbezwungen war. Jahr für Jahr kehrte er nun wieder und hielt reiche Auslese an Erstersteigungen der höchsten Dolomitriesen rings um den Kessel von Cortina, darunter die Drei Tofanen, Antelao und Sorapiss, Piz Boé und schließlich neben all diesen mächtigen Dreitausendern die Marmolata di Penia, die „Königin der Dolomiten" und deren höchster und einziger verfirnter Gipfel. Als letzte Großtat gelang ihm endlich im Jahre 1869 die Eroberung des allgemein als unersteiglich geltenden Langkofels

(3181 m), des prachtvollen Berges des Grödner Tales und dessen Wahrzeichen.

Diese Bergsteigertaten und die Veröffentlichungen Grohmanns darüber zogen alsbald zahlreiche andere Bergsteiger nach Ladinien. Die Seilschaften wurden immer zahlreicher; viele englische Bergsteiger waren unter ihnen, die entweder mit einheimischen Führern oder mit Schweizern den Spuren Grohmanns folgten. Inzwischen war auch die Gründung der großen Bergsteigervereinigungen in den verschiedenen Ländern erfolgt, zuerst die des Alpine Clubs im Jahre 1852, der im Jahrzehnt zwischen 1860 und 1870 die Gründung des Österreichischen und dann des vereinigten Deutschen und Österreichischen Alpenvereines folgte. Es ist heute klar überblickbar, daß der Alpinismus an den höchsten Bergen der erste Vorläufer für den Fremdenverkehr im modernen Sinne war. Denn noch mehr als die Zahl der Bergsteiger nahm bald die Zahl der Bergwanderer zu, jener Touristen also, die nicht große Gipfelbesteigungen vorhatten, sondern weite Wanderungen über Pässe und Jöcher ausführten.

Die klassische Epoche der Erschließungsgeschichte der ladinischen Berge nahm bald eine ungeahnte Breitenentwicklung. Schon bald erhielt die Geislergruppe bergsteigerischen Besuch. Im Jahre 1887 wurde der Hauptberg der westlichen Gruppe, einer der schönsten Kletterberge, der große Fermedaturm (2873 m), von Karl Schulz und dem berühmten Alpenmaler E. T. A. Compton und Gefährten mit dem bekannten Palaführer Michele Bettega erstmals erstiegen. Bei der weiteren Erschließung war es besonders der Deutsche Ludwig Darmstädter, meist mit seinem Lieblingsführer Much Stabeler und dem Fassaner G. Bernard, der zahlreiche der Odlen erstieg. Gerade dieses Gebiet entwickelte sich so schnell zu einem beliebten Klettergebiet, daß schon im Jahre 1884 die Sektion Regensburg des Deutschen und Österreichischen Alpenvereins auf den weiten Matten am Nordfuße der Gruppe die erste Hütte im Grödner Tal erbaute.

Auch die Erschließung der gewaltigen Langkofelgruppe nahm, nachdem durch die Ersteigung des Langkofels der Bann gebrochen war, einen raschen Verlauf. Die gewaltigen Kolosse dieser Gruppe, die später Grohmannspitze benannte und der dann als Innerkoflerturm getaufte Berg, wurden beide in den Jahren 1880 und 1881 von Michael Innerkofler, dem berühmten „Bergführerkönig" aus Sexten, erstiegen. Gewaltiges Aufsehen erregte die erste Ersteigung der Fünffingerspitze durch R. H. Schmitt aus Wien und J. Santner aus Bozen. Mit dieser für damals unerhörten sportlichen Leistung wurde der Klettersport im ganzen neu und stärker belebt, immer zahlreicher wurden die Kletterer, die schwere Klettertouren suchten, und ein Berg, wie die Fünffingerspitze, wurde damals geradezu zum Modeberg, den man gemacht haben mußte!

Schutzhütten entstehen als Stützpunkte

Diese immer mehr anschwellende alpine Tätigkeit brachte nicht nur in den Talorten, vor allem in St. Ulrich und St. Christina, einen stärkeren Zustrom von Gästen, aus ihr entsprang auch die Notwendigkeit, für die weiteren Zugangswege zu den Bergen Zwischenstützpunkte zu schaffen. Vom Bau der ersten Hütte im Grödner Tal, der Regensburger Hütte, war schon die Rede. Ihr folgte die Errichtung der Bamberger Hütte der Sektion Bamberg im Jahre 1894 auf der Felsenhochfläche der Sellagruppe und am Fuße des Piz Boé (3151 m). Denn während die Geisler ganz besonders als Klettergruppe für kürzere Touren an hübschen, nicht allzu hohen Wänden und Kanten immer beliebter und die Langkofelgruppe der Tummelplatz für die schärfere Richtung von Alpinisten jener Zeit wurde, war die mächtige Sellagruppe, diese gewaltige Bastion im Talschluß von Gröden mit ihrer großen Felshochebene und den leichter zugänglichen Felsentälern und schließlich als ihren höchsten Punkt, den aussichtsreichen Piz Boé, eines der beliebtesten Ziele der Bergwanderer.

Als Stützpunkt für die großen Klettertouren in dem mächtigen Felshufeisen der Langkofelgruppe wurde im Jahre 1894 die Langkofelhütte (2253 m) von der Akademischen Sektion Wien erbaut, deren Mitglieder hier durch viele Jahre ein reiches Betätigungsfeld fanden. Der westliche Teil der Sellagruppe, in dem verschiedene prachtvolle Klettergipfel aufragen, darunter der Daint und Bec de Mezdí, wurde durch den Bau der Pisciadúhütte durch die Sektion Bamberg im Jahre 1903 erschlossen. Auch die Sektion Gröden des DuÖAV erwarb sich durch die Errichtung der Raschötzer Hütte (2170 m) im Jahre 1903 große Verdienste um die Erschließung des weiten Gebietes der Raschötz und Seceda. Die Sektion Gröden des DuÖAV mit dem Sitz in St. Ulrich wurde bereits im Jahre 1885 gegründet und ist so ein Beweis, welches Interesse die einheimische Bevölkerung der Entwicklung des Alpinismus und des Bergwanderns beimaß. Im gleichen Jahre wurde in St. Ulrich auch ein Verschönerungsverein gegründet, der sich in reger Tätigkeit mit den Spazierwegen rings um den Ort selbst, mit der Betreuung der Gäste in vieler Hinsicht befaßte, und damit schon sehr früh eine Stelle geschaffen, wie sie heute die Kurverwaltung bildet.

Außerordentlich stark waren die Auswirkungen des Baues zweier großer alpiner Unterkunftshäuser, des Sella-Joch-Hauses der Sektion Bozen des DuÖAV und der Bau eines Hospizes von seiten einer Reihe von Grödner Interessenten auf dem Grödner Joch im Jahre 1895. Mit dem Sellajoch wurden den Kletterern an der Südfront der Langkofelgruppe, am Langkofel selbst, der kühnen, vielbekletterten Fünffingerspitze, der Grohmannspitze und dem Innerkoflerturm ein unübertroffen günstiger Stützpunkt geschaffen. Und gerade diese Seite der Langkofelgruppe wurde das erwählte Gebiet der tüchtigen und der schärferen Richtung angehörenden Kletterer. Gleichzeitig aber war damit für die vielen Bergwanderer ein bequemer Aufenthalt auf dem vielbenützten Übergang des Sellajoches von Gröden in das Fassatal entstanden. Dies traf auch beim Grödner-Joch-Hospiz zu. Jetzt wurden auch die sehr hübschen, für kleine, aber auch schwierige Touren bekannten Cirspitzen leicht erreichbar, ebenso der Zugang durch die schluchtartigen Täler auf die Felshochebene der Sellagruppe.

Nicht in der gleich schnellen Folge wie im Gebiet der Grödner Dolomiten, doch immerhin fast systematisch, wurden auch die andern Berggruppen Ladiniens durch Schutzhütten des DuÖAV wirksam erschlossen und die Betätigung in ihnen dadurch ungemein erleichtert. In erster Linie war dies auch in den Bergen des Fassatales der Fall. Das Juwel, die Rosengartengruppe, zu der damals der einzig gebräuchliche Zugang vom Fassatal heraufführte, erhielt mit der Erbauung der Vajolethütte (2243 m) der Sektion Leipzig eine ungemein günstig gelegene alpine Herberge, fast am Fuße der zahlreichen Kletterberge ringsum, der Rosengartenspitze, der Vajolettürme, der Laurinswand u. a.

Eine Gruppe, in der der Bau von Schutzhütten zu einem besonders starken Bedürfnis wurde, war die Marmolatagruppe. Im Jahre 1903 wurde auf dem Fedajasattel das Bamberghaus der Sektion Bamberg errichtet, das in der Folge bald die Größe eines Hotels annahm. Die Marmolata war zu einem der beliebtesten Hochziele der Bergwanderer geworden. Ihre leichte Ersteigbarkeit über die verfirnte Nordflanke, ihre Höhe von 3344 m, und ihr Rang als höchster Gipfel der Dolomiten überhaupt machte sie zu einem der beliebtesten und besuchtesten Hochgipfel der Ostalpen.

Mit der ersten Durchsteigung der berühmten Südwand im Jahre 1901, mit der Schaffung des gesicherten Steiges über ihren eindrucksvollen Westgrat ergab sich die Notwendigkeit, auch im Contrintale einen alpinen Stützpunkt zu schaffen, was durch die Erbauung des Contrinhauses der Sektion Nürnberg des DuÖAV im Jahre 1905 erfolgte.

Geringere Ausmaße hatte der Schutzhüttenbau in den Bergen des Gadertales, was sich aus deren Formung ergab, die sich ja besonders für Bergwanderungen, nicht so für Kletterer schärferer Richtung eignete. Immerhin hatte die Sektion Ladinia mit dem Sitz in Enneberg schon im Jahre 1889 die Puezhütte (2475 m) errichtet, durch die erst die landschaftlich so ungemein großartige und als Wandergebiet geeignete Hochfläche von Puez erschlossen wurde.

Knapp vor dem Ausbruch des Ersten Weltkrieges wurden die Grundmauern für den Bau der Vallonhütte an der Ostseite der Sellagruppe gelegt, um hier durch eine Schutzhütte den langen Wanderweg und Aufstieg von Corvara her auf den Piz Boé an Länge zu entschärfen. Der Kriegsausbruch hat die Fertigstellung dieser Hütte vereitelt. Auch im Gebiet von Cortina d'Ampezzo und im Kranz seiner Berggruppen sind einige Schutzhüttenbauten erwähnenswert. Am wunderschönen kleinen See unter der Croda da Lago entstand im Jahre 1904 die Reichenberger Hütte, während das originelle Gebäude der Nuvolauhütte auf dem Gipfel des Nuvolau (2575 m) selbst durch die private Initiative eines deutschen Gastes und Bergsteigers entstand. Am Nordfuße des Sorapiss endlich entstand die Pfalzgauhütte der Sektion Pfalzgau des DuÖAV.

Am entlegensten und am schwierigsten zugänglich war bis ins 19. Jahrhundert die Landschaft Buchenstein. Alle Verbindungen zu den Schwestertälern waren nur Karrenwege. Am wenigsten begangen war wohl bis zur Erbauung der Großen Dolomitenstraße der Saumweg über das Pordoijoch, hingegen war die kürzeste Verbindung vom westlich gelegenen Arabba über den niedrigen Campolongopaß nach Corvara. Auch nach Nordosten und Osten hin waren die Verhältnisse nicht besser. Die Hauptverbindung in das Gadertal über das Valparolajoch und durch das Armentarolatal hinaus war mühselig zu begehen, während der Karrenweg über den Falzaregopaß auch in früher Zeit schon der beste Zugang nach Buchenstein war.

Die Entlegenheit von Buchenstein ergab sich auch dadurch, daß dieser Teil Ladiniens, der ja eigentlich nur der große, weitgefächerte Talschluß des Cordevoletales ist, durch dieses einen nur schlecht begehbaren Talweg von Süden her hatte.

So ist die Landschaft von Buchenstein vereinsamt geblieben, bis ihr durch die Erbauung der Großen Dolomitenstraße eine Hauptarterie zugeführt wurde, die sie in ihrer ganzen Breite durchzieht. Aber auch diese bald so viel befahrene und hochberühmte Straße wurde nur zu einer Art von Durchfahrtskanal, die drei kleinen Orte des Buchensteins, Arabba, Buchenstein (Pieve di Livinallongo) selbst und Andraz, blieben am Rande der Straße liegen, ohne durch den Strom des Verkehrs, der jetzt durchführte und immer stärker wurde, wesentlich viel zu gewinnen.

Auch der touristische Verkehr durch Bergwanderer hat in Buchenstein kaum jemals größere Bedeutung erlangt. Die Berggruppen des Buchensteins hatten seit jeher sozusagen ihre touristische Seite den Nachbargegenden zugewandt. Gegen Süden schloß der Padonkamm das Buchenstein vom Touristenverkehr auf die Marmolata fast ganz ab, der Zuzug von Süden durch das Cordevoletal war durch die frühere Reichsgrenze sehr schwach, und im Norden war die Sellagruppe mit ihren Ersteigungswegen fast ausschließlich gegen Fassa, Gröden und das Gadertal gerichtet. Ebenso wurden die Berglandschaften und die schönen Felsgruppen, die mit dem Settsass und dem Sasso di Stria beginnen und sich in der Fanis- und Tofanagruppe fortsetzen, wenig aus dem Raume Buchenstein her begangen. Auch die weiten Almgebirge, die für den Raum von Buchenstein charakteristisch sind, und die im Col di Lana (2462 m) die einzig wichtige und aussichtsreiche Gipfelerhebung zeigen, waren für den Bergwanderer niemals besonders reizvolle Ziele.

Die nach dem Zweiten Weltkrieg geschaffenen ausgezeichneten Autostraßen, die von der Hauptader der Großen Dolomitenstraße abzweigen, haben hier kaum Wandlung geschaffen. Weder die ausgezeichnet ausgebaute Autostraße über den Campolongopaß von Arabba nach Corvara, noch die in Cernadoi abzweigende, aus einer Kriegsstraße entstandene, vorzügliche Autostraße, die die Cordevoleschlucht umgeht und in weitem Bogen den Talgrund bei Caprile erreicht, brachten eine Verstärkung des Durchzugsverkehrs von der Großen Dolomitenstraße her. So ist Buchenstein bis auf heute die einsamste Landschaft Ladiniens geblieben, die Erschließung war trotz der Dolomitenstraße und ihrer Nebenstraßen immer nur stockend, und erst in letzter Zeit zeichnen sich, besonders in Arabba, Ansätze einer etwas stärkeren Entwicklung, besonders im Wintersport, ab.

Grödental

Grenzen und Geschichte

Von den Ureinwohnern zum weltberühmten Dolomitental

Eine vorgeschichtliche, also vorrömische Besiedlung des Grödentales wird heute kaum mehr bezweifelt. Denn vorgeschichtliche Funde aus der La-Tène-Zeit auf Col de Flam oberhalb St. Ulrich, ferner das von einem Steinkranz umgebene Doppelgrab, das im Stufan im Ortsbereich von St. Ulrich aufgedeckt wurde, schließlich der Fund eines prächtigen Bronzedolches auf dem Troj Pajan (Heidensteig) bei Ballèst und endlich die Überlieferung eines Troj Pajan selbst, dieses rätselhaften, vorgeschichtlichen Verbindungsweges aus dem Inneren des Dolomitenlandes in das Eisacktal, sprechen zu eindeutig dafür. In Zusammenhang damit sei auf die bereits auf Seite 7 erwähnten mittelsteinzeitlichen Funde verwiesen, die 1978 auf dem Grödner Joch getätigt wurden.

Georg Innerebner, der uns ein abgerundetes Bild der Zeugen aus grauer Vorzeit gegeben hat, vermutet mit an Sicherheit grenzender Wahrscheinlichkeit noch an verschiedenen anderen Orten in Gröden solche Siedlungs- und Kultstätten. Unter anderem nennt er den bekannten Hexensessel auf dem Puflatsch ein einzigartiges Urzeitdenkmal und vermutet mit dem ihm durch Kenntnisse und Schulung besonders ausgeprägten Spürsinn des Forschens in den Hexenstühlen zwischen Kastelruth und St. Michael ebenfalls Kultstätten aus der Vorzeit. Eine andere vorgeschichtliche Kultstätte nimmt er an der Stelle der Kirche von St. Jakob an, die einsam am Waldhang des Ballèstberges sicherlich die christliche Nachfolgerin einer ehemaligen heidnischen Opferstätte sein dürfte. Neben zahlreichen anderen Punkten zählt er schließlich noch den Burgstall-Castelat oberhalb Wolkenstein und die Höhle, in der heute die Ruine des Schlosses Wolkenstein steht, als wahrscheinliche Stellen früherer Wohnsiedlungen auf.

Über die Siedlungskontinuität, das heißt über die durchgehende Besiedlung des Tales in historischer Zeit bis etwa zum 10. Jahrhundert, gehen die Meinungen auseinander. Einige wenige Forscher lehnen diese Kontinuität ab, weil ihnen keine Anhaltspunkte, Hinweise und schon gar keine Dokumente dafür gegeben erscheinen. Die Annahme überwiegt jedoch, es habe keine tausendjährige Lücke in der Besiedlung des Tales gegeben, und Gröden sei nie ein unbewohntes, wildes Hochtal mit mächtigen Forsten, doch ganz ohne menschliches Leben gewesen. Ein solcher Bruch der Siedlungskontinuität ist kaum anzunehmen, ehe er beweiskräftig begründet wird.

Das Dokument aus dem Jahre 999

Dokumente sprechen in der Geschichte Ladiniens im Hochmittelalter nur vereinzelt und meist auch eine unklare Sprache. So ist es auch beim Grödental. Das älteste Dokument seiner Geschichte ist die bekannte Urkunde aus dem Jahre 999. In dieser schenkt der bajuwarische Gaugraf Otto von Andechs dem Bischof Gottschalk von Freising neben verschiedenen anderen Gütern in Lajen und Barbian auch das Waldgebiet „Forestum ad Gredine“. Damit taucht auch der Name des Grödentales erstmals auf. Daß dieser Name, der ladinisch Gherdeina lautet, vorrömisch und indogermanischer Herkunft ist, darüber sind sich heute alle Forscher einig. Er bedeutet soviel wie „Einfriedung“.

Mehr als in den anderen Dolomitentälern waren es in Gröden die weltlichen Grundherren, die das Bild des politischen Ausbaues formten. Aus dieser Abhängigkeit wurde das Grödental allmählich dreigeteilt und drei verschiedenen schon bestehenden Gerichten zugeschlagen. Das Land am orographisch rechten Ufer des Grödner Baches kam bis hinein zur Grenze gegen Wolkenstein zum Gericht Gufidaun, das Gebiet am linken Ufer bis nach St. Christina zum Gericht Kastelruth. Der Talschluß selbst mit dem Grödner Joch (Frera) und der Paßrampe gegen das Gadertal mit der Ortschaft Colfuschg, lad. Colfosco, bildeten das kleine Gericht Wolkenstein. Erst mit der Säkularisation 1803 und der Übernahme in staatliche Verwaltung erfuhr die Einteilung der Gerichtsbezirke eine radikale Änderung. Hingegen ist die alte Grenzziehung der Gerichte heute noch in dem gleichen Verlauf der Gemeindegrenzen festzustellen. Es ergibt sich somit der etwas absurde Zustand, daß derzeit die Gemeinde St. Ulrich durch den Grödner Bach von der Gemeinde Kastelruth am anderen Ufer des Baches getrennt wird, während die Gemeindegrenzen von Wolkenstein-Selva bis heute noch ungefähr die gleichen wie im Mittelalter verblieben sind, mit Ausnahme der Abtrennung des Gebietes jenseits des Grödner Jochs.

Durch die Dreiteilung des Grödentales und die Zugehörigkeit zu drei verschiedenen Gerichten im Mittelalter, nämlich zu Gufidaun, Kastelruth und Wolkenstein, verschmolz die Geschichte des Tales vom Mittelalter her bis zum Beginn des 19. Jahrhunderts mit dem Ablauf der Geschehnisse in diesen Gerichten.

Aber auch solcherart nahm das Grödental wegen seiner abgeschlossenen Lage eine gewisse Sonderstellung ein. Größere historische Ereignisse haben die ganze Zeit über das ruhige Leben dieses Tales nicht in Wallung gebracht. Von kriegerischen Ereignissen blieb das Tal selbst durch alle Jahrhunderte hindurch vollkommen verschont.

So haben die Kriege Kaiser Maximilians I. gegen Venedig wohl die übrigen ladinischen Landschaften in Mitleidenschaft gezogen, Gröden hingegen blieb unberührt.

Obwohl sie wie alle Ladiner ungemein friedliebend sind, nahmen die Grödner dennoch an den kriegerischen Auseinandersetzungen Tirols lebhaften Anteil. So kämpften Grödner in stolzem Patriotismus bei der Landesverteidigung in den Kriegen der napoleonischen Zeit zusammen mit den Bewohnern der anderen ladinischen Täler. Wir finden sie bei der Landesverteidigung an der Schweizer Grenze, im Süden des damaligen Tirol und auf anderen Kriegsschauplätzen der Tiroler Freiheitskämpfe.

Auch im Ersten Weltkrieg wollte es ein gütiges Geschick, daß das Grödental als einzige Landschaft Ladiniens von direkten Kriegsereignissen und Frontverlauf verschont blieb. Hingegen wurde es zum engsten Etappengebiet und hatte als solches viel zu ertragen und zu leisten. In jene Zeit fällt die Erbauung der Schmalspurbahn von Klausen durch das ganze Grödental bis Plan, ferner der Bau der Fahrstraße über das Grödner und Sellajoch sowie der Bau von zahlreichen Seilbahnen ebenfalls über diese Jöcher. In nicht erwartetem Ausmaße brachten diese Kriegsbauten dem Tale nach Kriegsende sogar große Vorteile. Als wichtige Verbindung bestand die Schmalspurbahn bis zum Jahre 1960, und die Paßstraßen wurden in der Folge zu erstklassigen Autostraßen ausgebaut, die der Entwicklung des Fremdenverkehrs im Zeitalter der Motorisierung sehr zugute kamen. Innenpolitisch brachte die Säkularisierung des Bistums Brixen und die Einziehung des Gerichtes Wolkenstein zu Anfang des 19. Jahrhunderts eine starke Wandlung. Nunmehr bildete das Tal eine geschlossene Talschaft mit mehreren Gemeinden, die der Tiroler Landesverwaltung unterstellt wurden.

Wirtschaftsgeschichtlich nahm das Tal eine weitaus stärkere Entwicklung als die ladinischen Nachbartäler. Vor allem die Holzschnitzerei mit ihren Anfängen im 17. Jahrhundert und ebenso der frühe Beginn des Fremdenverkehrs brachten das Tal zu einer gesteigerten Wohlhabenheit. Und so steht heute das Grödental in dieser Beziehung in Ladinien an erster Stelle.

Nach der Eingliederung Südtirols an Italien nach dem Ersten Weltkrieg fand die erste Zerstückelung Ladiniens statt. Ampezzo und Buchenstein wurden zur Provinz Belluno, das Fassatal zur Provinz Trient geschlagen, nur das Gader- und das Grödental verblieben bei der Provinz Bozen.

Nach dem Zweiten Weltkrieg wurde diese interne Grenzziehung beibehalten, wobei Gröden- und Gadertal bei der Autonomen Provinz Bozen verblieben. Das Autonomiestatut von 1948 anerkennt auch den Ladinern ihr Recht auf die Pflege ihrer Kultur, Überlieferung und Sprache, doch ist dieses Recht nur für die Ladiner in der Provinz gegeben. In diesen beiden Tälern wurden, wie bereits erwähnt, die Schulen nach einer besonderen Art mit Ladinisch-Italienisch-Deutscher Unterrichtssprache gegründet. Der Mittelpunkt des Ladinertums ist heute das Grödental mit seinem Haus der Ladiner (ladinisch Cesa de Ladins). St. Ulrich ist auch der Treffpunkt zum Congress Ladin-Romantsch. Bei diesem sind die drei Alpenromanischen Volksgruppen der Romantsch (Chur), Furlaner (Udine) und St. Ulrich (Dolomitenladiner) vertreten.

St. Ulrich ist auch der kulturelle Mittelpunkt des dolomitischen Ladinertums. Es gibt eine Grödner Grammatik (La Rusneda de Gherdeina), ferner die monatlich erscheinende Zeitschrift „La Usc di Ladins dles Dolomites“ (Die Stimme der Dolomitenladiner), dann zwei ladinische Kalender „Calender de Gherdeina“ und „Calender ladin“. Fallweise finden ladinische Kulturtage statt, die zur Aufgabe haben, die Eigenart des Ladinertums wachzuhalten. Außerdem existieren verschiedene Künstlergruppen („Ruscel“, „Ert pur i Ladins“ usw.).

Straße und Tor zur Welt

Vom Troj Pajan zum Grödner Bergstraßennetz

Es ist eine geographische Tatsache, daß alle ladinischen Kerntäler mit Ausnahme des Fassatales gegen die Außenwelt hin mit schluchtartigen Talenden abbrechen. Auch das Fassatal wird durch eine enge Abschnürung des Avisiotales vom Fleimstal stark abgeriegelt. Auch das Becken von Cortina d'Ampezzo ist sowohl gegen Norden wie gegen Süden durch schluchtartige Verengungen des Boitetales einerseits und durch das Paßtal des Gemärks von der Außenwelt schwieriger zu erreichen als durch einen normalen Talverlauf.

Manches läßt sich aus dieser Unzugänglichkeit der ladinischen Kerntäler Gröden, Buchenstein und Gadertal erklären. Vor allem hat sie bestimmt dazu beigetragen, das Ladinertum gerade in diesen Tälern am stärksten und reinsten bis in unsere Zeit herauf zu erhalten, denn besonders Gröden lag ja nur einige Wegstunden weit in den Bergen abseits von der großen Brenner-Heeresstraße, die soviel Kriegszüge, die Völkerwanderung und überhaupt den Hauptverkehr durch die Ostalpen in Nord-Süd-Richtung erlebt hat. Nachteilig hingegen wirkte sich diese Weglosigkeit wirtschaftlich ebenfalls besonders stark beim Grödental aus, das ja schon durch einige Jahrhunderte mit seinen Schnitzwaren einen immerhin beachtenswerten Verkehr aus dem Tale in die Außenwelt zu bewältigen hatte.

Über jene Zeit, als das schluchtartige Ende des Grödentales noch ungangbar war, schreibt einer der ersten Historiker des Grödentales, der Pfarrer Josef Anton Vian, in seinem im Jahre 1864 erschienenen Werke:

> „Der frühere Zugang war auf einem steilen, unfreundlichen Wege bei Klausen durch Lajen und St. Peter, oder von der Terkele-Brücke (heute Törggele-Brücke) durch Kastelruth und St. Michael, wo man entweder zu Fuße mit bedeutender Anstrengung gehen, oder mit einiger Gefahr reiten mußte. Wir erinnern uns oft noch mit bangem Herzen an die häufigen Schweißtropfen, die wir bei einer Rückkehr von Bozen oder Brixen über den schauerlichen Puntscherkofel, oder über den steilen Bergweg von Klausen nach Lajen bei einer oft unerträglichen Hitze vergießen mußten."

Die erste Fahrstraße durch die Schlucht

Den Bau einer Straße durch die Grödner Schlucht förderte vor allem einer der tüchtigsten und weitblickendsten Männer des Grödentales, der damalige Bürgermeister J. B. Purger, der sogar auf eigene Kosten ein Projekt ausarbeiten ließ. Im Jahre

1856 war es endlich soweit, und Gröden, das Kerntal Ladiniens, hatte die erste Fahrstraße. Der eilig durch das Eisacktal Reisende genießt heute noch das prachtvolle Bild des Schluchtendes mit der darüber stolz aufragenden Trostburg, kaum aber wird er sich Gedanken machen, wie schwierig es war, durch diese tiefe, felswandige Klamm eine Straße in eines der schönsten Dolomitentäler zu bauen. Besonders im unteren Teil der Schlucht ist die Straße tief in die Enge der Talfurche eingekerbt. Entlang dem ungebärdig tosenden Grödner Wildbach (Dirschenbach), der, soweit er nicht von einigen kleineren Kraftwerken abgezapft wird, zwischen Felsblöcken herabschäumt, geht es immer in drückender Enge aufwärts. Nur einmal, in der Talweitung von Halbweg, in die zum erstenmal das Felshorn des Langkofels hereinlugt, wird hoch oben an der nördlichen Talenge der Weiler St. Peter in Lajen sichtbar. Mit einigen kurzen Steilstücken, die wohl früher dem Pferdefuhrwerk mehr Mühe kosteten als heute dem Kraftfahrzeug, erreicht die Straße durch die Felstrümmer eines gewaltigen Bergsturzes den flachen Talboden von Pontives, wo von links früher die Grödner Schmalspurbahn, jetzt die im Ausbau befindliche neue Zufahrtsstraße von Klausen herauf, einmündet.

Gut und verhältnismäßig sicher hat dieses erste Sträßlein in das ladinische Dolomitengebiet den Verkehr über 100 Jahre geführt. Erst die Überschwemmungen im Herbst 1966 haben dem Straßenbau schwere Schäden zugefügt, bei deren Behebung nun auch wesentliche Umbauten und Verbreiterung der bis im Durchschnitt 6,5 m breiten Straße ausgeführt wurden.

Der Erste Weltkrieg brachte dem Grödner Tal notgedrungen und in erstaunlich kurzer Bauzeit sogar die bereits erwähnte Kleinbahn, die von Klausen ausging und über die weiten Hänge in gleichmäßiger Steigung Lajen und St. Peter berührte und in Pontives die Einfahrt in das eigentliche Grödner Tal an der sogenannten „Ladinischen Pforte" erreichte.

Neue Autostraßen aus dem Eisacktal

Im Jahre 1960 wurde der Betrieb dieser Kleinbahn eingestellt. Da der Ausbau der Talstraße zu einer Autostraße in modernem Sinne allzugroße Schwierigkeiten und Kosten verursacht hätte, entschloß man sich, auf der Trasse der Bahn in gleichmäßiger Steigung und in schönen Schleifen die Trasse der neuen Autostraße in das Grödner Tal auszubauen. Dieser Bau wurde im Hinblick auf die Abhaltung der FIS-Skiweltmeisterschaften 1970 im Grödental zu einer dringenden Notwendigkeit. Damit erhielt das Grödental eine zweite und ganz moderne Autostraße aus dem Eisacktal heraus und einen zweiten Anschluß an eines der verkehrsreichsten Alpentäler, eine der befahrensten Routen, nämlich die Brennerstraße. Gleichzeitig hat mit dieser neuen Straße Gröden direkten Anschluß an die Ausfahrt der neuen Brennerautobahn in Klausen.

Ganz anders als die Fahrt auf der alten Talstraße durch die drückende Enge der Schlucht ist die landschaftliche Umrahmung der neuen Autostraße von Klausen herauf. Von allem Anfang an durchzieht sie am Eisacktal weites, offenes Gelände, um schließlich an den Talhängen aussichtsreich die Vereinigung mit der alten Talstraße zu erreichen. Ein besonderer Reiz der Landschaft, durch die sie zieht, besteht in den sanften, sonnig gelegenen Berghängen, denen das milde Klima des Eisacktales prächtige Fluren, Wiesen, Ackergründe und Baumbestände gibt, worin in friedlicher Abgeschiedenheit zahlreiche Gehöfte und kleine Weiler liegen.

Im Hinblick auf die Abhaltung der alpinen FIS-Skiweltmeisterschaften 1970 in Gröden wurde noch ein drittes Straßenprojekt zur Verwirklichung gebracht. Der früher kaum befahrbare Karrenweg von Kastelruth über St. Michael und Runggaditsch in das Grödental wurde zur durchgehend asphaltierten Autostraße ausgebaut. Damit erhielt das Grödental eine direkte Verbindung zu den bekannten Fremdenorten Kastelruth und Seis am Schlern, die hinwieder durch die neue Völser Straße von Blumau nach Völs und auf der Talstufe weiter nach Seis direkt mit der Staatsstraße bzw. Autobahn im Eisacktal verbunden sind. Diese neue Straße gehört zu den schönsten Panoramastraßen Südtirols, denn sie benützt von Bozen aus nur wenige Kilometer bis Blumau die Eisacktalschlucht, steigt von dort dann in aussichtsreicher Trasse zum Mittelgebirge auf und führt, immer mit weiten Blicken über die Landschaft, in das Grödental knapp vor St. Ulrich hinein.

Das Tal der Holzschnitzer

Herrgottschnitzer — Altarbauer — Spielwarenerzeugung

Wenn man vom Grödental spricht, sind es drei Vorstellungen, die auch Menschen in weitesten Kreisen in hohem Maße geläufig sind: Die landschaftlichen Schönheiten und die Eigenart dieser Berggegend, wie sie in Wort und Bild über die halbe Welt verbreitet sind, diese einmalige landschaftliche Komposition aus ungeheuerlich wilden Dolomitriffen, grünen Matten, weiten Blumenalmen und dunklen Wäldern, dann der Reiz dieser Talschaft für den Fremdenverkehr, für Sommerurlaub und Wintersportfreuden, und schließlich die schon seit Jahrhunderten gleichfalls geradezu weltweit bekannte Holzschnitzerei in allen ihren Arten.

Die Holzschnitzerei, diese Besonderheit des Grödentales, ist so alt und so innig mit dem Leben und Werden der Grödner Bevölkerung verknüpft, daß man von ihr reden und erzählen muß wie vom Langkofel und der Seiser Alm.

Gemeiniglich wird in weiten Kreisen ganz oberflächlich der angeborenen Eignung des Grödners für handwerkliche Künste, das Entstehen und die Beständigkeit dieses Schaffens zugeschrieben, sowie auch seiner gestaltenden und poetisierenden Veranlagung, die den wunderbaren Kranz von ladinischen Sagen und Märchen über das mystische Leben und die Landschaft seiner Heimat geflochten hat. Es mag ein gutes Stück innerer Wahrheit in dieser Deutung schlummern. Der äußere Ablauf ist jedoch nüchterner, wenn auch nicht weniger interessant.

Geschichtlich hat man die Anfänge der Schnitzkunst auf einen gewissen um 1580 geborenen Christian Trebinger von St. Christina zurückgeführt, der eine große Veranlagung als Schnitzer gehabt haben soll, und dem der reiche Bestand an dem für die Schnitzerei so ungewöhnlich gut geeigneten Zirmholz für seinen kunsthandwerklichen Drang idealen Vorschub geleistet hätte. Demnach wäre die Schnitzerei ähnlich den anderen Hausgewerben entstanden, welche die wirtschaftliche Selbständigkeit der Bergbauern in der Einsamkeit ihrer Hochgebirgstäler unterstützten, einen geringen Tauschverkehr zu ermöglichen und vielleicht auch etwas Bargeld ins Haus zu bringen. Solche Hausgewerbe waren schon früher als das Schnitzen eine Eigenart des Grödner Schaffens, so das Lodenwalken und das Drehen von Holzschüsseln für die Käserei. Über den Grödner Loden und die Holzschüsseln, das „Schüsseldrehen", gibt es schon aus dem ausgehenden Mittelalter schriftliche Zeugnisse.

Sicherlich hat eine ungeweckte, natürliche Begabung zu gestaltender Geschicklichkeit, Hand in Hand mit betriebsamem Fleiß und einer regen kaufmännischen Tätigkeit, eine Hausindustrie aus dem Schoß der Bevölkerung zu großer Blüte werden lassen, doch Anlaß und Anregung hierzu kamen wahrscheinlich von außen.

Die neuere Forschung betrachtet die Anfänge des Schnitzens also nicht mehr als ganz bodenständig, ebenso wie die Kunstfertigkeit des Klöppelns, die zu Beginn des 17. Jahrhunderts in Gröden noch nicht bekannt war, und zu Beginn des 19. Jahrhunderts nach hoher Blüte überaus schnell wieder erlosch. Das Schnitzen scheint das Klöppeln in Gröden verdrängt zu haben.

Der erwähnte Christian Trebinger und sein Bruder Bartlmä scheinen also Mitte des 17. Jahrhunderts als erste Bildhauer und Schnitzer des Tales auf, wahrscheinlich haben sie Anregungen und vielleicht sogar Schulung aus einer fremden Werkstatt mitgebracht. Man darf nicht vergessen, daß in den Städten zu jener Zeit noch Holzschnitzwerkstätten aus der Blütezeit der Holzschnitzerei im Mittelalter bestanden. Der Nachbar der Trebinger, ein gewisser Melchior Vinatzer (1622—1689), wurde als Vorgänger seiner sechs Söhne schon bald zum Stammvater einer Bildhauerdynastie von größter Bedeutung für die Verbreitung der neuen Heimkunst in Gröden. Insgesamt sind fast 20 Bildschnitzer aus dieser Familie Vinatzer bekannt.

Heimkunst und Gewerbe des Grödentales

Die rasche Verbreitung des Holzschnitzens im Tale ergeht aus Angaben, es habe um 1700 schon rund 50 Bildhauer, Meister und Gesellen, in Gröden gegeben. Doch scheint es damals noch immer mehr eine Kunstbeschäftigung denn ein Hausgewerbe gewesen zu sein. Erst um die Mitte des 18. Jahrhunderts war die Zahl der Schnitzer auf rund 300 angewachsen und erreichte in dieser Zeit den ersten großen Höhepunkt. Bei der Abgeschlossenheit dieses Hochgebirgstales und der Unwegsamkeit der Verbindungen konnte in den ersten Zeiten nur ein Wanderhandel den Vertrieb der Schnitzwaren tätigen. Dieser rege Wanderhandel ging hauptsächlich nach den romanischen Ländern, weil sich die Grödner Wanderhändler in diesen sprachlich besser durchsetzen konnten. Doch schon um 1750 errichteten die Grödner feste Niederlassungen im Ausland. Dies geschah vornehmlich in rein katholischen Ländern wie Spanien, Portugal, Italien und Frankreich. Es ist heute noch erstaunlich zu hören, es habe seit dem Ende des 18. Jahrhunderts fast in jeder größeren Stadt Italiens eine Niederlassung gegeben, die unter der Leitung eines Grödners die Holzschnitzwaren des heimatlichen Tales vertrieb. Der Pfarrer und Chronist Grödens, J. A. Vian, gibt in seinem bereits erwähnten, im Jahre 1864 erschienenen Büchlein eine Liste solcher Grödner Kaufleute an, die sich in ganz Europa angesiedelt haben, wobei er betont, es handle sich hierbei nur um einige Namen. Hierbei ist die Monarchie Österreich-Ungarn außer Tirol gar nicht erwähnt und außerdem gibt Vian nicht an, welchen Handel diese Kaufleute betrieben. Es ist jedoch fast sicher anzunehmen, es seien weitaus in der Mehrzahl Händler von Grödner Schnitzwaren gewesen.

In Tirol nennt Vian 12 Orte und Städte, in Italien nicht weniger als 32, wobei Niederlassungen gleich von mehreren Grödner Kaufleuten sogar in Palermo genannt werden; Deutschland ist mit elf Städten vertreten, Spanien mit sechs, Frankreich mit zwei und Holland, Portugal und Belgien mit je einer. Es ist fast nicht zu glauben, daß in Barcelona die Grödner Vinatzer, Insom, Sanoner, Demetz, in Mallorca ein gewisser Runggaldier, in Toulouse ein Demetz, alles Grödner Geschäftsleute, saßen, sich in Lissabon ein Aldosser, Mahlknecht, Welponer, Prugger usw., in Belgien ein Baldauf und Schmalzl, ein Wanker und Sanoner als Kaufleute niedergelassen hatten.

Diese auswärtigen Niederlassungen wurden jedoch allmählich wieder aufgelassen oder zweckentfremdet, denn nur zu oft hatten ihre Leiter als zugezogene Kaufleute in diesen Städten unter allerhand Schikanen zu leiden. Ihre Rolle übernahmen nun einzelne Kaufleute, die früher die Verbindung zwischen den Erzeugern und den Niederlassungen hergestellt hatten. So entstand der Beruf des Verlegers, der nunmehr von Gröden aus selbst den Markt belieferte und Verbindung mit der Kundschaft aufnahm und hielt.

So war es auch möglich, den Wünschen der Kunden und der Nachfrage des Marktes besser gerecht zu werden, die einen häufigen Wechsel in der Art der Erzeugnisse bedingte. Wenn im 17. Jahrhundert hauptsächlich Heiligenstatuen und Altäre, später auch Bildrahmen und Uhrenständer geschnitzt wurden, fertigte man in der Folge mehr Krippen, Spielzeug und Gebrauchswaren her. Um die Mitte des 19. Jahrhunderts stellten die Grödner meist Gliederpuppen und Tierfiguren her. In der Folge nahmen die Erzeugung der Heiligenfiguren und der Altarbau wieder zu.

Interessant ist, daß die ersten Kruzifixe Ende des 18. Jahrhunderts in Oberwinkl geschnitzt, und sogar eine Schule für Christusschnitzer errichtet wurde. Auch heute noch werden Kruzifixe besonders in Oberwinkl und St. Jakob geschnitzt.

Über den künstlerischen Wert der Grödner Schnitzarbeiten hat es schon immer Meinungsverschiedenheiten gegeben. Die Bildhauerei und Schnitzerei des 18. Jahrhunderts genoß einen hohen Ruf der Vollendung, sie übertraf jene aller anderen Orte in den Alpen, in denen geschnitzt wurde. Die Tradition des künstlerischen Wirkens aus der Gründerzeit war noch stark belebend. Schlechter wurde die künstlerische Qualität mit der immer größeren Bedeutung, die die Schnitzerei als Hausgewerbe für einen Großteil der Bevölkerung erlangte. Ja, die Güte dieser Schnitzwaren sank zeitweilig so stark, daß man sogar ein allmähliches Erliegen der Schnitzerei im Grödental befürchtete. Aus diesem Grunde wurde 1872 mit staatlicher Unterstützung eine Holzschnitzschule in St. Ulrich eröffnet, die unter der Leitung des hervorragend talentierten Bildhauers Ferdinand Demetz stand und einen ungemein starken Impuls und Aufschwung brachte. Im Jahre 1890 wurde dann eine staatliche Fachschule für Zeichnen und Modellieren in St. Ulrich errichtet, der eine Fachschule in Wolkenstein folgte.

Die Zirbelkiefer — das edelste Schnitzholz

Jeder Besucher des Grödentales stellt sich unwillkürlich die Frage, welche Holzarten für die Schnitzerei verwendet werden. Und weil bekannt ist, daß bis in die Mitte des 19. Jahrhunderts nur Zirmholz genommen wurde, folgt bald die zweite Frage, wo der ungeheure Bedarf dieses an sich seltenen und langsam wachsenden Holzes mit der Zunahme der Produktion gedeckt werden konnte. Schon seit über hundert Jahren mußte man daher für die Herstellung von Spielwaren, einfachen Zier- und Gebrauchsgegenständen nur mehr Fichtenholz verwenden. Hingegen werden auch heute noch Madonnen, Kruzifixe und Kreuzwegstationen aus Lindenholz geschnitzt. Die Bildhauer in St. Ulrich verwenden heute etwa 70 Prozent Zirbenholz, rund 20 Prozent Lindenholz, der Rest verteilt sich auf andere Harthölzer (Wilhelm Lutz).

Weil aber bis zur Mitte des 19. Jahrhunderts nur Zirbenholz der heimatlichen Wälder den Grundstock für das gesamte Schnitzereiwesen bildete, wurden diese tatsächlich in gewissem Sinne geplündert, so daß die Regierung einschreiten mußte. Durch Jahrzehnte bestand im Grödental die berechtigte Befürchtung, diese für den Erwerb der Bevölkerung immer wichtiger werdende Heimindustrie werde wegen Holzmangels in der Zukunft sehr stark eingeschränkt werden müssen. Durch geraume Zeit war es auch zum Brauch geworden, das Holz für die Schnitzereiwaren aus den Staats- und Gemeindewaldungen zu stehlen. Dem kleinen, armen Heimarbeiter fehlte das Geld zur Beschaffung des Holzes von weiter her. Für die frommen Grödner war die Entwendung von Schnitzholz auch keine Sünde, schließlich ging es um den für so viele Familien lebensnotwendigen Bedarf und Lebensunterhalt.

Heute hat dieser Raubbau längst aufgehört. Die Öffnung des Tales durch Straße und Verkehr ermöglicht es, den Bedarf in anderen, oft weit entfernten Gebirgstälern der Alpen und auch im Ausland zu decken. Aus den eigenen Wäldern Grödens werden kaum noch 20 Prozent des Holzbedarfs geholt.

Industrialisierung der Holzschnitzerei

Die große Nachfrage an Grödner Schnitzwaren in den letzten Jahrzehnten hat zu einer immer mehr anschwellenden Industrialisierung geführt. Den großen Werkstätten, die oft von den Verlegern selbst errichtet und geleitet wurden, ist in der letzten Nachkriegszeit die maschinelle Fertigung durch Punktiermaschinen gefolgt, für die das große Unternehmen „ANRI" in St. Christina bahnbrechend wurde. Diese Industrialisierung ist anfangs stark bekämpft worden. Eine gewisse Berechtigung kann ihr jedoch nicht abgesprochen werden. Man darf nicht vergessen, daß das Grödner Hausgewerbe schon längst in gewissem Sinne industrialisiert war, wobei der Mensch durch seine Handfertigkeit die Maschine ersetzte, ohne selbst künstlerische Intentionen in seine Arbeit legen zu wollen. Denn die Heimarbeit geschah schon seit jeher nach Schablonen und genau festgelegten Vorwürfen, die dem Ausführenden für eigene Kunstfertigkeit keinen Spielraum ließen.

Für die Erhaltung der Qualität wird es also immer bestimmend bleiben, daß der künstlerische Wert bei der Auswahl der Modelle gewahrt wird.

Nach dem heutigen Stand sind schätzungsweise 3000 Menschen im Grödental in der Schnitzereiindustrie tätig. Die Zahl der Verleger ist von rund 30 vor dem Ersten Weltkrieg auf etwa 60 angestiegen. Mengenmäßig sind die Grödner Holzschnitzwaren nicht zu erfassen. Hingegen ist ein ungefährer Überblick des Exportes möglich. An die drei Viertel der erzeugten Altarbauten, Statuen und Kreuzwegstationen werden ins Ausland ausgeführt, davon bis zu 80 Prozent in die USA, viel auch nach Südamerika und besonders Venezuela. Der Export in europäische Staaten ist hingegen gering. Dies hängt wohl damit zusammen, daß die moderne Vereinfachung des Kircheninneren sich in der Neuen Welt noch sehr wenig bemerkbar macht. Die USA sind auch die Hauptabnehmer für Kleinschnitzwaren. In Europa werden in stärkerem Maße Italien, Deutschland und die Schweiz beliefert, weniger Österreich, Frankreich, England und die anderen Staaten.

Künstler des Schnitzmessers und der Malerei

Sehr bald schon, und heute immer stärker, mußte der Trennungsstrich zwischen der Grödner Heim- und Werktstättenindustrie und dem individuellen Schaffen einzelner Künstler gezogen werden. Diese sind im „Kreis der Kunstschaffenden" und in der Künstlervereinigung „Ruscel" zusammengeschlossen. Natürlich bestehen zwischen diesen Künstlern und der Schnitzindustrie ständig Wechselbeziehungen, die sich besonders darin äußern, daß Werke der Künstler als Modelle für die Massenanfertigung in das Heimgewerbe und in die Schnitzindustrie übernommen werden, andererseits Wünsche der Kunden und des Marktes von den Künstlern in möglichst guter und hochstehender Art und Weise gelöst werden.

Welche Künstler in der Heimat durch ihr überragendes Können auch Einfluß auf die gewerbliche Holzschnitzerei nahmen, läßt sich in den ersten Jahrhunderten nur sehr schwierig feststellen. Allzusehr waren einzelne Familien mit bedeutenden Kunstschaffenden vertreten. Auch die Zuweisung vieler bestehender Werke an die einzelnen Künstler jener Zeit ist schwierig, weil viele von diesen in ihrer Bescheidenheit nicht signierten. Erst im 19. Jahrhundert lassen sich etwas bestimmtere Einflüsse einzelner Künstler auf das allgemeine Schaffen in der Holzschnitzerei in Gröden feststellen.

Bildhauer Ferdinand Demetz (1842—1902), der an der Münchner Akademie der bildenden Künste studiert hatte, wurde in der künstlerischen Verfallszeit des 19. Jahrhunderts richtungweisend für einen neuen, lebendigen und künstlerisch wertvollen Aufschwung in der Schnitzerei.

Besonders fruchtbar erwies sich die künstlerische Arbeit und Lehrtätigkeit von Franz Tavella aus Wengen (1844—1941), der vom Tischlergesellen zum fähigen Bildhauer aufrückte und besonders in der Schulung jüngerer Kräfte Wertvolles geleistet hat. Zu seinen hervorragendsten Schülern gehört Hans Perathoner (1872—1946), zuletzt Professor an der Kunstschule in Berlin-Charlottenburg, dessen Werke wegen modernster Kunstauffassung besonders gerühmt wurden. Andere Schüler Tavellas waren Rudolf Moroder-Lenert, von dem Werke verschiedene Kirchen Deutschlands zieren, ferner Ludwig Moroder di Mëune, der neben dem Purger-Denkmal verschiedene wertvolle Arbeiten in seinem Heimattal geschaffen hat.

Von überragender Bedeutung war das künstlerische Schaffen von Josef Moroder-Lusenberg (1846—1939) aus Sankt Ulrich. Er studierte unter anderem auch bei Franz Defregger an der Münchner Kunstakademie und ist der bedeutendste Vertreter jener Grödner Künstler, die als Holzschnitzer und Bildhauer begannen und sich später der Malerei zuwandten. Seine ungezählten Skizzen und Studien haben eine starke Rückwirkung auf die Holzschnitzerei gehabt.

Sehr schwierig läßt sich Lebenslauf und Wirken jener Grödner Künstler verfolgen, die schon in früher Jugend in das Ausland gingen und nicht mehr zurückkehrten. Ein Martin Vinazer (1749—1804), ein Mitglied der großen Bildhauerfamilie der Vinatzer, gehörte zu den besten Bildhauern Spaniens seiner Zeit. Von ihm sollen Werke in Kirchen, Palästen und Parks Spaniens erhalten sein. Noch weniger bekannt ist Leben und Werk des Christusschnitzers Franz Grienewald da Nudrei (geb. 1667), der nach der Überlieferung in Wien ausgezeichnete Kruzifixe geschaffen haben soll. Leider sind fast alle ohne Signatur.

Großen Ruf scheint der Maler Bernardino Pitscheider von Überwasser erworben zu haben, der 1853 in Perugia starb und von dem sich nur ein Ölbild in Gröden nachweisen läßt. Wie ein Roman hört sich der Werdegang des Johann Dominik Mahlknecht an, der 1796 zu Rainèl in Überwasser geboren wurde, schon früh mit seiner Kraxe voll selbstgeschnitzter Figuren nach Frankreich zog und dort bald zu hohem künstlerischem Ruf gelangte. Auf der Weltausstellung in Paris erhielt er die goldene Medaille, wurde durch seine künstlerisch hochwertigen Werke besonders auch von König Ludwig Philipp gefördert und lebte in einem eigenen Palais in der Rue de Pavillon in Paris. Die meisten seiner Werke sind in Paris und Nantes, ferner besitzt das Ferdinandeum in Innsbruck einige seiner Werke, ebenso die Pfarrgemeinde St. Ulrich.

Im Jahre 1960 wurde das Grödner Heimatmuseum gegründet, das bereits schöne Sammlungen und wertvolle Werke, besonders der Holzschnitzkunst, aufweist. Die Bestrebungen gehen dahin, vor allem Werke der Holzschnitzer aus früherer Zeit in möglichster Vollständigkeit zu zeigen.

Fremdenverkehr und Sport

Das Grödental — ideale Arena für alpinen Sport und Spiel

Das, was wir heute Fremdenverkehr im engeren Sinne nennen, ist eine Erscheinung, die erst mit dem Beginn und gegen die Mitte des 19. Jahrhunderts in den Alpen Eingang gefunden hat. Bis dorthin waren vor allem die Hochtäler der Alpen abseits der großen Heer- und Handelsstraßen vollkommen vereinsamt. Bei den Dolomitentälern, vor allem bei dem in das Eisacktal mündende Grödental, ist dies um so mehr verwunderlich, weil die Straße über den Brenner und durch das Eisacktal gegen Süden von jeher, ja seit dem Altertum, eine der größten Durchzugsstraßen über die Alpen war.
Erst mit dem Beginn des 19. Jahrhunderts änderten sich die Dinge. Die Naturphilosophie brachte den Menschen wieder der Natur näher. Gleichzeitig setzte mit starkem Drang eine Erforschung der Alpen ein, die besonders von den Geologen ausging. Größere Unternehmungen gelangen dann den Alpinisten in ihrem Bestreben, die Gebirge näher kennenzulernen und vor allem ihre höchsten Gipfel zu ersteigen. Einer der ersten Faktoren also, die zum modernen Fremdenverkehr führten, war der Alpinismus.
Inzwischen waren aber auch andere Voraussetzungen für ein Ansteigen des Fremdenverkehrs geschaffen worden. Hierzu gehört vor allem die Erbauung der Grödentalstraße im Jahre 1856, die nunmehr ein viel bequemeres Erreichen der ganzen Region ermöglichte. Noch erweiterte Möglichkeiten schuf die Fertigstellung der Brennerbahn im Jahre 1867. Nach verläßlichen Berichten hatten etwa 100 Gäste um 1870 das Grödental besucht. Schon ein Jahrzehnt später war diese Zahl auf über 400 und im Jahre 1890 schon auf weit über tausend gestiegen. Im Jahre 1910 erreichte die Zahl der Touristen und Sommerfrischler bereits 5200 und erstmals wird von einer Nächtigungszahl von über 80.000 berichtet.
Interessant ist es, von der Entwicklung des Fremdenverkehrs in den verschiedenen Talorten von Gröden zu hören. Von allem Anfang an war St. Ulrich das Zentrum und machte die erste und stärkste Entwicklung mit. Zu einer Zeit, da in diesem Hauptort bereits Hunderte von auswärtigen Gästen weilten, hatte St. Christina in nur zwei bis drei kleinen Gasthöfen einen lebhafteren Verkehr von Bergsteigern und Wanderern. Noch später setzte die Entwicklung im innersten Talort Wolkenstein ein, wo eine regere Bautätigkeit von Gasthöfen und Hotels erst nach der Jahrhundertwende erfolgte.

Einen fühlbaren Aufschwung des Fremdenverkehrs brachte die Erbauung der Grödner Kleinbahn im Jahre 1916, die vor allem im ersten Jahrzehnt nach dem Ersten Weltkrieg das Grödental viel leichter zugänglich machte als andere Orte der Dolomiten. Man darf nicht vergessen, daß zu jener Zeit die Motorisierung noch gering war, daß der Autobusverkehr unzulänglich und die privaten Motorfahrzeuge ziemlich selten waren. Das Grödental aber war neben dem Höhlensteintal mit seiner Kleinbahn von Toblach nach Cortina d'Ampezzo das einzige Dolomitental und überhaupt Bergtal in einem weiten Alpengebiet, das durch eine Bergbahn erschlossen war.

Wintersport blüht im Grödentale auf

Der in den Jahren nach dem Ersten Weltkrieg in Mitteleuropa und in den Alpen aufkommende Skilauf machte sich auch im Grödental bald bemerkbar. Schon in den zwanziger Jahren tauchten vereinzelt vor allem einheimische Skiläufer auf und fanden hier ein so schönes und lohnendes Skigebiet, daß sich um 1930 bereits die auswärtigen Skiläufer in immer größerer Anzahl zum Skilauf in Gröden einfanden. Mit der ihnen angeborenen Tatkraft und Regsamkeit stellten sich die Grödner Hotelbesitzer sehr bald auf den Winterbesuch um; sie richteten ihre Gaststätten für den Wintergast wohnlich und gut beheizbar her. Einen großen Fortschritt für den Wintersport bedeutete die Erbauung der Seilbahn von St. Ulrich auf den Piz im Jahre 1935, also zum Rand der Seiser Alm, die erst durch diese Seilbahn dem Skiläufer leicht zugänglich gemacht wurde. Sie ist hauptsächlich durch die Initiative des verstorbenen Besitzers des Hotels „Adler", Josef Anton Sanoner, entstanden.

Der mächtige Aufschwung des Wintersports nach dem Zweiten Weltkrieg hat eine Verlagerung der Schwerpunkte im Grödental mit sich gebracht. Die drei Ortschaften des Grödner Tales, St. Ulrich, St. Christina und Wolkenstein, jede für sich ein Wintersportplatz mit eigenem Gelände und Tourengebiet, eigenen Bergbahnen und den verschiedensten Möglichkeiten, sind heute schon fast zu einem einzigen geschlossenen Skigebiet zusammengewachsen. Man kann sagen, das Grödental als solches von St. Ulrich bis zu seinem Talschluß in Plan und in seiner ganzen Länge von rund 10 km ist ein einziger Wintersportplatz. Gleich in welchem Teil oder in welchem Ort Grödens man sich aufhält, die Skigipfel und Abfahrtspisten, die Bergbahnen und Skizirkusse der anderen Plätze sind jedem fast ohne Zeitverlust zugänglich. Denn was sind schon die wenigen Kilometer heute im Zeitalter der Motorisierung.

Diese drei Zentren des dolomitischen Wintersports sind zu einem der bekanntesten und beliebtesten Winteraufenthalte der Alpen geworden. Darüber braucht man sich nicht zu wundern, denn Gröden ist ein fest umrissener Begriff in den Dolomiten. Hier ist die Landschaft zum Vorbild und Modell geworden, und das will heißen, daß sie in ihren charakteristischen Eigenschaften nicht schöner und eindrucksvoller sein könnte. Und so ist die Grödner Landschaft auch für den Wintersportler zum beispielhaften Inbegriff der abwechslungsreichsten Möglichkeiten geworden.

Skigipfel mit einem Pistenkranz nach allen Richtungen, weite Hochflächen, die den Ski zum idealen Wandergerät machen, Hochpässe, die bis zu innerst in das Felsenreich führen, dazu eine überaus große Anzahl von Seilbahnen und Sesselliften und eine unübersehbare Vielfalt von Schleppliften — es bleibt für den Skiläufer wahrlich kein Wunsch offen! Eine besondere Eigenart, ein unüberbietbarer Vorzug des Grödner Skigebietes ist die Tatsache, daß hier jeder Skiläufer und auch andere Wintersportler voll auf ihre Rechnung kommen. Besonders der Skiläufer, gleich ob alt oder jung, gleich ob Rennkanone oder Anfänger, gleich ob Pistensammler oder geruhsamer Abfahrer — jeder findet in Gröden sein eigenes Skiparadies.

Alpine FIS-Skiweltmeisterschaften 1970

Diese Vorzüge, die in weiten Kreisen der europäischen Skiläuferwelt bald allbekannt waren und die mit lebhaftem Besuch quittiert wurden, haben durch die Vergebung der FIS-Skiweltmeisterschaften im Jahre 1970 ihre Weltanerkennung gefunden.

Zu diesem Zwecke sind neue Pisten, neue Bergbahnen und verschiedene neue Gebäude für eine großzügige Organisation in den drei Orten des Tales gebaut worden. Die Aufteilung geschah so, daß für die Slalomwettbewerbe der große und schöne Hang „Ronc" in vorbildlicher Weise hergerichtet, während für den Herren-Abfahrtslauf eine ganz neue Piste vom Ciampinoi herunter nach Ruaccia bei St. Christina ausgeholzt wurde. Eine eigene Seilbahn von hier zur Mattenkuppe des Ciampinoi und ein anschließender Sessellift wurden für den Zubringerdienst dieser Rennen gebaut. Die schon seit Jahren vielbefahrene Abfahrt Nr. 3 vom Ciampinoi direkt nach Wolkenstein wurde für den Riesentorlauf präpariert und erhielt als Zubringer eine neue Seilbahn, die von der Ortsmitte von Wolkenstein aus direkt den Gipfel des Ciampinoi erreicht. Für den Damen-Abfahrtslauf wurde an den Hängen der Rotspitzen eine neue Abfahrt direkt zum Nordende von Wolkenstein trassiert. Diese Abfahrt hat in dem schon lange bestehenden Gondellift durch die Mulde von Danterceppies seine Bedienung.

Für sämtliche Wettbewerbe wurden Ausweichpisten in höhergelegenen Regionen vorbereitet.

Das ausgezeichnete Netz von Paßstraßen, die auch im Winter offengehalten werden, nämlich die Straße über das Sellajoch und das Grödner Joch, bringen dem Grödental einen weiteren Vorzug, der ebenfalls fast einzigartig in den Alpen ist. So ist es möglich, von Gröden aus die großen benachbarten Skigebiete von Corvara und Colfuschg und des oberen Gadertales, ferner die Skigebiete des oberen Fassatales von Canazei und am Pordoijoch an einem Tage zu besuchen. Mit der Fertigstellung der neuen Straße von Canazei auf den Fedajasattel ist es nun möglich, von jedem Grödner Ort aus den Gipfel der Marmolata mit ein oder zwei Abfahrten an einem Tage zu besuchen und wieder zu seinem Standort zurückzukehren.

Diese einmalige Tatsache bietet die Gewähr, daß die Wintersaison im Grödental einer großen Zukunft entgegengeht. Denn in den gesamten Alpen macht sich immer mehr die Bestrebung und das Bedürfnis geltend, die Ausübung des Skilaufs nicht nur rings um den eigenen Skiort zu tätigen, sondern in möglichst kurzer Zeit benachbarte Gebiete zu erreichen und so auch bei einem kürzeren Urlaub ein vollgerüttelt Maß an Wintersporterlebnissen, Skiabfahrten und Skigipfelbesteigungen zu bieten.

Seiser Alm — das grüne Wunder in den Dolomiten

Ein Blumenmärchen umrahmt von Riffen silbergrauer Felsen

"...die allerschonische und große alm
so ma nit jr gleichen in landt findt..."
(Marx Sittich von Wolkenstein)

Die Seiser Alm ist auch für Menschen ein Begriff, die jede sonstige Berühmtheit der Alpen kennen und lieben. Und dies war schon seit jeher so. Schon Marx Sittich von Wolkenstein, der bekannte Tiroler Chronist, hat ihr, wie oben zu lesen ist, in seinem altertümlichen Deutsch (um 1600) ein schriftliches Denkmal gesetzt.

Einmalig ist die Seiser Alm schon in ihrer Formung und ihren Ausmaßen. Sie ist die größte Hochweide der Alpen, 7 km breit und bis zu 8 km lang und bedeckt eine Fläche von rund 56 km^2. Ihre Meereshöhe schwankt und wellt sich zwischen 1800 bis 2000 m. Das bedeutet eine gewellte, fast baumlose Hochebene, und von fast keinem Punkte auf ihr ist dieses unübersehbare Meer von Wiesen und Weiden in ununterbrochener Folge zu erfassen und zu übersehen. Sie bildet einen einzigen Wellenschlag von Wiesen und Kämmen, eine wogende Brandung von Almen, die sich an ihren Ufern, den großen Dolomitengruppen des massigen Schlern und der kühn zerzackten Langkofelgruppe bricht.

Dieses unübersehbar weite Almmeer hat die Form einer flachen Schale mit erhöhten Borden gegen Norden und Süden. Wie ein feines Gerippe laufen in ihr Tälchen und Mulden mit Wiesengraten gegen die Mitte hin zusammen. Wellig und weich ist die Gliederung und Formung des ganzen Geländes.

Die Seiser Alm ist eigentlich ein Widerspruch und eine Wunderlichkeit im Bergland der Dolomiten. Denn dieses verdankt Ruf und Ruhm den verwegenen Formen seiner Felsriffe und mächtigen Plattenwände. Man staunt und fragt sich verblüfft, wie ein so weitgedehntes Almwiesengelände zwischen den fast erschreckend an seinen Borden aufgetürmten Felsmassen des Langkofels, des Schlerns und der Rosengartengruppe eingebettet sein könne. Geologisch drückt sich hier das Bild am stärksten aus, wie es von den Dolomiten geprägt wird. Aus den weiten Flächen des Porphyrtuffes entsteigen die mächtigen Riffe der Berge.

Die Seiser Alm gleicht also wirklich einem grünen Meer zwischen Dolomitenklippen. Fast alles ist an ihr Wiese und Weide, kaum zeigen sich da und dort in den tiefsten Mulden und

Gründen einige Waldstreifen, die wie tiefgrüne Wellentäler in dieses wundersame Bild eingepinselt sind. Im wahrsten Sinne des Wortes ein grünes Bergland in Silber und Blau gefaßt, im Sommer ein in allen Schattierungen von Grün leuchtender Boden, im Winter ein Schneemeer, immer aber von den silbrigen Felsen der Dolomiten überragt und von der urgewaltigen blauen Himmelskuppe überwölbt, die hier besonders hoch und weit wirkt, weil sie wie von den Randgebirgen getragen erscheint.

Die Bergumrahmung der Seiser Alm

Die Schönheit der Seiser Alm wird durch die Bergumrahmung wesentlich gesteigert und charakterisiert. Südwestlich wird sie von dem Bergmassiv des Schlerns mit seiner Gipfelhochebene mächtig überhöht, von diesem Gebirgsstock, der so wunderlich eine weite Fläche zum Gipfel hat und mit eindrucksvollen Felswänden fast nach allen Seiten steil abfällt und den gegen die Alm hin die markanten und formschönen Felstürme der Santner- und Euringerspitze kühn flankieren. An der Südseite läuft der zersplitterte Felszug der Roßzähne über den Hängen der Alm entlang. Diese Roßzähne sind den Bergriesen der Rosengartengruppe vorgelagert. Dem Zug der Roßzähne schließt sich der Fassaner Kamm, ein hochgelegener, wie eine erstarrte Brandungswoge aufgebäumter Rasenkamm, an, der die Alm gegen das Fassatal hin abgrenzt und die Verbindung mit dem Felsmassiv der Langkofelgruppe bildet. Ihm folgt das große Schaustück der Bergwelt um die Seiser Alm: der Felsstock des Langkofels, mit seiner gewaltigen Hufeisenform gegen die Alm hin geöffnet.
Noch bis vor wenigen Jahrzehnten war die Alm nur das sommerliche Königreich der Bergbauern. Und aus dem großen Strom des Fremdenverkehrs fanden nur Bergwanderer und Bergsteiger den Weg hinauf zu ihr und zu ihren Schönheiten. Denn sowohl von Westen, von Seis, als auch aus dem Grödner Tal führten nur steile Ziehwege zu den Rändern der Alm hinauf. Erst mit der Erbauung der großen Seiser-Alm-Bahn (Piz-Bahn) wurde die Seiser Alm weiteren Kreisen des Fremdenverkehrs erschlossen, die nicht Wanderer, Alpinisten oder Skiläufer waren. Und erst vor wenigen Jahren wurde durch den Ausbau der bereits seit einigen Jahrzehnten bestehenden Straße von Seis und Kastelruth auf die Seiser Alm zur modernen Autostraße eine zweite Einbruchstelle geschaffen. Diese Straße ist zu einer der schönsten Aussichtsstraßen in den Dolomiten geworden. An den Kopfstationen sowohl der großen Seilbahn

von St. Ulrich herauf wie auch der Autostraße von Seis nach Kompatsch am Rande der Alm haben sich unschöne Ansiedlungen von Fremdenheimen und Gastwirtschaften entwickelt, die im Sommer als Ausgangspunkte für das überreiche Wandergebiet dienen, im Winter jedoch kleine Wintersportplätze bilden.

Leider sind die starken Bestrebungen, das ganze Gebiet der Seiser Alm als herrliches Naturschutzgebiet möglichst vor dem modernen Verkehr zu schützen, aus unbegreiflichen und spekulativen Gründen von der Militärbehörde und Privaten durchbrochen worden. Ein roher, fast primitiver Straßenbau durchzieht die Alm in westöstlicher Richtung und brachte eine ungute „Motorisierung" mit der dementsprechenden Verschmutzung auf die Alm, bis die Straße 1972 beim Parkplatz Kompatsch für den Sommer gesperrt wurde (Ausnahmen gelten für die An- und Abreise der Gäste sowie für die Landwirtschaft).

Damit ist die Seiser Alm sozusagen dem Bergwanderer wiedergeschenkt worden, und ebenso wurde durch diese Maßnahme die alpine Flora gerettet. Besonderen Schutz genießt überdies der Südteil der Alm mit dem gesamten Schlernmassiv als neu errichteter Naturpark (1975).

Almwanderungen, die das Herz betören

Eine Reihe von Sessel- und Gondelliften kommt im Sommer dem Wanderer sehr zustatten und ermöglicht im Winter einen besonders reizvollen Skibetrieb. Von Kompatsch, der Kopfstation der Autostraße, bis zum Rande der Seiser Alm führt der Puflatsch-Sessellift zum nordwestlichen Randkamm der Alm, dem Puflatsch, und gegenüber (ab Frommer) gibt es neuerdings den Sessellift zum Spitzbühel. Etwas weiter almeinwärts gelangt man mit dem Panorama-Gondellift auf das sogenannte Joch, einem erhöhten Punkt der Seiser Alm, der eine instruktive Rundschau über weite Flächen bietet. Ein anderer Sessellift führt vom Schutzhaus Monte Piz zum Berghaus „Icaro". Schließlich wird bei Rückwanderungen zu der erhöht auf dem Piz liegenden Bergstation der großen Seiser-Alm-Bahn der Sessellift vom Berggasthaus „Sonne" benützt. Schließlich ist noch die Gondelbahn im Ostteil der Alm (Saltrie) zu nennen, die das Gebiet um die Zallingerschwaige erschließt.

Dem Wanderer bietet dieser einzigartige Erdenfleck in seiner ungewöhnlichen Ausdehnung von rund 60 Quadratkilometern eine Fülle von Möglichkeiten aller Art. Es gibt Dutzende und mehr Wanderungen kreuz und quer, es locken darüber hinaus immer noch Ziele, man müßte viele Wochen, ja einen ganzen Sommer aufwenden, um dieses kleine Königreich bis in die

letzten Falten des Geländes und die Geheimnisse seiner Gliederung, seiner Schönheit und Einsamkeit zu erforschen, kennenzulernen und zu genießen. Stille, große Bergeinsamkeit ist hier Trumpf. Die Almwanderungen führen Stunde um Stunde wie über grünen Samt dahin, und wer noch mehr leisten will, der wagt sich an kleine Bergbesteigungen durch die Täler und Kare der anrainenden Dolomitgruppen, aus dem grünen Zauber der Alm in die Abgeschlossenheit silberner Felslandschaften. Das ist vielleicht das größte Erlebnis, das die Hochweide bietet, der große Rundweg um die Alm, besonders für den Wanderer, der sich nur kurz in der Gegend aufhält, denn gerade auf diesem Weg bieten sich einzigartige Einblicke von allen Richtungen und Nahblicke von ungewohnter Schönheit. Diese Wanderung geht von der Bergstation der Seiser-Alm-Bahn aus, erreicht den Berggasthof „Icaro" (1910 m), dann den höher liegenden Goldknopf, die Wanderung führt weiter zur Molignon-Schutzhütte, erreicht das Seiser-Alpen-Haus und weiter das Zallinger-Alpenhaus mit seinem weißen Kirchlein, um schließlich von hier in direktem Abstieg St. Ulrich zu erreichen, oder bequemer über den bekannten Höhenplatz Monte Pana nach St. Christina zu gelangen.
Wie bei einem Film rollen auf dieser Wanderung die schönsten Anblicke und Ausblicke an dem Beschauer ab. Nur an Hand der ausgezeichneten Wanderführer durch Gröden lassen sich diese gut markierten Wanderungen ohne Irrgänge und mit Hinweis auf Gehzeiten und besonders schöne Landschaftspunkte und geologisch interessante Stellen ausführen.

Der Schlern — die Aussichtswarte über die Alm

Von den Bergwanderungen, die von der Seiser Alm aus gemacht werden können, sind es zwei, von denen man nicht sagen kann, welcher die Krone gebührt. Da ist einmal die Besteigung des Schlerns (2564 m), eines der berühmtesten Aussichtsberge in den Dolomiten. Man quert von der Bergstation der Seiser-Alm-Bahn die Alm in Richtung zu seinem Fuße, dort, wo sein Bergkörper mit dem Almgelände verschmilzt, und erreicht auf dem sogenannten Touristensteig in angenehmem, kaum mühevollem Aufstieg die Schlernhäuser, von denen aus der höchste Punkt in wenigen Minuten bestiegen werden kann. Neben anderen berühmten Aussichtsbergen ist der Schlern wohl jener, der die weiteste Fernsicht in einem Halbkreis von Süden nach Westen und bis zu den Zentralalpen im Norden bietet. Erstaunlich aufschlußreich ist der Anblick der Berge der Rosengartengruppe und des Latemars.

Weit im Süden ragt der Monte Baldo an den Ufern des Gardasees auf. Ihm schließen sich nach Westen drehend die Eisberge der Adamello- und Presanellagruppe an, davon die westlich der Etsch liegende einzige Dolomitengruppe der Brenta, es folgen weit am Horizont bekannte Bergriesen der Ortlerwelt, des Graubündens, die Sesvenna und die Bernina. Weiter schwenkt die Fernsicht zum Alpenhauptkamm über, der mit den ersten mächtigen Eisriesen der Ötztaler Gruppe aufragt, er setzt sich mit den Bergen der Stubaier Alpen fort und endet hoch im Norden mit den Firngipfeln der Zillertaler Alpen.
Was aber wohl am schönsten und eindrucksvollsten vom Schlern aus zu sehen ist: wenn man auf seiner Hochfläche ein Stück nordwärts hinauswandert gegen die Abstürze des Burgstalls, dann liegt die Alm in ihrer ganzen majestätischen Weite hingebreitet, das Auge wird trunken von all dem, was es von hier aus in prächtiger Geschlossenheit erblickt und was sonst nur in Maßen und Werten ausgedrückt werden kann.
Die andere große Bergwanderung, die kaum nachsteht, ist eine Umrundung der ganzen Langkofelgruppe von der Seiser Alm aus. Sie bringt nicht in luftige Höhen wie eine Besteigung des Schlerns, sie bleibt in halber Höhe der Berge, fast immer im Mittel um 2000 m, dafür überrascht sie in ununterbrochener, rascher Folge mit interessanten Talblicken und mit Einblicken in das Innere der Felswelt des Langkofels. Schon Paul Grohmann, der größte Erschließer der Dolomitenwelt, preist eine Wanderung an den „Fußgestellen" der Langkofelberge rings um die ganze Gruppe als eine der schönsten Wanderungen, die es weitum in den Alpen gibt.
Wiederum startet man von der Bergstation der Seiser-Alm-Bahn, überquert die Seiser Alm bis zum Fassajoch (Gondelbahn), wo der vielgerühmte König-Friedrich-August-Weg beginnt (benannt nach König Friedrich August von Sachsen), auf dem man vom Fassaner Kamm an der Südseite der Langkofelgruppe, immer unter den Steilwänden der Bergriesen, das Sellajoch erreicht. Und nun geht es weiter als Wanderung von höchster Bergromantik durch die Steinerne Stadt und als Höhepunkt des Erlebnisses unter der kilometerbreiten Nordwand des Langkofels hinüber zum Abstieg nach Monte Pana.

„Blumenmärchen Seiser Alm"

Bis auf wenige Monate im Jahr ist ein Besuch der Seiser Alm ein lohnendes, landschaftliches Erlebnis. Schon im Mai, wenn unübersehbar die Krokuswiesen die letzten Schneeflecken auffressen, beginnt dort oben ein Bergfrühling, der Ende Juni und in der ersten Hälfte Juli einen zauberhaften Höhepunkt erreicht. Die Alm blüht! Die Alm wird zu einem Blumenmärchen, wie ein zweites weit und breit in den Dolomiten und wohl auch in den übrigen Alpen nicht zu finden ist. Dieses Blumenmärchen Seiser Alm bleibt durch Wochen hindurch beseeligende Wirklichkeit.

Was wirklich einmalig ist und den Blumenfreund zu hellstem Entzücken begeistert, ist die Weite der Flächen, die hier von den Blumen beherrscht werden. Wie weit das Auge reicht und wie weit auch der Fuß wandern mag, unzählbare Millionen von Blüten beherrschen die Seiser Alm. Denn wo gibt es in den Alpen eine Hochweide, eine fast geschlossene und kaum von Wald unterbrochene Matten- und Wiesenzone von einer Ausdehnung von 60 Quadratkilometern, die eine einzige blühende Bergwiese ist? Das ist die Seiser Alm, wenn sie im Juni und Juli durch Wochen zum Blütenwunder und Blütenmärchen wird (vgl. hiezu den floristischen Anhang dieses Buches).

Das Bild der Alm war in frühester Zeit und vor der Landnahme durch die Bajuwaren ganz anders. Daß die heutigen Weideflächen ein ungeheurer Forst bedeckt hat, läßt sich nachweisen. Eine Sage hat, wie so oft, diese Tatsache wohlbehütet und wahrheitsgetreu bis in unsere Zeit herauf bewahrt.

> K. F. Wolff berichtet in der Sage „Die Seiser Alm und die verheißene Zeit" von einem großen Jagdforst des Königs L a u r i n, in dem weiße Hirsche und glänzende Goldfasanen standen. Dieser Forst wurde von Nadelbäumen gebildet, in deren Zapfen edle Nüsse steckten. Und sogar der Name des Mannes, Partschött, bleibt in der Sage erhalten, der als Aufseher über das weite Jagdrevier vom König bestellt war. Er mähte die Wiesen und fütterte damit in der harten Winterszeit Hirsche und Gemsen.
>
> Dieses herrliche Idyll nahm nach dieser Sage ein Ende, als König Laurin den Rosengarten versteinern ließ und mit seinem Hofstaat in die Felsensäle im Innern des Berges hinabstieg. Der arme Jagdhüter wurde draußen im Walde vergessen. Und nun erzählt die Sage, wahrscheinlich ganz dem historischen Ablauf der Ereignisse getreu, es seien fremde Leute gekommen, die in den Wald eindrangen und das Wild jagten, und dann trieben sie das Vieh auf die Wiesen, ließen es überall weiden und benahmen sich geradezu als wären sie die Herren der Alm. Sie rodeten den Wald und gewannen immer mehr Weideland und Almen. Und so wurde der große Jagdforst des Königs Laurin eine einzige, weitgedehnte Almfläche, eben die heutige Seiser Alm. Der uralte Partschött aber geistert seit damals über sein verlorenes Waldkönigreich, jeden Tag in der Morgendäm-

merung soll er über die Alm wandern und dann wieder in den Felsen verschwinden. Er warte auf die verheißene Zeit, meldet die Sage, in der alles wieder sein wird, wie es einmal war.

Wiesen und Almreich des Bergbauern

Es ist interessant, daß Marx Sittich von Wolkenstein, der uns um 1600 die erste Kunde von der Seiser Alm als bergbäuerlichem Nutzungsgelände gibt, in seinem Bericht darauf anspielt, man habe hundert Jahre vorher all da wilde Leute gesehen.

Wann die Rodung der Seiser Alm stattgefunden hat, ob dies schon die Räter getan oder ob erst die Bajuwaren bei der Landnahme dieses Hochgebiet für den Bergbauern nutzbar gemacht haben, das läßt sich kaum mehr feststellen.

Zur Zeit, als der Wolkensteiner seine Beschreibung verfaßte, waren die Grenzen der Seiser Alm schon längst gezogen. Diese verwunderliche Grenzziehung, nach der mehr als zwei Drittel der Seiser Alm den Bauern am Kastelruther Berg eignete und nur ein schwaches und weniger ertragreiches Drittel im östlichsten Teil zu Gröden gehörte, erklärt sich aus den Grenzen der beiden Gerichte, die hier zusammenstießen. Die Grenzen des mächtigen Kastelruther Gerichtes reichten bis zu den Ufern des Dirschenbaches (Grödner Baches) und taleinwärts bis zum Jendergraben und auf der Alm bis zum sogenannten Confinboden. Dem kleinen „Gerichtl" Wolkenstein verblieb also bis auf den heutigen Tag nur ein karger Anteil an der Alm. Auch die Gemeindegrenzen zwischen Kastelruth und dem äußeren Grödental, nämlich den heutigen Gemeinden St. Ulrich und St. Christina, bildete der Grödner Bach.

Ganz gegen seine sonst kurze, schematische Art der Darstellung widmete der Wolkensteiner der Seiser Alm immerhin eine gut skizzierte Beschreibung mit allerhand Zahlen. 1500 Kühe wurden damals nach seinem Bericht aufgetrieben, dazu noch 600 Ochsen. 1800 Fuder Heu ergaben die Mahdwiesen, und die Schwaigen konnten einige Zentner Schmalz und Käse im Herbst zu Tal bringen. Er spricht von 400 Heustadeln (Heythillen), ferner 100 Schwaigen (Sennhütten), und gibt sogar an, durch vier oder fünf Wochen um Jakobi (25. Juli) seien etwa 4000 Menschen, Männer und Weiber, auf der Alm gewesen, um die Heuernte einzubringen. Die Größe der Alm deutet er dadurch an, man könne sie an einem Tage kaum umwandern. Und schließlich fällt er das schöne Urteil, hier oben gedeihe das kräftigste und beste Heu, das man im Lande finde. Und auch die allerköstlichsten Kräuter und Wurzeln wüchsen auf der Alm, so daß viele Leute von sehr weit her aus allen Landen kämen, diese zu suchen, auszugraben und für Arzneien zu verwerten.

Wenn man dem Bericht des Wolkensteiners die heutigen Daten gegenüberstellt, so hat sich eigentlich kaum wesentlich etwas geändert. Man zählt zwar heute nur mehr etwas über 70 Schwaigen, das sind Almgerechtsame, wo volle Almwirtschaft betrieben wird, jedoch die rund 400 Heuhütten bestehen ihrer Zahl nach immer noch, und der Auftrieb hat sich auch nicht wesentlich vergrößert, denn man schätzt heute den Viehauftrieb auf 2000 Stück Rindvieh, dazu noch etwa 100 Pferde und ungefähr 500 Schafe. Weitaus größer ist die Heunutzung, denn alljährlich werden etwa 5000 Fuder Heu (das Fuder im Mittel zu 400 kg) im Winter in die Heimathöfe hinuntergebracht.

Die Seiser Alm gehört zu den wenigen Almen Südtirols, wo neben der Weidenutzung eine starke Heugewinnung möglich ist, und so ist dieser Reichtum an bäuerlichem Besitz für die Bauern am Kastelruther Berg vor allem dafür maßgebend, daß sie einen viel größeren Viehbestand halten können, ja viele den doppelten als der Heimathof ernähren könnte.

Zergangen ist meins herzen we,
seit das nu fliessen wil der sne
ab Seuser alben . . .
Erwachet sind der erden künst,
des meren sich die wasserrünst
von Castellrut in den Eysack,
das wil mir wol behagen.
Ich hör die voglin groß und klain
in meinem wald umb Hauenstain . . .

Oswalt von Wolkenstein 1370—1445

50 Seiser Alm mit Schlern (links), Euringer- und Santnerspitze

S. 49 Die große Seceda-Seilbahn von St. Ulrich
Im Hintergrund Seiser Alm und Schlern

Christophorus-Fresko an dem Kirchlein von St. Jakob ob St. Ulrich

Abfahrt von der Seceda in Richtung Cisles; im Hintergrund
die Kleine Fermeda

Das neue Kunsteisstadion in St. Ulrich

Grödner Weinhnachtskrippe, ein Werk von Bildhauer
David Moroder aus St. Ulrich

Kruzifix von Sëura Sas (V. Peristi und B. Walpoth, 1923)

Grödner Holzbildhauer bei der Arbeit

Das liebliche St. Ulrich/Urtischej mit dem Langkofel/Sasslong, dem Wahrzeichen des Grödentales

„Fastentuch" aus dem Kirchlein St. Jakob mit Passionsszenen (Ausschnitt)

Kletterei an den Sellatürmen —

Brautjungfrauen in festlicher Tracht mit dem „Krönl“
in festlichem Prozessionsumzug

Sankt Christina in Gröden, mit Blick zur Sella (rechts)
und Cirspitzen (Bildmitte)

62 Das Felsennest der Ruine Wolkenstein am Eingang ins Langental

Die neue Abfahrtspiste für die FIS-Weltmeisterschaften
vom Ciampinoi nach St. Christina

Skilift im östlichen Teil der Seiser Alm
Im Hintergrund die Sellagruppe

Heuarbeit auf der Seiser Alm
Im Hintergrund die Langkofelgruppe

Wanderung im Almreich unter der Geislergruppe

Das herrliche Skigebiet der Aschgler- und Cislesalm
am Fuße der Geislergruppe

Wolkenstein/Selva mit der Sellagruppe

Ortschaften des Grödentales

Von der „Ladinischen Pforte" bis zum Talschluß

Mit dem kleinen Talboden von Pontives und der diesen abschließenden Enge der „Ladinischen Pforte" (Porta Ladinia), beginnt das ladinische Grödental. Nur etwa 8 km ist der Kern dieses eigentlichen Grödentales lang, nur wenige Kilometer sind die drei Hauptorte voneinander entfernt, und heute ist es so, daß sich diese in ununterbrochener Folge bereits zu verzahnen beginnen.

In Pontives mündet mit der malerischen Pufler Schlucht das Tal von der Seiser Alm herunter, das die Abhänge des Puflatsch, der Randerhebung der Seiser Alm, belegt. Dieses Tälchen ist eine geologische Berühmtheit durch seine doppelte Reihenfolge der Schichten. Hier liegt an der Mündung des Tales von Pufels der kleine Weiler Runggaditsch, lad. Roncadizza (1150 m), der zur Gemeinde Kastelruth gehört. Höher oben, an den Hängen des Puflatsch, sozusagen in den Angeln der „Ladinischen Pforte", liegt der Weiler Pufels, lad. Bulla (1481 m), rund 120 Einwohner, ebenfalls ein Weiler der Gemeinde Kastelruth. Hier wurde früher am Kirchweihsonntag die Seiser-Alm-Ordnung verlesen, die älteste, die wir kennen, und die Saltner (Viehhüter) leisteten darauf der Gemeinde den sogenannten Almeid. Diese kleinen ersten Siedlungen Grödens sind noch wenig vom Fremdenverkehr beleckt, hier ist noch Ackerbau und Viehwirtschaft vorherrschend, die im Grödental durch die Ausbreitung des Fremdenverkehrs immer mehr zusammenschrumpfen. — Die genannten Orte Runggaditsch und Pufels sowie der am linken Ufer des Grödner Baches liegende Ortsteil Überwasser von St. Ulrich werden derzeit von dieser Gemeinde beansprucht, doch sträubt sich Kastelruth gegen eine Abtrennung dieser Gebiete.

Von Runggaditsch ab öffnet sich das Grödental zu einer Weitung, die Nordhänge neigen sich stark zurück und die Mündung des wiesigen Annatales buchtet weit in die Talsohle herunter. Vom Ortseingang ist die Straße gesäumt von Villen und Fremdenheimen bis hinauf zum höchsten Punkt, zum Beginn des Ortskerns, wo das bronzene, überlebensgroße Standbild für den Bürgermeister J. B. Purger steht, dem die Grödner den Bau der Straße durch das Tal von Waidbruck herein (1856) und damit die Öffnung zur Welt verdanken.

St. Ulrich-Urtischej

Herzstück des Grödentales

St. Ulrich, lad. Urtischej. ital. Ortisei (1236 m), rund 4000 Einwohner, ist der Hauptort des Grödner Tales, ein Marktflekken, der Mittelpunkt seines Fremdenverkehrs, einer der größten, besuchtesten und am besten organisierten Sommerorte und Wintersportorte, nicht nur der Dolomiten, sondern überhaupt der Alpen, mit internationalem Ruf. St. Ulrich breitet sich hauptsächlich an den Südhängen und am rechten Ufer des Grödner Baches über den welligen Berghang hinauf aus und hat einen Kranz von Villen und Bauernhöfen im Umkreis. Zu St. Ulrich zählt auch der jenseits des Baches liegende Ortsteil Überwasser, der jedoch schon der Gemeinde Kastelruth zugehört (vgl. hiezu die vorherg. Seite). Diese absurde Zweiteilung ist noch ein Überrest aus der mittelalterlichen Zeit mit ihren Gerichtsgrenzen. Gleich wie St. Ulrich hat auch Überwasser eine Reihe von Hotels und Villen und dehnt sich bis zum Waldrand unter den steilen Hängen des Pizberges aus.

Der Ort selbst macht einen ungemein schmucken und gepflegten Eindruck, fast wie ein Bergstädtchen, das trotz der vielen Hotels und Pensionen nicht als prunkhafter, nackter Fremdenort erscheint, sondern die herzliche Intimität eines lebendigen Gebirgsdorfes bewahrt hat. Auch die Neubauten sind durchwegs in einem ansprechenden, alpenländischen Stil errichtet, der neben den wenigen noch vorhandenen alten Höfen und Gebäuden ganz und gar nicht kontrastierend wirkt.

Das Zentrum von St. Ulrich wird durch die Hauptstraße gebildet, die vom höchsten Punkt des Ortes vor dem Kirchplatz in leichter Biegung bis zum ebenen weiten Antoniboden hinunterzieht. Diese Hauptstraße ist die Geschäftsstraße und der Bummelweg von St. Ulrich. Am geräumigen Antoniboden befindet sich auch das Verkehrszentrum von St. Ulrich mit der Haltestelle der Autobusse, ferner das Amt der Kurverwaltung, Banken usw. Auf der Talsohle und am Ufer des Grödner Baches ziehen sich die vorbildlichen sportlichen Einrichtungen des Fremdenortes entlang, darunter das große Freiluftschwimmbad, die ausgezeichneten Tennisplatzanlagen und als neueste Errungenschaft das Eisstadion, das für die Veranstaltung der FIS-Skiweltmeisterschaften errichtet wurde. Hinzu kommen noch ein Sport-

platz, eine Anlage für Tontaubenschießen, Minigolf, Bowling und ein Kinderspielpark.
Als Hauptort des Fremdenverkehrs in Gröden erreicht St. Ulrich eine Nächtigungszahl von weit über 300.000 jährlich. Die Saisonen von St. Ulrich teilen sich in die sehr lang andauernde Sommersaison von Mai bis Ende September, wobei die Spitze von der zweiten Hälfte Juli bis gegen Ende August erreicht wird, und in die Wintersaison von Anfang Dezember bis Ende März.
Die landschaftliche Lage von St. Ulrich ist stark gegliedert und besticht durch die Vielfältigkeit ihrer Formung. Dem Ort direkt gegenüber ragen die schwarzgrünen Waldhänge des Monte Piz auf, des höchsten Punktes der nördlichen Randerhebung der Seiser Alm, mit der Bergstation der großen Seiser-Alm-Bahn. Ungemein interessant und abwechslungsreich ist der Blick taleinwärts über die waldbedeckten Hänge und die schönen Wiesenböden, die von dem ungeheuer mächtig aufstrebenden Horn des Langkofels (3181 m), dem Wahrzeichen des Grödner Tales, sowie der querüberliegenden glattwandigen und mächtig in die Breite gezogenen Felsbastion der Sella überragt werden, die das Grödner Tal abriegelt. Hinter dem Bergsporn des Col de Flam, an dessen Hänge sich der Ort anlehnt, zieht das breite, wiesenreiche Annatal gegen die Seceda hinauf. Einzigartig mächtig wirkt der weitgehende, dichte Forst von Raschötz, der die ganzen weiten Flächen dieses Berghanges bis zur Almgrenze hinauf bedeckt. Seinem Ruf als erstklassiger, sommerlicher Erholungskurort in den Bergen wird St. Ulrich besonders auch durch seine schönen Spaziergänge und kleinen Wanderungen in seinem Weichbilde gerecht. Es ist erstaunlich, welche Möglichkeiten hier dem Gast geboten werden, obschon das Gelände gar nicht nach bequemen, mühelos zu begehenden Spazierwegen aussieht. Zu einem originellen, vollkommen mühelosen Spaziergang, ja fast zu einer Art Kurpromenade wurde der Bahnkörper der aufgelassenen Grödner Kleinbahn genützt, auf dem man nun auf gepflegter Trasse weit taleinwärts spazieren kann.

Die großen Bergbahnen um St. Ulrich

Seit der Entwicklung des Seilbahn- und Sesselliftbaues hat sich der Auslauf auch für den bescheidenen Spaziergänger in die Weite und Höhe fast unvorstellbar erweitert. Das Bergbahnnetz von St. Ulrich ist so vorbildlich und erschöpfend, daß weitere Anlagen gar nicht mehr notwendig erscheinen. Die große Seilbahn auf den P i z (Seiser-Alm-Bahn, 2005 m), den höchsten Punkt am nördlichen Rand der Seiser Alm, hat in diesem verkehrstechnischen Sinn vor die Haustüre von St. Ulrich die Möglichkeit gesetzt, mit einem wahren Seilbahnsprung über 774 m Höhenunterschied und in nur fünf Minuten einen der schönsten Aussichtspunkte am Rande der Seiser Alm zu erreichen. Die Bergstation dieser Seilbahn ist auch ein zentraler Ausgangspunkt für Wanderer und Skiläufer. Seit 1969 ist die Kapazität durch eine Parallelbahn so stark erhöht worden, daß sie auch einem sehr umfangreichen Spitzenbetrieb gerecht wird. Die großen Wanderungen, die von hier ausgehen, sind in dem Kapitel über die Seiser Alm angegeben. Auch als Wintersportbahn und besonders für den Skiläufer hat sie durch die Anlage einer neuen, großen Piste, die auch von schwächeren Skiläufern gut befahren werden kann, sehr gewonnen.

Der Raschötzlift ist einer der größten seiner Art, er führt in 20 Minuten bis zur Bergstation auf der Raschötz in 2151 m Höhe; 920 Höhenmeter werden dadurch überwunden. Von der Bergstation aus erreicht man auf gutem Weg in 15 Minuten das Raschötzhaus (2283 m). Noch mehr als vom Piz aus fesselt von hier die Aussicht. Besonders interessant ist es, die ganze Seiser Alm mit ihren Randgebirgen von diesem etwas weiter entfernten Standpunkt aus überblicken zu können. Großartig sind die farblichen Gegensätze zwischen den weiten, grünen Flächen der Alm, den silbrig glänzenden Felsmassen der Dolomitberge und schließlich dem weit im Süden schimmernden Firnhaupt der Marmolata. Die Rundsicht geht aber noch viel weiter, sie reicht bis zu den Gletschern des Ortlers, zu den Ötztaler Alpen und über den Alpenhauptkamm bis zu den Hohen Tauern. Auch die Tiefblicke gegen das Eisacktal und zu den Sarntaler Alpen hinüber sind ungemein reizvoll. Geologisch interessant ist, daß der ganze Raschötzberg bis zum Beginn der Geislergruppe zur Bozner Porphyrplatte gehört, die hier von Quarzphyllit überlagert wird. Der hauptsächlich benützte Rückweg ins Tal ist sehr abwechslungsreich und führt in meist mäßigem Gefälle bis in den Talschluß des Annatales und durch dieses liebliche Tal nach St. Ulrich zurück. Viel begangen werden von der Raschötz aus die größeren Wanderungen über die Schlickerscharte in das Nachbartal Villnöß oder die Wanderung zur Broglesalm und weiter zur Schlüterhütte (der berühmte Munkelweg).

Die zweite große Seilbahn von St. Ulrich führt in zwei Sektionen auf die Seceda. Sie wurde erst im letzten Jahrzehnt gebaut und überwindet in rund 13 Minuten einen Höhenunterschied von 1240 m zur Bergstation auf 2480 m, nur wenige

Minuten unter dem Gipfel der Seceda selbst. Die Fahrt auf die Seceda ist gleichsam eine herrliche Seilbahnwanderung zu nennen. Prächtig ist das Schweben über die Wiesen des Annatales zur Mittelstation Fúrnes. Dann geht es mit einem kühnen Schwung stützenlos und greifbar nahe an den grauen und ziegelroten Wänden aus Grödner Sandstein zur Bergstation hinauf. Die mächtigen Aufschlüsse des Grödner Sandsteins, die größten in den Dolomiten, wurden schon von dem berühmten Geologen Freiherrn von Richthofen erstmalig beschrieben. Von ihm stammt der Name dieser geologischen Schicht.

Ein vielseitiges Wandergebiet, ein ideales Skigebiet, ein herrliches Kletterreich in der Geislergruppe, all das erschließt diese Bahn. Von den sommerlichen Abstiegen ist der über den Cucasattel und durch das Annatal zurück nach St. Ulrich etwas mühevoller als die Abstiege über die Aschgler Alm entweder zur Regensburger Hütte oder direkt durch das Tal des Cislesbaches nach St. Christina. Ein weites Skigelände mit herrlicher Aussicht und in sonniger Lage dehnt sich weit über die Flächen der Aschgler und Cislesalm mit Abfahrten bis nach St. Christina. Mit den beiden Gondelliften von der Fermedahütte zum Secedakamm und von St. Christina auf den Col Raiser, nahe der Cisleshütte (= Regensburger Hütte), ist einer der schönsten Skizirkusse des Grödentales geschaffen worden.

Auch für den Bergsteiger hat die Secedabahn eine nicht zu unterschätzende Bedeutung. Durch sie kann man von St. Ulrich aus rasch nahe an die Geislergruppe herankommen, denn von der Bergstation aus führen die Steige zu den Einstiegen vor allem der Kletterführen auf die Fermedatürme eben und rasch hinüber.

St. Jakob mit seinem bergeinsamen Kirchlein

Eine schöne Autostraße führt von St. Ulrich nach dem schöngelegenen St. Jakob, lad. Sacun (1566 m), einer kleinen Häusergruppe oberhalb St. Ulrichs, mit einem uralten Freskenkirchlein und einer glanzvoll schönen Aussicht auf den Langkofel und seine Bergwelt. Etwas unterhalb des Gasthauses „Jakoberhof", auf einem kurzen Wiesensteig erreichbar, steht das Denkmal für Paul Grohmann, dem berühmten Pionier und Erschließer der Dolomiten, der auch der erste Ersteiger des Langkofels mit den Führern Peter Salcher und Franz Innerkofler im Jahre 1869 war. Das Kirchlein liegt etwa 10 Minuten oberhalb.

Das kleine, aber leuchtende Juwel aller Kirchen des Pfarrbereiches ist das Kirchlein St. Jakob, hoch am Berghange über St. Ulrich. Es gilt als das älteste Gotteshaus Grödens. Freilich gibt es sichere Hinweise erst ab 1325, doch der erste Bau dürfte bereits von den Herren von Stetteneck aus der Mitte des 13. Jahrhunderts stammen. Hiezu beruft man sich auf einen Ablaßbrief für die Kirche von St. Jakob aus dem Jahre 1246, doch das Dokument ist verschollen.

Idyllisch und harmonisch steht das Kirchlein von St. Jakob in der vielfältigen landschaftlichen Schönheit seiner engeren und vor allem weiteren Umgebung. Der ursprünglich romanische Bau hatte wohl ein flachgedecktes Langhaus und wurde erst in spätgotischer Zeit dieser Stilepoche angepaßt. Jetzt erhielt es das verzierte Spitzbogenportal, den gerade abschließenden Chor mit Spitzbogenfenstern und dem plumpen Kreuzrippengewölbe; schließlich bestimmt der Turm mit seinen spitzbogigen Schallfenstern und Achteckhelm die heutige Form.

Die aus der Vinazer-Werkstatt stammenden Statuen am barocken Hochaltar sind 1972 aus Sicherheitsgründen durchwegs durch Kopien ersetzt worden; den eigentlichen künstlerischen Rang bestimmen jedoch die gut erhaltenen gotischen Fresken. Das Presbyterium, das mit dem untersten Teil des Turmes zu den ältesten Bestandteilen der Kirche gehören dürfte, ist ganz ausgemalt. Engel mit Spruchbändern, Kirchenväter und Evangelisten, ferner Szenen aus dem Leben des hl. Jakob und schließlich die zwölf Apostel am Triumphbogen zeigen die derbe Hand eines Künstlers aus der Brixner Schule nach der Mitte des 15. Jahrhunderts. Dem gleichen Künstler wird das originelle Christophorusfresko mit seinen riesigen Ausmaßen an der Außenwand zugeschrieben. Neben der überdimensionierten Gestalt des Christophorus sind mit reger Phantasie Wandgemälde aller Art zu sehen, eine besonders schöne Darstellung des Schmerzensmannes, aus dessen Wunden Blut quillt und zu kleinen Bildern hinleitet, auf denen arbeitende Menschen mit kleinen Teufeln auf den Schultern dargestellt sind. Auf einem Bild sieht man Kirchlein und Burg, die von Mauern umgeben sind. Man erblickt darin einen Hinweis auf die Zugehörigkeit des Kirchleins zur verschollenen Burg Stetteneck. Eine besondere Kostbarkeit im Besitz dieser Kirche ist ein Fastentuch aus dem 17. Jahrhundert mit vier Reihen Passionsszenen. Es ist eines der letzten in Südtirol erhalten gebliebenen Fastentücher.

Die Schönheit des Kirchenbaues wird durch seine Lage ungemein gesteigert. Weithin geht von hier aus der Blick durch die Furche des Grödner Tales, großartig wie kaum in der Nähe von St. Ulrich ist die Schau auf die mächtige Langkofelgruppe.

Heute ist die rund 1570 m hoch gelegene Kirche durch eine Straße bequem erreichbar. Die Wahl des Kirchenpatrons, des hl. Jakob als Beschützer der Wanderer, wird damit glaubhaft erklärt, daß der geheimnisvolle Troj Pajan hier in der Nähe vorüberführte. Es ist der berühmte „Heidensteig", der aus dem Talschluß von Gröden an den Südhängen entlang, noch heute da und dort deutlich kenntlich, hoch über St. Ulrich hinweg und durch den Raschötzer Forst den Raum von Lajen erreichte. Sein Bestehen und Alter gelten als sicher, seine Zweckbestimmung ist nur ungefähr zu erraten. Ein wertvoller vorgeschichtlicher Fund am Troj Pajan, ein Bronzedolch mit Vollgriff, der heute im Heimatmuseum in St. Ulrich aufbewahrt wird, lüftet kaum den dichten Vorhang, der über der Frühgeschichte des Tales und seiner Verkehrsverbindungen liegt.

Von Burg Stetteneck ist heute nichts mehr vorhanden. Erdbewegungen, Murbrüche, der wandernde Berg, dies alles mag das Schloß derer von Stetteneck, die einer Zweiglinie der Burggrafen von Säben angehörten, vernichtet haben. Die Erbauung dieser Burg dürfte in die Mitte des 13. Jahrhunderts zurückgehen. Der Name dieser Adelsfamilie aber hat sich in Überlieferung und Sage im Grödental noch lebhaft erhalten.

Die Pfarrkirche zum hl. Ulrich

Empfehlenswert ist ferner ein Besuch der großen, fast prunkvoll sich gebenden Pfarrkirche von St. Ulrich. Der Bau der heutigen Pfarrkirche ist verhältnismäßig sehr jung und datiert erst aus den Jahren 1793 bis 1796. Das hat seinen Grund darin, daß die Geschichte der früheren Pfarrkirchen sehr wechselvoll war. Angeblich wird eine Kirche bereits im 11. Jahrhundert erwähnt, was jedoch eher unwahrscheinlich erscheint. Eine dem hl. Ulrich geweihte Kirche wird hingegen 1342 urkundlich bezeugt. Sie stand auf dem heutigen Friedhof neben der noch erhaltenen St.-Anna-Kapelle. Dieser Kirchenbau wurde abgerissen, nachdem im Jahre 1746 in der Nähe des Friedhofs eine neue, größere Kirche zum hl. Ulrich vollendet war. Dieser Bau nun war von Unglück verfolgt, es zeigten sich bald so starke Bauschäden durch Senkungen des Baugrundes, daß an einen Neubau geschritten werden mußte. Hierzu wählte man den Ort, auf dem heute die Pfarrkirche steht. Ihre Lage ist schön, sie erhebt sich im oberen Ortsteil und gibt mit dem leicht ansteigenden, langgestreckten Vorplatz einen hübschen Eindruck. Dem geräumigen Bau mit seinen Flachkuppeln wurden 1906/07 die beiden weiten Querarme hinzugefügt.

Die Inneneinrichtung ist reich, ja fast überladen, leider teilweise von untergeordnetem künstlerischem Wert. Es hat sich hier vielleicht mit allzuviel gutem Willen ausgewirkt, daß St. Ulrich der Mittelpunkt des Grödner Schnitzhandwerkes und Altarbaues war. Anerkennenswert gute Arbeiten sind die Deckengemälde in den Flachkuppeln, die das Opfer Abrahams, die Bergpredigt und vor allem sehr beziehungsreich die Schlacht auf dem Lechfelde von 955 darstellen, in der der Patron der Kirche, der hl. Ulrich, mitkämpfte. Diese Gemälde stammen von Franz und Josef Kirchebner aus dem Oberinntal und entstanden in den Jahren 1795—1796.

Durch den Abbruch des Gebäudes an der Seite des Kirchenvorplatzes und die Neuaufführung des modernen Zweckbaues, der ursprünglich der Organisation der FIS-Weltmeisterschaften 1970 diente und seither als Kongreßhaus verwendet wird, hat das Bild rings um die Kirche eine starke Veränderung erfahren; die klobige Bauweise des Neubaues ist nicht unwidersprochen geblieben.

Die kleine St.-Antonius-Kirche

Ganz im Gegensatz zu der hoch oben im Marktflecken thronenden und sich stolz und prächtig gebenden Pfarrkirche auf dem Rücken zwischen dem Annatal und der Hauptfurche des Grödner Tales, steht unten auf der Talsohle mitten im Ort und an der Hauptstraße das einfache Kirchlein von St. Antonius am sogenannten Antoniboden. Es engt heute fast wie ein Hindernis den starken Verkehr ein, der den Ort durchflutet, doch kann es von beiden Seiten umfahren werden. Der Bau der Antoniuskirche geht auf 1673 zurück. Er ist sehr einfach, hat einen Dachreiter und Vierecktürme, Rundbogen und Viereckfenster und ein einfaches Tonnengewölbe über Pilastern. Jakob Oberhofer aus Klausen ist sein Erbauer. Der Zweck war wohl der, den Leuten von Überwasser besonders im Winter den längeren Aufstieg zur Pfarrkirche zu ersparen. Leider ist besonders an der Innenausstattung dieses Kirchleins im Laufe der Zeit vieles erneuert und geändert worden. Der Hochaltar zeigt ein Bild des hl. Antonius von Padua, der von zwei mächtigen und wertvollen Statuen der Bischöfe Ulrich und Ruprecht flankiert wird, Arbeiten des Balthasar Vinatzer, eines der ersten Bildschnitzer des Tales. Beide Statuen zierten früher den Hochaltar in der Pfarrkirche.

Als Totenkapelle ist auch das alte St.-Anna-Kirchlein am Friedhof zu erwähnen, dessen Alter noch weiter zurückgeht. 1425 wurde es erbaut, seine heutige Gestalt erhielt es im Jahre 1515.

Das Grödner Heimatmuseum

Von den Sehenswürdigkeiten in St. Ulrich ist besonders ein Besuch der ständigen Kunstausstellung für Holzskulpturen (u. a. die Originale von St. Jakob) und andere Erzeugnisse der heimischen Holzschnitzerei lohnend, ferner des im Jahre 1960 gegründeten Heimatmuseums, das bereits ansehnliche Sammlungen verschiedenster Art besitzt. Im weiteren Ausbau soll es durch möglichst umfassende Sammlungen über Volks- und Brauchtum, Kunstgewerbe, Vorgeschichte und Naturkunde des Grödentales zu einem wertvollen Heimatmuseum werden.

Die neue Straße taleinwärts

Als man im Jahre 1856 die Talstraße aus dem Eisacktal in das Grödental erbaute, als eine ungemein dynamische, fortschrittliche Tat, die dem Tal so ungeheuren Nutzen bringen sollte, da ließ man es dabei bewenden, daß diese nur bis St. Ulrich führte. Es erschien für die damalige Zeit ausreichend, den Hauptort erreicht und das Tal angezapft zu haben, denn weiter hinein in das Innere Grödens erschien eine solche Verbindung vorerst nicht notwendig. Erst um die Jahrhundertwende wurde der Straßenbau bis in den Talschluß hinein fortgesetzt. Bis dahin fand man das Auslangen mit dem uralten Karrenweg, der von St. Ulrich bis nach Wolkenstein und Plan führte.

Und erst mit dem Bau dieser Fortsetzung setzte auch im mittleren und inneren Gröden eine stärkere Entwicklung ein. Vor allem St. Christina, das uralte kolonisatorische und kirchliche Zentrum des Tales, wurde damit ebenfalls der Welt nähergerückt. Diese Straßenverbindung wurde nicht mehr so von Grund auf neu trassiert wie die große Talstraße, sondern verband auf der Linie des alten Fahrsträßchens die einzelnen Häusergruppen. Nunmehr wurde vor allem im Hinblick auf die großen Ereignisse im Winter 1970 und um ganz Gröden bis zum Talschluß hinein zum Schauplatz der alpinen FIS-Skiweltmeisterschaften machen zu können, eine starke Verbesserung und teilweise Begradigung und Trassierung der Autostraße vorgenommen. Man folgt zwar immer noch der alten Trasse, aber der Neubau kann sich doch in einem modernen Ausbau präsentieren.

Da in St. Ulrich der Bau einer Umfahrungsstraße erst in den Anfängen steckt, muß derzeit die Hauptstraße noch am östlichen Ortsende mit brüsker Steigung stark an Höhe gewinnen und hoch an den Hängen entlangziehen. Dabei bleibt zumindest ein Vorteil: die Straße wird hier gleich zu einer

Panoramastraße, zumindest für ein kurzes Stück, denn nunmehr entwickelt sich die Langkofelgruppe fast zu ihrer voll aufgeschlossenen Pracht; neben dem Beherrscher, dem Langkofel, bilden in weitem Bogen seine Trabanten, hart aneinandergeschoben und wie eine Mauer das berühmte, felsige Hufeisen. Nur 4 km sind es bis St. Christina. Knapp vorher durchfährt man die Häusergruppe von Soplases, wo das Tal sich etwas schluchtartig verengt und von rechts das Jendertal aus dem Herzen der Seiser Alm in grabenartigem Verlauf herunterkommt. Eine kleine, hübsche Hotelkolonie hat sich hier auf einem Wiesenplan unter steilen Felshängen ausgebreitet, ein entzückender Blick geht über den Tallauf hinüber zum großen Wiesenkegel an der Mündung des Jendertales, wo eine Gruppe von altladinischen Bauernhöfen den Besucher wie ein Erinnerungsbild aus früheren Zeiten anmutet.
Auf dieser kurzen Teilstrecke zwischen St. Ulrich und St. Christina verengt sich das Tal am stärksten, die felsdurchsetzten Waldhänge rücken fast schluchtartig zusammen. Trotzdem entbehrt auch dieses kurze Stück nicht reizvoller Anblicke; überall verstreut gewahrt man kleine Bauernhöfe oder neue Villenbauten. Und trotz der Enge macht das Tal niemals einen unangenehm schluchtartigen Eindruck, weil die Talhänge verhältnismäßig hoch sind und man darüber die weiten Flächen der Seiser Alm einerseits, auf der anderen Seite den schönen Bergrücken des Monte Piz ahnt. An zahlreichen Stellen gewahrt man noch die Trasse der aufgelassenen Schmalspurbahn, die sich durch dieses enge Talstück in geradezu kunstvollen Schleifen und Kehren hindurchwand.
Ähnlich wie vor St. Ulrich weitet sich auch hier ganz plötzlich das enge Tal zu einem hübschen, langgezogenen Talkessel, der Raum für St. Christina und seinen zahlreichen Neubauten gibt.

Das liebliche St. Christina

St. Christina (1428 m), rund 1500 Einwohner, liegt kaum bemerkbar auf einer Felsstufe links oberhalb der Straße. Dieser alte Mittelpunkt des Ortes hat nur einen beschränkten Raum zur Entwicklung, kaum daß die Kirche und das Pfarrhaus (Widum), das Spital, die Schule, das Gemeindeamt und ein Gasthof dort Platz gefunden haben. Notgedrungen also ergab sich die weitere Entwicklung längs der leicht ansteigenden Straße, an deren Borden später zahlreiche Hotels und Fremdenheime sowie andere Bauten entstanden sind. Die Mündung des Cislesbaches aus dem Gebiet der Geislergruppe heraus hat hier den Grödner Bach fast abgeriegelt, hat ihn in eine schmale Talenge hineingedrückt und dadurch einen sonnigen Winkel im Tal geschaffen, der heute das Zentrum von St. Christina ist, das sich an sonnigen Wiesenhängen weit und dicht über die Hänge hinauf ausgebreitet hat.

Durch seine Auflockerung, seine Lage zwischen Wiesen und tief herabreichenden Wäldern, durch die spielzeugartig angeordnete Verschachtelung seiner Bauten in diesem allseits kupierten Gelände, wirkt St. Christina ungemein traulich, ein Ort, der jedem Fremden gleich Freund wird, der wie mit einem Lächeln zu Gast ladet. Mit dem Rücken an den Pitschberg (2365 m) gelehnt, den vulkanähnlichen Kegel, der den geographischen Mittelpunkt des Tales bildet und trotz seiner herrlichen Rundblicke nur selten besucht wird, hat St. Christina sich gegen Süden die prachtvolle Schau der Langkofelgruppe aufgebaut, die in Hangstufen gegen die Sohle des Tales abfällt. Und wie um das liebliche Bild von St. Christina in seiner Eigenart zu verschönen, hat der mächtige Langkofel hier seine Gestalt zu einer gewissen Behäbigkeit verändert, sein Felsgewand stürzt nicht mehr in so drohend steilen Falten herab, wie er als gewaltiges Horn von St. Ulrich aus durch das Tal herein zu erblicken ist.

Es lohnt sich der kurze Gang hinauf zum alten Ortszentrum von St. Christina, es lohnt sich diesen kleinen Platz zu sehen, auf dem als unaufdringliche Sehenswürdigkeit die Pfarrkirche steht, die einstmals der christliche Mittelpunkt war,

der erste Pfahl, den die Christianisierung in den heidnischen, urladinischen Boden geschlagen hat.
In kirchlicher Hinsicht blieb das Grödental bis in das 20. Jahrhundert unselbständig und abhängig. Trotz seiner wirtschaftlichen Bedeutung bereits im 18. und 19. Jahrhundert und trotz der besonderen Wichtigkeit des Fremdenverkehrs vom Anfang des 20. Jahrhunderts ab war ganz Gröden eine Kuratie der Urpfarre Lajen. Im Jahre 1418 gewann diese Kuratie feste Gestalt durch Zusammenfassung sämtlicher Grödner Orte zur Kuratie Gröden mit dem Sitz in St. Christina. Interessant ist eine Bekundung aus jener Zeit, wonach der Pfarrer von Lajen verpflichtet war, einen Seelsorger nach Gröden zu senden, welcher der ladinischen und der deutschen Sprache mächtig war. Aus dieser Großkuratie Gröden wurde in der Folge eine eigene Kuratie in Colfuschg im Jahre 1516, erst 1655 aber eine solche in St. Ulrich abgespaltet, der schließlich 1697 die Kuratie Pufels und endlich 1735 das Benefiziat Wolkenstein folgten. Diese kirchliche Unselbständigkeit im Gegensatz zu anderen ladinischen Kirchensprengeln, wo schon seit dem Mittelalter Urpfarren bestanden, läßt wichtige Rückschlüsse auf die Besiedlung des Grödner Tales zu.
Erst 1902 endete die jahrhundertealte Zugehörigkeit Grödens zur Urpfarre Lajen mit der Erhebung von St. Ulrich zur Pfarre, der jene von St. Christina 1922 und Wolkenstein 1949 folgten.
Im Jahre 1342 wird eine Kuratialkirche zur hl. Christina erwähnt. Von dieser alten Kirche ist wohl noch der Turm mit seinen dreiteiligen Rundbogenschallfenstern, der in spätgotischer Zeit seinen achteckigen Spitzhelm erhielt, zu sehen. Der polygonal abschließende Chor mit einer Spitzbogentüre wurde 1478 geweiht. Er erhielt jedoch später eine Tonnenwölbung mit Rundbogenfenstern. Im Jahre 1730 erfolgte ein durchgreifender Umbau, ein Jahrhundert später wurde das Langhaus vergrößert und mit den beiden Seitenschiffen verbreitert. Von der Innenausstattung, die teilweise aus noch jüngerer Zeit stammt, ist kaum etwas erwähnenswert.

Das Grödner Schloß der Wolkensteiner

Von einer zweiten Sehenswürdigkeit wird St. Christina talseitig gegenüber flankiert. An die 350 Jahre alt und doch bis in unsere Zeit jung geblieben, thront dort auf einem Wiesenhügel hart am Hochwaldrand die Fischburg (Castel Gardena) der Grafen Wolkenstein.
Marx Sittich von Wolkenstein erzählt in seiner Landesbeschreibung von seinem Herrn Bruder Engelhard, der etwa zehn oder

zwölf schöne Weiher, größere und kleine, hat anlegen lassen und mit allerlei Fischen, die zu erhalten waren, besetzte. In der Aufzählung ergeht er sich mit einer wahren Wollust, alle diese Arten zu nennen, so Saiblinge, Forellen, Aschen, Brachsen, Rutten, Karpfen, Schleien, Nasen, Neunaugen, Grundeln, Gfrillen, Flußbarsche u. a. Diese „Fischzucht" hat der stattlichen Burg, die der Freiherr von Wolkenstein 1622—1641 erbaute, den Namen gegeben. Ursprünglich wurde es das Grödner Schloß genannt. Die ausgedehnte Baugruppe liegt malerisch am südseitigen Talhang auf einem Rasenbühel, der keineswegs irgendwie von Natur aus wehrhaft ist. Die Anlage ist weder eine echte Burg noch ein Schloß, sie ähnelt in der Ansicht mehr einem befestigten Ansitz und ist in Tirol hiefür das letzte Beispiel. Die Türme mit ihren hohen Pyramidendächern geben der Fischburg das wehrhafte Aussehen, das von den zahlreichen Geschützscharten noch unterstrichen wird. Viel freundlicher sieht es innerhalb der Mauern aus; zwei Arkadenhöfe und zwei Wohntrakte mit Kapelle lassen das Bauwerk als hochherrschaftliche Wohnstätte erscheinen.

Ein gütiges Schicksal hat der Fischburg den berüchtigten Abstieg aus dem Glanz eines stolzen Schlosses zum ruinenhaften Bauernbesitz erspart. Noch zu Beginn des 20. Jahrhunderts im Besitz der Gemeinde und als Armenhaus verwendet, wurde es um 1930 von Baron C. Franchetti aus Venedig gekauft und durchgreifend wieder in Stand gesetzt. Das reiche, stilgerechte Mobiliar, auch die schönen Öfen, wurden aus zahlreichen anderen Tälern Südtirols hierher verbracht. Die Besichtigung der Burg ist gestattet.

Monte Pana — zauberhafte Bergkanzel unter dem Langkofel

Weil St. Christina halbwegs im Grödental liegt, so kann man von hier aus mitten in die beiden Talflanken hinaufsteigen. Beide Talflanken bilden dort oben ungewöhnlich geweitete Räume, die prächtigen Auslauf haben. Gegen Süden ist es die Hangstufe von Monte Pana, die man besuchen soll, um einen der landschaftlich schönsten und zentralsten Punkte von Gröden zu erleben. Mitten aus dem Ort St. Christina führt in steilen Kehren eine schmale, aber trotzdem sehr gut befahrbare Autostraße auf den weiten Wiesenplan von Monte Pana hinauf. Sie überkreuzend und zum gleichen Zielpunkt bringt der Sessellift, gleich hinter dem Hotel „Post" beginnend, durch den steilen Wald bis auf die Wiesenflächen hinauf. Der geräumige Wiesenplan von Monte Pana (1637 m, Hotel) springt wie eine hohe Kanzel gegen die Talfurche vor und wird dadurch zu einem Glanzpunkt der Aussicht auf das Grödental von seinem Anfang bis zu seinem Ende. In blendender Schau gegen Norden stehen halbkreisförmig die berühmten Berggruppen des Grödentales aufgereiht, von der Sellagruppe über die Puezberge zur zersplitterten und zerzackten Kette der Geisler und hinaus bis zur Seceda und zur Raschötz. Bergwärts, gegen Süden gewendet, baut sich über einen dunklen, steilen Waldgürtel die gewaltige Felsmasse des Langkofels auf, der hier wie in einem abgerundeten Schiffsbug die prallen Fluchten der Nordwand zu den von Eisrinnen durchfurchten Südwestwänden abknickt. Und weiter gegen rechts zeichnen sich die weichen Linien der weiten Seiser-Alm-Fläche ab.

Von Monte Pana führt ein hübscher Sessellift über den zweiten steilen Waldgürtel, der dem Fuß des Langkofels vorgelagert ist, zum Monte Soura (2020 m); in 11 Minuten hat man wiederum 350 Höhenmeter überwunden und steht nun wahrlich nur auf Büchsenschußweite vom Felsfuß des Langkofels entfernt. So ist der berühmte Rundweg um die ganze Langkofelgruppe von St. Christina in kürzester Zeit zu erreichen. Von Monte Pana aus führen wunderschöne, mühelose Wanderwege hinüber zum Confinboden, der Grenze zwischen dem Fels des Langkofels und den grünen Weidenmatten der Seiser Alm, das dichte Wegenetz der Seiser Alm ist hier erreicht.

Blumenalmen unter den Felsriffen der Geisler

An der nördlichen Talseite von St. Christina führt der große Gondellift auf den Col Raiser (2106 m) mit einem Höhenunterschied von 600 m. Er bringt mitten hinein in die ausgedehnten Almflächen der Aschgler und Cislesalm, die den ganzen, langgestreckten Fuß der Geislergruppe begleiten. Ein zweites, vielfältiges Wanderreich tut sich auf. Mehrere Schutzhütten bilden Stütz- und Rastpunkte, man kann an der Regensburger Hütte vorbei bis zuhinterst an den Fuß der letzten Geislerberge gelangen, man kann aber auch geradeaus aufwärts zum Fuß der Fermedatürme und an ihnen links vorbei bis auf die Seceda selbst wandern.

Auch diese Bergwiesen sind wie die Seiser Alm im Frühsommer ein herrlicher Bergblumengarten, der in seiner Eigenart jene noch übertrifft, nämlich durch den großartigen Felssaum der Geislergruppe, der sie gegen Norden begrenzt. Wenn diese auch ihr kühnstes Bergantlitz gegen Norden wendet, gegen das Tal von Villnöß, wo sie aus reinstem Schlerndolomit aufgebaut, ein klassisches Bild der Dolomiten zeigt, „wahrhafte Geiseln, himmelstrebend, aus blankem, lichtem oder leuchtendem Dolomit ... eine Offenbarung großartigster Naturschönheit" (R. v. Klebelsberg), so bildet ihre wirre Geschlossenheit gegen Gröden kein minder schönes Bild, nur vielleicht wärmer, nicht so furchterregend gegen Himmel steigend, sondern inniger und schützender aneinander gedrängt.

St. Christina ist ebenfalls als Skiort ein solider Begriff. Die weiten Wandergebiete in den beiden Talflanken werden im Winter zu ausgezeichnetem Skigelände. Seine Bergbahnmöglichkeiten sind vortrefflich, führen jeweils kurz und direkt in bestes Skigelände. Dazu brachte dem Ort die Erbauung der neuen, großen Seilbahn auf den Ciampinoi zu den alpinen FIS-Skiweltmeisterschaften große Bereicherung.

Vor allem aber wirkt sich die Mittellage von St. Christina mitten in Gröden sehr gut aus, denn von hier aus kann man ohne viel Zeitverlust die Möglichkeiten der Skibetriebe sowohl St. Ulrichs als auch Wolkensteins ausnützen. Die beiden Sessellifte nach Monte Pana und von dort weiter auf den Monte Soura ermöglichen es, die Seiser Alm zu erreichen und die Touren und Abfahrtsmöglichkeiten in deren östlichen Teil voll auszunützen. Vor allem auch ist die wunderbare Skiwanderung von Monte Soura unter der Nordwand des Langkofels hinüber zum Sellajoch eine der größten Attraktionen.

Ferner sei noch hervorgehoben, daß die zentrale Lage von St. Christina besonders die Zugänge zu den Schutzhütten auf beiden Seiten des Tales durch ihre Bergbahnen besonders kurz und mühelos macht. Über Montc Pana und dessen Gondelliftanlagen erreicht man die Hütten der Langkofelgruppe, das Rifugio Comici und die Langkofelhütte im Herzen der Gruppe in raschem und mühelosem Aufstieg.

In Richtung auf die Geislergruppe hin vermittelt der Gondellift auf den Col Raiser die besten Möglichkeiten zur Regensburger Hütte und zur Fermedahütte sowie zur Bergstation der Secedaseilbahn zu gelangen. Diese Möglichkeiten schaffen leichte und weite Rundwanderungen auf beiden Talseiten, und auch für den Übergang in das Villnößtal einerseits sowie in das Campiller Tal am Ostfuße der Geislergruppe anderseits.

Vielc dieser Rundwanderungen lassen sich so gestalten, daß man gut wieder nach St. Christina zurückkehren kann. Damit ist der Ort ein guter Standpunkt für Automobilisten, die hier ihren Wagen abstellen und direkt an den Ausgangspunkt zurückkehren wollen.

Die reichhaltigste Auslese bietet der Gondellift Col Raiser, dessen Bergstation bereits 2106 m hoch liegt. Anschließend führt ein Sessellift bis auf den Gipfel der Seceda, der eine Reihe der schönsten, vollkommen freien Abfahrten erschließt, und dazu kommt eine ganze Reihe von Schleppliften, die einen regen Übungsbetrieb in diesen herrlichen, sonnigen Höhen ermöglichen. Besonders günstig liegt auch die Seilbahn von Ruaccia am Ortsrande von St. Christina auf den Ciampinoi. Die Bergstation ist an der Gipfelkuppe des Ciampinoi am oberen Waldrand, von dort aus wird mit einem Gondellift der höchste Punkt des Ciampinoi (2210 m) erreicht. Die große Piste für den Herrenabfahrtslauf der FIS-Weltmeisterschaften, die direkt auf breiter, ausgeholzter Schneise nach Ruaccia zurückführt, wird von dieser Seilbahn bedient. Doch noch andere Möglichkeiten bringt dieser Neubau, darunter eine schöne, leichte Abfahrt, die durch den Ampezzangraben und über die Fischburg nach St. Christina zurückführt. Die für den Herrenabfahrtslauf geschaffene Piste gehört nicht nur zu den schönsten und lohnendsten Grödens, sondern mit zu den schönsten Abfahrten der Dolomiten.

Für erfahrene, trittsichere und schwindelfreie Bergwanderer sei hier noch auf den Hauptgipfel der Gruppe verwiesen, den Sass Rigais (3025 m), der über gesicherte Klettersteige relativ leicht erstiegen werden kann, wobei man zum Aufstieg am besten von der Regensburger Hütte aus durch das Wasserrinnental ansteigt, die Scharte zwischen Sass Rigais und Furchetta (3025 m; von der Scharte aus mittelschwierige Kletterei) und den Sass Rigais über den Ostgrat erreicht. Abstieg über die ebenfalls versicherte Südwestflanke, jeweils etwa 3 Stunden.

Die Fahrstraße von St. Christina nach Wolkenstein, die früher steil über den das Tal abriegelnden Rücken hinaufführte, wurde nach dem Ersten Weltkrieg schon in kaum fühlbarer Steigung durch die Talenge des Grödner Baches geleitet. Auch dieses Teilstück erfuhr nunmehr eine starke Verbreiterung. Der Übergang von St. Christina nach Wolkenstein ist kaum bemerkbar, von beiden Orten nähern sich Neubauten so sehr, daß ein Verschmelzen der beiden Orte schon fast erreicht ist.

Wolkenstein/Selva, das Skizentrum Grödens

W o l k e n s t e i n, lad. Selva (1563 m), rund 2100 Einwohner, dehnt sich weit ausgebreitet längs der Straße und darüber ansteigend im Talschlußkessel des Grödentales aus. Wolkenstein hat von allen Grödner Orten den raschesten und stärksten Aufschwung nach dem letzten Kriege genommen. Vorher bestanden nur zwei kleine Ortskerne, die von wenigen Hotels und ziemlich entfernt voneinander abliegend gebildet wurden. Nunmehr dehnt sich in unübersehbarer Anhäufung oberhalb der Straße, und auf den leicht ansteigenden Wiesenböden gegen die Mündung des Langentales zu eine Hotelkolonie modernsten Gepräges aus. Dies ist der starken Entwicklung des Wintersports zuzuschreiben, denn Wolkenstein als Sommerort war weniger bekannt und besucht und hauptsächlich nur als Stützpunkt für Wanderungen und Besteigungen in den umliegenden Berggruppen benützt. Besonders gefördert wurde der Aufschwung auch durch den Ausbau der Straßen über das Sella- und Grödner Joch, die jetzt wintergebahnt als ausgezeichnete Zubringerstraßen für die Skigebiete dieser beiden Jöcher dienen.

Von den reichen Möglichkeiten, die Straßen, Bergbahnen und Wege dem Spaziergänger, dem Wanderer, dem Alpinisten und Skiläufer bieten, sind rings um den Ort besonders die hübschen Spaziergänge in das weit und flach in die Puezgruppe hineinziehende Langental zu nennen. Noch mehr Möglichkeiten bieten sich besonders durch die Benützung der Seilbahnen und Gondellifte dem Bergwanderer, der sehr rasch bis in die Nähe der Pässe und bis an den Fuß der Felsen gelangt. Die Autostraßen schließlich bilden ein Kapitel für sich. Von Wolkenstein kann man auf diesen sich verzweigenden Straßen über die Jöcher die anderen ladinischen Täler erreichen, kann in schöner Rundfahrten den Kern Ladiniens bequem im Auto durchfahren.

Die hervorragende Eignung für den Skilauf hat den Aufschwung Wolkensteins besonders gefördert. Der Talkessel ist wie eine Arena von Skibergen und -pässen umgeben, die cino Anzahl von prächtigen Abfahrten jeder Schwierigkeit und Länge aufweisen. Der C i a m p i n o i (2210 m) ist der Skihausberg von Wolkenstein. Bisher durch einen Sessellift älterer Bauart erreichbar, erhielt er nun eine moderne Seilbahn, die direkt auf dem höchsten Punkt landet. Es ist erstaunlich, auf wieviel meist sehr rasanten Pisten an diesem Berg abgefahren werden kann. Zwei der sportlichsten führen direkt nach Wolkenstein zurück. Sie waren seit vielen Jahren auch international beachtete, ausgezeichnete Rennpisten. Die zahmeren, offeneren Hänge des Ciampinoi und seines nachbarlichen Zwillingsgipfels Piz Selva (2240 m) führen den Skiläufer in ungemein genußvollen, nicht sehr schwierigen Abfahrten nach Plan de Gralba oberhalb Wolkensteins hinunter. Mit der großen Rennpiste, die vom Gipfel aus nach St. Christina angelegt wurde, erhielt auch Wolkenstein eine zusätzliche Bereicherung, denn die Piste endet kaum 3 km weiter talwärts.

Von gleicher Beliebtheit sind die Pisten durch das Danterceppies, das langgestreckte Hochtal, das bis zum Kamm unter den Cirspitzen und oberhalb des Grödner Joches hinaufführt. Hier bringt den Skiläufer der große Danterceppies-Gondellift (geschlossene Vierergondeln) bis auf 2343 m empor. Neben der langen, vielbefahrenen und lohnenden Piste durch den Talgrund des Danterceppies selbst ist nunmehr fast parallel, doch höher am Hang ziehend, eine zweite, sehr schöne Piste angelegt worden, auf der die Austragung des Damenabfahrtslaufes für die FIS-Skiweltmeisterschaften stattfand.

In kurzer, aber ungemein genußreicher Fahrt durch offene, wellige Almflächen gelangt man von der Bergstation auch zum Grödner Joch hinunter. Mitten aus dem oberen Ortskern von Wolkenstein startet ferner der kleine Sessellift auf die Costabella mit einem Höhenunterschied von 185 m, der hübsche, kurze Übungsfahrten durch die Mündung des Danterceppies ermöglicht.

In der kleinen Hotelgruppe von Plan de Gralba (Kreuzboden, 1876 m) und nur etwa 3 km von Wolkenstein an der Sella-Joch-Straße gelegen, hat Wolkenstein einen weiteren guten Stützpunkt für den Skisport. Von Plan de Gralba aus führt eine hübsche Seilbahn auf den Piz Sella (2240 m) mit reizvollen, genußreichen Abfahrten, ferner der Sessellift auf den Piz Seteur (2064 m), der einen guten Ausgangspunkt für Skiwanderungen im Gebiet des Sellajochs bietet.

Wolkenstein ist der Typus eines modernen, schnell gewachsenen Sportzentrums, das die Reste einer früheren Besiedlung kaum mehr erkennen läßt. Einige kleine Bauernhöfe an den Südabhängen zeugen noch von der Bewirtschaftung dieses Talschlusses durch die Jahrhunderte.

Früher einsam auf weitem Wiesenplan gelegen, steht die Pfarrkirche von Wolkenstein heute bereits dicht von Hotels umringt. Die Expositurkirche zu Mariä Himmelfahrt mitten auf der großen Wiese, die früher fast ganz unbebaut sich gegen die Mündung des Langentales hinzog, ist aus einer im Jahre 1503 erbauten Kapelle hervorgegangen. Diese um 1600 vergrößerte Kapelle wurde 1869 durch den heutigen, neugotischen Bau ersetzt, und nur das alte Presbyterium ist als Sakristei übriggeblieben. In ihr sind noch zwei unterteilte Spitzbogenfenster zu erkennen, während im Obergeschoß der Schlußstein im Rippengewölbe ober der Spitzbogentüre das Wappen des Wilhelm von Wolkenstein von 1503 trägt. Auch der Grabstein des Grafen Ferdinand Karl von Wolkenstein aus dem Jahre 1686 ist erhalten geblieben.

An die Kirche schmiegt sich der kleine Friedhof, auf dem auch mehrere Gräber abgestürzter Bergsteiger zu sehen sind, darunter jenes des berühmten Felskletterers Emilio Comici aus Triest, der an den Felsen des Langentals beim Übungsklettern tödlich verunglückte.

Die einfache Kirche von Wolkenstein war früher durch ihre freie Lage auf dem weiten Wiesenplan und mit den herrlichen Berggruppen ringsum besonders schön gelegen. Heute verschwindet der Bau unansehnlich durch die starke Ausbreitung der Hotelbauten, die in geschlossener Formation von der Straße herauf weit in den Wiesenplan hinein errichtet worden sind.

Von den befestigten Adelssitzen früherer Jahrhunderte steht heute noch, wie erwähnt wurde, die Fischburg in St. Christina als wohlerhaltenes, sehr wohnliches und schönes Schloß mitten im Tale. Als zweites Bauwerk ist noch die Ruine einer Burg vorhanden, deren Erbauung auf das Mittelalter zurückgeht und die durch ihre Lage und das Geheimnis ihrer Entstehung die Phantasie des heutigen Menschen besonders reizt. Es ist die Ruine Wolkenstein in den Felswänden an der Mündung des Langentales.

Es gibt einige Ruinen von Burgen in den ladinischen Dolomiten, die in ihrer Lage echte Dolomitenburgen sind, das heißt, daß sie irgendwie mit den Felsen des Gebirges besonders verbunden sind und somit aus der üblichen Art des Burgenbaues in Südtirol hervorstechen. Da ist einmal die Ruine Hauenstein drüben im schwarzen Forst am Fuße der mächtigen Santnerspitze, der Alterssitz des berühmten Sängers Oswalt von Wolkenstein; da ist ferner das Castel Pietra an der Mündung des Canalitales aus der Palagruppe in den Talkessel von Primiero, eine Ruine, die auf einem mächtigen Findlingsblock steht und heute ohne alpine Hilfsmittel nicht mehr zugänglich ist; und endlich ragt im Tale von Andraz, ebenfalls auf einem riesigen, isolierten Felsblock, das geschichtsträchtige Schloß Andraz der Bischöfe von Brixen auf, dessen Ruinenreste man gleichfalls nur kletternd betreten kann.

Das Höhlengemäuer der Ruine Wolkenstein

Dort, wo am Eingang zum Langental beim Ort Wolkenstein links die glatte Wand der Steviola an die 500 m tief bis zum Talboden herabreicht, steht in den untersten Steilstufen auf einem breiten Felsband und unter überhängendem Felsdach die Ruine Wolkenstein. Durch ihre Lage war sie wohl uneinnehmbar. Es muß jedoch verwundern, daß dieser Burgbau angeblich erst von den Maulrappen errichtet worden sein soll, einem Zweig der Herren von Kastelruth, die 1225 als ihre Besitzer aufscheinen. Herr Randolt von Villanders kaufte von diesen die Burg im Jahre 1291. Da dieser Randolt von Villanders der Ahnherr der Grafen von Wolkenstein wurde, denn dieser Zweig der Villanderer, die auf dieser Burg saßen, nahmen den Burgnamen als Prädikat an, wurde sie Wolkensteinischer Besitz und verblieb der Familie bis heute. Im Jahre 1525 soll die Burg zusammengestürzt sein.

Was man heute an Ruinen noch vorfindet, wenn man den schwierigen und etwas gefährlichen Steig durch die Felswände zu ihr hinaufquert, ist gar wenig: Ein kleines Vorwerk und die Hauptmauer des Palas mit Viereckfenstern, und über diesem der überhängende Fels als Rückwand und Dach.

Es sind schon oft Zweifel entstanden, warum man diese mittelalterliche Burg entgegen dem damals üblichen Brauch nicht auf einem der wehrhaften Hügel ringsum erbaute, sondern so in die Wand hinein verkrallte. Daher ist die Mutmaßung gerechtfertigt, dieses uneinnehmbare Nest sei auf dem Platz einer jener Befestigungen des ersten Jahrtausends entstanden, die mehr als rohe Wallburgen oder Holzburgen gedacht werden müßten. Einer solchen Wehranlage gab dieser Platz natürlich eine ungemein verstärkte Wehrkraft.

Diese Vermutungen werden von den Angaben K. F. Wolffs gestützt, der von einer Sage berichtet, diese Befestigung sei von einem Römer, der vor Attilas Heerscharen floh, errichtet worden. Daher wäre sie von den deutschen Edelherren, die sich dann an den Burgbau machten, „Walchenstein", das heißt „Welschenstein" genannt worden. Aus diesem „Walchenstein" ist schließlich der Name Wolkenstein geworden, der im ersten Wort nicht Wolken, sondern Walchen bedeuten müßte. Wolff berichtet ferner von Überlieferungen, Schloß Wolkenstein in Gröden sei von der Bevölkerung der Dolomitentäler immer sehr gefürchtet gewesen. Die Aufgabe der Besatzung auf „Walchenstein" sei schon in frühester, mittelalterlicher Zeit der Schutz der Gebirgspässe gegen Venetien gewesen, doch darüber hinaus hätten diese Krieger, wenn sie von der Bevölkerung zu Hilfe gerufen wurden, sich durch ihre Raubgier und Gewalttätigkeit bei den Ladinern einen sehr üblen Ruf geholt.

Marx Sittich von Wolkenstein, der Chronist, der diesbezüglich besser Bescheid wissen müßte, da es sich ja um einen Familienbesitz handelt, erzählt von diesen Dingen allerdings nichts. Er weiß nur davon, die Burg Wolkenstein sei von den Maulrappen gekauft worden und über die Herren von Villanders, von denen einer dann Wolkenstein erhielt und sich nach dieser Burg benannte, zur Familienburg wurde. Er fällt auch ein recht abfälliges Urteil über dieses „Gerichtl", das ein wilder Ort und sehr klein sei und im Cadorinischen Krieg 1487 von den Venezianern eingenommen wurde, was ihm sein „seliger Vater" oftmals erzählt habe. Er schildert auch kurz die Landschaft und besonders einen Kofel oder Berg, der „Wolckhenstain" heiße, ungemein viel Zinnen und Spitzen habe und selten ohne Nebel oder Regen sei. Es sause und rausche darin, als ob große Wände oder Steine herabfielen. Dieser Kofel sei sehr wild und es wachse weder Heu noch Holz dort oben und wie man sage, sei bisher kein Mensch hinaufgekommen. Vier Gerichte grenzen an ihn, und wenn einer den Berg umwandern wolle, so benötige er einen ganzen Tag dazu. Sicherlich beschäftigte sich Marx Sittich mit dem Gebirgsstock des Langkofels so intensiv, um damit unter der Hand eine Erklärung des Prädikates Wolkenstein zu geben, das er vom Langkofel, dem beherrschenden Bergriesen des Grödner Tales ableitet.

Sellajoch — der Weg ins ladinische Fassa

Das weite Mattenreich zwischen Sella und Langkofel

Die Straße aus dem Grödental über das Sellajoch zur Großen Dolomitenstraße ist eines der wenigen wertvollen Erbstücke, welche die Hochgebirgsfront des Ersten Weltkrieges hinterlassen hat. Freilich, im Laufe dieser mehr als 50 Jahre, die seit damals vergangen sind, wäre vielleicht eine moderne Autostraße und vielleicht auch mit besserer und wetterfesterer Trassierung gebaut worden. Immerhin wären darüber wahrscheinlich Jahrzehnte vergangen, und die ganze erste Generation der modernen, motorisierten Menschen wäre des großen Erlebnisses, das diese Straße bietet, verlustig gegangen.
Die Straße beginnt in Plan (1606 m), der letzten Häuser- und Hotelgruppe des Grödentales. Eher bescheiden in ihren landschaftlichen Darbietungen ziehen die ersten zwei Kilometer durch einen steilen Waldhang hinauf. Doch schon in Plan de Gralba (Kreuzboden, 1876 m) erreicht sie einen mehreren Hotels Platz bietenden Talboden, welcher der erste triumphale Akkord in der Schönheitssymphonie ist, die sich im weiteren Aufstieg bis zur Paßhöhe immer mehr steigert und dem Sellajoch nach dem Urteil vieler Kenner den Ehrentitel eingebracht hat, der großartigste Paßübergang in Ladinien zu sein.
In Plan de Gralba öffnet sich das Tal erstmals zur vollen Schau auf seine majestätische Bergumrahmung. Noch immer beherrscht der Langkofel mit seiner gewaltigen Nordwand das Bild mit fast erdrückender Wucht, und fast als wollten sie die brutale Gewalt dieser aufgestauten, himmelhohen Felsabstürze mildern, lagern sich der finsteren Wand die zierlichen Mattengipfel des Piz Selva und des Ciampinoi vor. Auf der anderen Seite aber ziehen die Steilmauern des Sellastocks in langer Flucht der Paßhöhe zu; gebändert und von dunklen Wasserstreifen senkrecht gestriemt, mögen sie wirklich einem burgartigen Gemäuer der Natur gleichen, das dazu geführt hat, diesen gewaltigen Bergstock die Gralsburg Ladiniens zu nennen.

Plan de Gralba — überragt von Langkofel und Sella

Plan de Gralba gehört sowohl in seiner landschaftlichen Prägung als auch in seinen Möglichkeiten für Bergwanderungen, für den Skilauf und was seine Organisation betrifft, ganz zum Weichbild von Wolkenstein. Eine kurze Seilbahn auf den Piz Sella (2240 m) erschließt die Gruppe des Hausberges von

Wolkenstein, den Ciampinoi (2255 m) und seines Zwillingsgipfels Piz Sella für elegante Abfahrten nach allen Richtungen. Eine andere hübsche Auffahrtsmöglichkeit gibt der Sessellift auf den Bergrücken des Piz Seteur (2064 m), von dem aus man auf interessantem Steig die „Steinerne Stadt", das Sellajoch oder den Verbindungssteig vom Sellajoch zur Comicihütte am Fuße der Nordwand des Langkofels erreichen kann. Auch der Piz Seteur hat seine hübschen Skiabfahrten, mehr noch aber dient er dem Skiwanderer, der von der Bergstation aus mühelos kurze Skispaziergänge entlang den Sommerwegen ausführen kann. Von Plan de Gralba gewinnt die Sella-Joch-Straße in kehrenreicher Trassierung an Höhe und wendet sich gegen die Steilwände des Sellastockes zu.

Heute ist noch unzweifelhaft zu erkennen, daß dieser erste Straßenabschnitt nicht nur der Überführung des Sellajochs, sondern auch der des Grödner Jochs dienen sollte. Bald ist die Straßengabelung nahe den Felsabstürzen der Sella erreicht. Links zweigt die Straße gegen das Grödner Joch ab. Und nun beginnt das Erlebnis dieser Paßauffahrt zum Sellajoch immer lebendiger und eindrucksvoller zu werden. Ganz nahe unter den Sellawänden quert die Straße die Gräben und Rücken, die vom Bergfuß herunterkommen, der Wald lichtet sich, die Fichten haben ihre Höhengrenze erreicht und ein schmaler Gürtel von herrlichen Zirmbäumen schließt sich an. Die furchterregend steilen Wände der Sella sozusagen im Nacken fährt man den Hang aufwärts, das Bild der Felsmasse des Langkofels dreht sich langsam von der Wandbildung im Norden gegen die schmälere Südseite, doch auch die Schau zurück ins Tal von Innergröden wird weiter, und darüber ragen in schöner Aufreihung die Türme und Nadeln der Geislergruppe über den Matten auf. Ein beträchtliches Stück noch vor der Paßhöhe beginnt die Mattenregion. In erstaunlicher Weite von einem Bergzug zum andern, von der Sella- zur Langkofelgruppe, dehnen sich diese Mattenfelder in Wellen und kleinen Gräben und reichen hinauf bis zu den Schuttreißen. Beim Sella-Joch-Haus (2179 m) ist der gegebene Ruhepunkt für dieses schöne Mattengefilde erreicht.

Der eigentliche Paßeinschnitt des Sellajochs (2214 m) liegt noch wenige Minuten in südlicher Richtung. Die Straße biegt vor ihm nach links ab und zieht am Rasenkamm des Passes gegen die Sellatürme hinauf und überschreitet dort den Paß beim sogenannten Col de Toi in 2250 m.

Über den tiefsten Paßeinschnitt führt die Trasse des uralten Karrenweges.

Das Sella-Joch-Haus, eine der größten Schutzhütten in den Dolomiten, wurde im Jahre 1903 von der Sektion Bozen des DuÖAV erbaut. 1923 wurde der gesamte Schutzhüttenbesitz des Deutschen und Österreichischen Alpenvereins, darunter auch ganz unberechtigterweise die Hütten der Südtiroler Sektionen beschlagnahmt und vom italienischen Staat dem CAI übergeben. Die Hütte wird heute von der Sektion Bozen des CAI geleitet. Es fällt auf, daß neben diesem Schutzhaus in dem weiten Paßgefilde kein anderes Fremdenheim entstanden ist. Erst südlich der Kammlinie des Passes, die Provinzgrenze zwischen Bozen und Trient ist, sind noch zwei weitere Berghäuser erbaut worden. Vor einer weiteren Bebauung der weiten, herrlichen Paßgefilde dieses so viel besuchten Überganges und an der sehr stark befahrenen Sella-Joch-Straße ist er durch ein glückliches Geschick bewahrt geblieben, denn die Sektion Bozen hatte damals zur Zeit der Erbauung sämtliche Gründe von einer Berggruppe zur anderen und talwärts hinunter bis zur Waldgrenze gekauft.

Dieser Umstand ist auch einer der Gründe, weshalb das Sellajoch zu den schönsten Paßübergängen der Dolomiten gezählt wird, weswegen ihm vielleicht überhaupt die Krone gebührt. Bild und Einrahmung des Sellajochs sind wirklich einzigartig; wie die beiden berühmten Dolomitengruppen, die es flankieren, zur Einrahmung des Bildes verschmelzen, ergibt einen einmaligen Anblick.

Langkofelgruppe — das Felshufeisen Ladiniens

Westlich ragt die Langkofelgruppe auf, die in ihrer geschlossenen Wucht zu den eindrucksvollsten Dolomitgruppen gehört. Vom Sellajoch gesehen baut sie sich mit dem berühmten Dreigestirn auf, das in seiner einmaligen Formung nur mehr in der Gruppe der Drei Zinnen ein Ebenbild hat. Man kann es von hier aus gar nicht wahrhaben, daß diese Gruppe in ihrer Flächenausdehnung zu den kleinsten der Dolomiten gehört. Eng aneinandergereiht und fast nach allen Seiten wuchtig zu Felsmauern geschlossen, ragen die bekanntesten acht Hauptgipfel dieser Gruppe auf und bilden, was man vom Sellajoch aus nicht sehen kann, ein gewaltiges, felsiges Hufeisen, das sich gegen Nordwesten, der Seiser Alm zu, öffnet. Das Sellajoch aber wird von dem Dreigestirn Langkofeleck, dem vorgeschobenen Gipfel des Langkofels (3181 m), der feingliedrig zerzackten Fünffingerspitze (2996 m) und der massiven, kuppenförmigen Grohmannspitze (3126 m) beherrscht.

Der L a n g k o f e l, lad. Sasslong, der „Heilige Berg" des Grödentales, wurde, wie schon erwähnt, als erster Hochgipfel des ganzen Gebietes im Jahre 1869 von P a u l G r o h m a n n, dem berühmten Dolomitenerschließer, mit den Bergführern Peter S a l c h e r aus Osttirol und Franz I n n e r k o f l e r aus Sexten erstmals bestiegen. In der Grohmannspitze wurde diesem berühmten Bergsteiger ein Felsenmonument gesetzt, dessen Gipfel er selbst nie betreten hat; ein anderer berühmter Felsenmann, der „Bergführerkönig" M i c h a e l I n n e r k o f l e r aus Sexten, taufte diesen Berg zum ewigen Andenken auf den Namen Paul Grohmann. Michael Innerkofler erstieg diese Spitze im Alleingang im Jahre 1880. Und nun blieb noch für die Bergpioniere jener Zeit vor fast hundert Jahren die Ersteigung der Fünffingerspitze, die als noch jungfräulicher Gipfel diesen markanten Namen erhielt. Lange war sie, die ebenfalls als unersteiglich galt, von den Größten des Alpinismus umworben. Der kühnen Seilschaft R. H. S c h m i t t aus Wien und J. S a n t n e r aus Bozen gelang endlich der verwegene Ansturm. Durch den unheimlichen Schlund zwischen Zeigefinger und Mittelfinger, den mehrmals mit schwarzen Dächern gesperrten Kamin, der später nach dem Erstersteiger Schmittkamin benannt wurde, erreichten sie zum erstenmal den Gipfel des heißumworbenen Berges. Wie das Wort „unersteiglich" aus dem Wortschatz der Dolomitkletterer gar rasch verschwand, so wurden auch die Schwierigkeiten dieser Klettertaten der Pioniere alsbald um Grade erniedrigt. Den Pionieren folgten andere kühne Bergsteiger, und gerade die Fünffingerspitze war schon wenige Jahre nach der Erstersteigung ein Modeberg, der Kletterwege von allen Seiten aufwies. Heute führt durch alle diese Wände, die auf das Sellajoch herunterblicken, ein dichtes Netz von Kletterrouten. Eine interessante Merkwürdigkeit findet sich an der Südostwand des Langkofelecks, gerade über den Matten und Schuttreißen. Aus dieser Wand springt in der oberen Hälfte ein von tiefen Schluchten begrenzter gelber Turm vor, unter dem in dem gelben Fleck einer Bruchwand von Grödner Bergführern eine große M a d o n n e n s t a t u e verankert wurde. Mit freiem Auge sichtbar ist dieses Merkmal der grödnerischen Schnitzkunst unnahbar in der Wand angebracht.

Die Ostseite des Sellajochs wird von der dreikantig vorspringenden Felsbastion der S e l l a g r u p p e begrenzt. Mit einem originellen Felssporn, der von einzeln aufragenden Türmen, den drei bekannten S e l l a t ü r m e, gebildet wird, fußt sie direkt im Rasenkamm der Paßhöhe. Die drei Sellatürme werden geradezu von einem Spinnwebennetz von Kletterführen durchzogen. Die Einstiege sind sehr nahe, die Kletterhöhen nicht sehr groß, und so wurden die Sellatürme zu einem hochgelegenen, riesigen Klettergarten, an dem an schönen Sommertagen ein wimmelnder Kletterbetrieb herrscht. Noch größer ist dann meist die Anzahl der Zuschauer, die von der Straße oder den anrainenden Matten aus mit freiem Auge die Kletterer bei ihrem heiklen Vordringen beobachten können. Vor allem für Menschen aus den Großstädten und bergfremde Besucher, die die Berge meist nur vom Auto aus betrachten, ist dies eine der größten Attraktionen in den Dolomiten, die wie kaum anderswo so erregend nahe dargeboten wird.

Langkofelscharte und „Steinerne Stadt"

Ein eindrucksvolles Erlebnis bietet ferner der Gondellift auf die L a n g k o f e l s c h a r t e (2681 m). In 14 Minuten erreicht man mit diesem Gondellift, dessen Talstation knapp neben dem Sella-Joch-Haus steht, die Felsenscharte zwischen Langkofel und Fünffingerspitze. Seine Bergstation ist so einmalig zwischen den Felsen eingelagert und gibt so viel Interessantes zu sehen, daß man eine Fahrt nicht versäumen sollte. Die Langkofelscharte ist tief und schmal, nur etwa eine Hausbreite zwischen den Felsen eingelagert. Kaum daß sie für die Bergstation und das kleine Schutzhaus daneben Raum bietet. Mit wenigen Schritten kann man auf der einen Seite die Felsen des Langkofels berühren, auf der anderen Seite die der Fünffingerspitze. Und diese Felsenscharte gibt nach beiden Seiten ganz einzigartige Ausblicke. Tief unten liegt das Sellajoch, mächtig steht auf der anderen Seite die Felsburg der Sella, weit hinüber geht der Blick bis zur Marmolata und ihren Bergen. Noch eindrucksvoller vielleicht ist der Nahblick auf der anderen Seite, durch das Langkofeltal hinunter in das Innere des Felsenhufeisens hinein, in dessen unterem Ausschnitt die Matten des Confinbodens und der Seiser Alm heraufleuchten.

Ein besonderer Vorzug des Sellajochs ist durch die Weitflächigkeit seiner Rampen sowohl gegen Norden als auch gegen Süden gegeben. Kürzere und längere Spaziergänge sind dadurch möglich, die besondere Eigenarten aufweisen. Auf die Sellatürme wurde schon verwiesen. Auf Rasensteigen kann auch der Nichtalpinist bis zu ihrem Fuße vordringen und an der Nordseite der drei Türme knapp unter den Wänden bis zum Hauptkörper der Gruppe hinauswandern. Noch lohnender ist jedoch wohl ein Besuch der berühmten „S t e i n e r n e n S t a d t".

Zwischen dem Sella-Joch-Haus und dem Nordfuß des Langkofels dehnen sich unter den gründurchsetzten Schuttreißen die Überreste eines gewaltigen Bergsturzes, der hier ein wüstes Gewirr von oft haushohen Blöcken geschaffen hat. Im Laufe der Zeiten hat sich in diesen Löchern, Mulden und Spalten zwischen den gewaltigen Trümmern eine reiche Vegetation entwickelt, die vor allem wegen der schönen Zirmbäume sehenswert ist. Und hier kann man besonders kraß beobachten, wie dieser edelste Baum des Hochgebirges meist auf einem Felsbrocken wächst, sich mit den Wurzeln um das Gestein herum in die karge Erde dazwischen verankert hat. Es ist ein hochalpiner Garten von einer Wildheit und Unberührtheit, der wie zu einem Gemälde des Kampfes der Natur, des Pflanzen-, Blumen- und Baumwuchses gegen den starren, lebensfeindlichen Fels anmutet. Unerschöpflich sind in dieser Wirrnis von Bewegung und Natur die Motive für den Fotografen.

Aussichtswarte Col Rodella inmitten mächtiger Felskulissen

Das Sellajoch und die Langkofelgruppe haben sich gegen Süden über ihre Matten hin eine Rasenkuppe vorgebaut, die felsig gegen das Fassatal abstürzt. Es ist der Col Rodella (2486 m), der wie eine von der Natur erbaute Kanzel weit hinausragend einer der bequemsten und dabei lohnendsten Aussichtsberge der Dolomiten ist. Eine Stunde Weges ist es vom Sellajoch bis zum Col Rodella hinauf, die Wege laufen bequem zwischen den Matten hin, und man erreicht in einer weiten Schleife nach links den höchsten Punkt des kleinen Berges, auf dem eine Hütte steht. Vom Col Rodella aus wird die Sicht zu einer Rundschau. Sie zieht in einer erstaunlichen Vielfalt von Bildern am menschlichen Auge vorbei, wie sie die tief kreisenden Dohlen über der Kuppe haben mögen. Und es wird dem Betrachter schwierig zu wählen, was ihn mehr erhebt, was ihn tiefer beeindruckt. Ist es die gewaltige Front, in der sich nur die Langkofelgruppe nach der scharfen Knickung mauergleich aufbaut, oder ist es der Blick hinüber zur immer tiefer mit ihren glatten Bruchwänden in den Erdboden versinkenden Felsenburg der Sella, ist es die Schau in die Lieblichkeit des waldumkränzten Fassatales oder der gewaltige Anblick, den von hier aus die „Königin der Dolomiten", die Marmolata, mit ihren Trabanten aufbaut.

Das Sellajoch ist schließlich der Ausgangspunkt für einige der schönsten und lohnendsten, weiten Bergwanderungen der Grödner Dolomiten. Unter allen steht an erster Stelle der berühmte

Rundgang um die „Fußgestelle“ der Langkofelgruppe, wie sie Grohmann genannt hat, der bekannte König-Friedrich-August-Weg (mit einer neuen Hütte an seinem Beginn), der an der Südseite der Gruppe das Fassajoch erreicht, an der Westseite und an der Mündung des Langkofelkars vorbei immer über Wiesen und Matten sich langsam bis unter die fast zwei Kilometer lange, düstere Nordwand des Langkofels dreht und an dieser entlang mit den erdrückendsten Nahblicken auf eine Felsenurwelt wieder zum Sellajoch zurückführt, wobei man den Zaubergarten der „Steinernen Stadt“ als letztes, tiefes Erlebnis mitnimmt.
So wie man die Langkofelgruppe umwandern kann, so schön, doch schwieriger und anstrengender ist es, sie in der Mitte des Hufeisens zu durchqueren. Wenn man auch zum Aufstieg zur Langkofelscharte den Gondellift benützt — der hochinteressante Abstieg durch das Innere des Hufeisens, durch das Langkofelkar mit seinen Schluchten und kleinen Firnzungen, setzt schon einige Übung als Bergwanderer voraus.

Das Sellajoch — ein Hochplatz für Skiläufer

Das kleine Reich um das Sellajoch ist nicht nur ein prächtiger Tummelplatz für den Berg- und Kletterschuh. Fast gleichwertig stellt es sich dem Skiläufer vor. Ungezählt sind die kleinen Skiwanderungen und vor allem die weiten Übungsplätze, die durch Schlepplifte auf beiden Seiten des Joches erschlossen werden. Als sportliche Abfahrten, die nur den großen Könnern und dem gewiegten Skialpinisten vorbehalten sind, bietet es seine Abfahrten von der Langkofelscharte an. Eine berühmte Steilabfahrt ist jene nach Osten, zum Sellajoch zurück, die aber nur bei geeigneten Schneeverhältnissen wirklich lohnend ist. Zu den großen, hochalpinen Skiabfahrten in den Dolomiten zählt die Abfahrt von der Langkofelscharte zum Confinboden und weiter in das Grödner Tal. Sie ist neben der Abfahrt von der Hochfläche der Sella durch das Val de Mezdí ein Skierlebnis, wie man es nur in den Dolomiten antreffen kann. Freilich dürfen sich hier nur Läufer mit hochalpiner Erfahrung und bei sicheren und guten Schneeverhältnissen heranwagen.
Ein weiterer Vorzug des Sellajochs für den Skilauf ist die verhältnismäßig sehr hohe Lage einerseits, dann aber auch die leichte Erreichbarkeit vom Tale aus, weil die Sella-Joch-Straße den ganzen Winter über gebahnt und nur bei überaus starken Schneefällen und meist nur für wenige Tage unpassierbar ist.
Fast am höchsten Punkt des aufschwingenden Rasenkammes des Sellajochs und ganz knapp unter dem Felsfuß der Sellatürme

überschreitet die Straße auf dem Col de Toi (2250 m) den höchsten Punkt (Hotels). Auf der Südseite durchschneidet die Straße wiederum ein Gelände, das sich in seiner Formung und mit seinem Bewuchs wie auch durch die Nähe der Steilwände der Sellagruppe von den normalen Paßrampen stark unterscheidet. In weit ausholenden Kehren durchschneidet sie begrünte Schutthalden mit lichtem Zirmwald und stößt dabei mit den bergseitigen Kehren fast immer bis ganz knapp an den Fuß der Felswände heran. Es ist eine Fahrt unter lotrechten Bruchwänden, welche die Auffahrt von Gröden her noch übertrifft und geradezu mit dem Berg verwächst.

Die schwindelnd steilen, ja fast lotrecht aufstrebenden und rotgelb leuchtenden, prallen Plattenwände des Piz Ciavazes der Sellagruppe werden auf diesem kurzen Abschnitt von mehr als einem Dutzend Kletterführen allerschwierigsten sechsten Grades durchzogen. Auch hier, wie oben unter den Sellatürmen, kann man zum Zuschauer von Kletterern werden, die mit dem modernsten Rüstzeug, mit Seilen, Karabinern, Trittschlingen und anderem in den Wänden kleben und Meter für Meter emporrücken. An die zehn Kilometer ist diese Rampe lang, dann mündet die Straße in den geräumigen Boden von Pian Schiavanèis (1850 m), der einer der schönsten und ruhigsten Bergwinkel in diesem Gebiet ist. Märchenhaft schön ist die halbkreisförmige Umrundung dieses Bodens, der von den glattwandigen Riesen der Sellagruppe, vom Piz Ciavazes, dem säulengetragenen Piz Lasties, dem nach rückwärts verschobenen Torre del Siella und schließlich von der schwarzfleckigen und wassergestriemten Nordwestwand des Sass Pordoi umrahmt wird. Alle diese Sellaberge erreichen eine Höhe von fast 2900 m. Der Boden von Pian Schiavanèis wird als naturhafter, urwüchsiger Campingplatz hochgerühmt. Ungezählte lauschige Plätze an kleinen Bergbächlein schaffen hier die schönsten Möglichkeiten. Zwei kleine, einfache Berghäuser bieten auch für Kletterfahrten rundum einen ausgezeichneten Standpunkt.

Nur mehr etwa 1 km schlängelt sich die Straße von Pian Schiavanèis talwärts und mündet hier in eine große Kehre der Dolomitenstraße etwa auf halbem Wege zwischen Canazei und dem Pordoijoch ein.

Grödner Joch — Klammer ladinischer Täler

Hart am Bollwerk der ladinischen „Gralsburg"

Das kurze, nur 6 km lange Straßenstück, das von der Sella-Joch-Straße abzweigend das Grödner Joch erreicht, ist fast ein Gegenstück zur Sella-Joch-Straße. Genau so wie diese wurde sie im Ersten Weltkrieg erbaut, um eine befahrbare Straßenverbindung über das Grödner Joch nach Corvara zu schaffen, beide ziehen zwillingshaft ähnlich unter den Steilwänden der Sellagruppe hin, beide bieten eine Fülle von Abwechslung an Nah- und Fernblicken. Die Grödner-Joch-Straße ist in den letzten Jahren verbessert und ausgebaut worden, jedoch etwas schmäler als jene auf das Sellajoch. Auch diese wird im Winter schneegebahnt und stellt damit eine gute Möglichkeit dar, nicht nur das Grödner Joch zu erreichen, sondern auch über dieses nach Corvara zu gelangen.
Von der Straßengabelung oberhalb Plan de Gralba zieht sie links in weiten Schleifen durch steinige Weideböden zu der sattelartigen Rasenschulter zwischen dem ins Tal vorspringenden Hügel des Piz Culac und dem Fuß des mächtig aufragenden großen Murfreidturmes, in dem sich die Masse der Sellagruppe in ihrem Frontalverlauf bricht. In diesem Straßenstück bis hierher ist ein Blick, der magnetisch jeden anzieht: der Anblick der titanischen Nordwandflucht des Langkofels. Vom Sattel ab schneidet die Straße eben ober der sehr breiten und flachen Talmulde hart am Fuße der lotrechten Sellawände durch die Alpenrosenhänge und windet sich schließlich im letzten Teil mit einigen Kehren zu dem weithin sichtbaren Paßeinschnitt empor. Die Grödner Rampe wirkt durch ihr weitgebreitetes Bergwiesengelände ungemein offen und anmutig.

Grödner Joch, zwischen den ladinischen Haupttälern

Das Grödner Joch verbindet die zwei größten ladinischen Täler, das Grödental mit dem Gadertal, und wird damit zum ladinischen Paß par excellence. Seit alters hatte es wohl den lebhaftesten Verkehr von allen Übergängen Ladiniens aufzuweisen, denn es ist auch im Winter leicht zu überschreiten, und die Beziehungen verschiedener Art zwischen den beiden Tälern waren wohl immer schon sehr rege; zu den Steinzeitfunden vgl. Seite 7.
Das Grödner Joch (2121 m) ist nicht wie das Sellajoch von betont großartiger Schönheit, dafür lieblicher, seine Matten wellen sich sanft gegen Norden zu den niedrigen Cirspitzen hinauf, während von Süden die Felsen der Sellagruppe keil-

förmig bis knapp an das Joch heranstoßen. Die begrenzende Felsgruppe im Norden, die Kette der Cirspitzen, und nach Westen anschließend der Rotspitzen, ist von filigranem Aufbau, die Gipfelhöhen sind mäßig, die Formung nicht so prall und wuchtig wie jene über dem Sellajoch.

Während in der Fernsicht nach Westen noch immer die ungeheure Felsmasse des Langkofels das Bild ausfüllt, bietet sich gegen Osten eine weite Panoramaschau auf die Berge des Gadertales, die langgestreckte Felsgruppe des Heiligkreuzkofels, der Lavarella und Conturines. Ernster und strenger jedoch baut sich nahe dem Grödner Joch die gewaltige Felsburg des Sellastockes auf, die mit düsteren Wänden nach beiden Seiten die Paßrampen begleitet.

Außer über die Straße ist das Grödner Joch von Wolkenstein herauf mit dem großen Gondellift durch das Danterceppies zu erreichen, der auf einem Rasenkamm weit oben unter den Felsen der Cirspitzen seine Bergstation hat. Ein zweiter Sessellift führt von dort direkt zum Grödner Joch herunter.

Der Auslauf an kurzen Spaziergängen ist auf dem Grödner Joch etwas geringer, immerhin sind hübsche kleine Wanderungen über die Matten zu den begrenzenden Bergketten sehr lohnend. Für den alpinen Bergwanderer hat das Grödner Joch einige besonders schöne Ziele. Vor allem die Große Cirspitze (2592 m), der markanteste Gipfel im zersägten Kamm nördlich des Grödner Jochs, bietet dem erfahrenen Bergwanderer einen leichten, teilweise gesicherten Aufstieg. Ein anderer, besonders schöner Ausflug ist der Anstieg zur Pisciadúhütte (2583 m) in einem der schönsten Punkte der wilden Felswelt der Sellagruppe. Der Anstieg führt über den Rasenkamm des Joches bis fast an den Felsfuß heran, zieht dann auf einem breiten Schuttbande links zur Mündung des Val Setús, einer schönen Schlucht zwischen hohen Felswänden. Durch diese führt der Steig hinauf und im obersten Teil über mit Drahtseilen gesicherte Schrofen in den herrlich schönen Kessel der Pisciadúhütte (2583 m), die in einem prachtvollen Felsrund am Rande des gleichnamigen kleinen Bergsees liegt.

Auch als Wintersportgebiet ist das Grödner Joch mit seinen Rampen an Möglichkeiten reich. Der Danterceppieslift erschließt eine der großen Abfahrten des Grödentales, deren Beginn vom Grödner Joch aus mit einem Sessellift leicht zu erreichen ist. Die Rampe gegen Colfuschg hinwieder ist von zahlreichen Schleppliften belebt, die sich in ununterbrochener Folge bis hinunter in die Talsohle oberhalb Colfuschg fortsetzen und so einen durchgehenden Aufstieg ermöglichen. Außerdem ist, wie schon erwähnt, auch die Straße auf dieser Rampe des Grödner Jochs wintergebahnt.

Kletterarena rings um das Grödner Joch

Das Grödner Joch ist auch ein guter Standpunkt für zahlreiche Klettertouren. Zwar bieten sich hier nicht so scharfe und schwierige, besonders nicht so lange Klettereien wie die vom Sellajoch aus in der Langkofelgruppe, dafür ist aber die Zahl der Klettertouren mit kurzem Abstieg und von relativ geringerer Höhe reich.
Von den nördlich aufragenden Cirspitzen ist die Südwand der Großen Cirspitze durch einige erstklassige, elegante Klettertouren ausgezeichnet. Freilich, die schönste von ihnen und früher ungewöhnlich viel begangene, schöne und interessante Durchsteigung des berühmten Adangkamins ist seit dem Herbst 1962, da der untere Teil des Kamins durch einen gewaltigen Felsbruch verschüttet wurde, nicht mehr durchführbar. Früher war der Adangkamin (benannt nach dem bekannten Grödner Führer Adang) eine jener Klettereien in den Grödner Dolomiten, die man gemacht haben „mußte". Elegant, äußerst schwierig, mit einer Reihe von köstlichen Kletterstellen, so wurde der schluchtartige Spalt, der von den höchsten zwei Spitzen die ganze Südwand durchreißt, in ungefähr 1 bis 1½ Stunden erstiegen. Als Ersatz führen durch die Südwand westlich vom verschütteten Adangkamin einige hübsche Routen auf das Gipfeldach der Großen Cirspitze. Auch die Östliche Cirspitze, dann die Clarkspitze und die lange Reihe der Rotspitzen sind auf allen möglichen Wegen durch kleine Felswände und über Grate mit hübschen Klettereien zu ersteigen. Im östlich verlaufenden Kamm der Cirspitzen stehen noch der Col Turront (2651 m), dann der ungefähr gleich hohe Sass Ciampác, die schon viel tiefer in der gegen Colfuschg abfallenden Paßrampe fußen und dadurch höhere und ungemein einladende Kletterwände aufweisen. Allen diesen Klettereien in der Gruppe der Cirspitzen sind eher leichte Abstiege gemeinsam, dadurch werden Ersteigungen müheloser und kürzer.
In der südlich das Grödner Joch und seine Rampen beherrschenden Felsmauer der Sellagruppe gibt es einige Leckerbissen für den Kletterer. Zu Unrecht nur selten besucht, sind die beiden Murfreidtürme, die südöstlich draußen über der Grödner-Joch-Straße als selbständige Berggestalten kühn aufragen. Besonders der Große Campanile del Murfreit (2724 m), der ladinisch den Namen „Gran Ciampaní de Murfréit" trägt und

der als bemerkenswerte Bergsteigertat vom berühmten Kletterer Hermann Delago im Jahre 1896 allein erstmals erstiegen wurde, ist eines der schönsten Bergziele im ganzen Rund. Viel gerühmt ist an ihm die gleichmäßig glatt geformte, graue Nordostwand, die gegen das Grödner Joch gerichtet ist, eine der schönsten Erstbesteigungen von H. Pescosta und L. Trenker im Jahre 1912. Zu Recht führt diese Wand den Namen „Jungführerwand". Der Kleine Campanile reiht sich dem Großen als hübsche Kletterei fast ebenbürtig an. Und wie bequem, wie mühelos sind die Einstiege dieser Türme zu erreichen! Mit dem Auto fährt man die Grödner-Joch-Straße entlang, stellt unter den Türmen irgendwo gut geschützt den Wagen ab und erreicht die Einstiege in Zeiten, die eine halbe Stunde nicht übersteigen.

Steilste Kletterwände, nicht hoch, dafür aber um so glatter und ungegliederter, bilden die Abbrüche des Sellaplateaus direkt zur Einkerbung des Grödner Jochs. Charakteristisch wie kein anderer drängt sich da wie ein enormer Schiffsbug der Sass da Luésa (2614 m) am nächsten gegen den Paß heran. Ganz unbegehbar erscheinen seine Wände, und doch ziehen einige Kletterführen parallel durch sie empor.

Zielpunkte und Wanderungen in Sella- und Puezgruppe

Von den großen Bergwanderungen, die vom Joch aus auf die Hochfläche der Sellagruppe führen, ist noch das selten begangene Val Culéa zu erwähnen, durch das man, ohne die Pisciadúgruppe zu durchqueren, auf Felsensteigen direkt die Hochfläche der Sella erreicht. Die zahlreichen Möglichkeiten, an den Randerhebungen der großen Hochfläche entlang zu wandern und viele von diesen wenig ausgeprägten Gipfeln auf leichtem Schrofengelände zu überschreiten, sind unter dem Pordoijoch angegeben, weil das Erreichen dieser berühmten Felsenhochebene durch die Seilbahn vom Pordoi auf den Sass Pordoi heute allgemein bevorzugt wird.

Eine andere Bergwanderung großen Stils, die sozusagen in das Felsenhinterland des Grödner Jochs führt, ist die Überschreitung des Cirjoches (2460), das in den Kamm der Cirspitzen eingeschnitten ist und in das oberste Kedúltal hinüberleitet. Weiter geht es über das Crespeinajoch, an dem märchenhaft schönen, sagenumwobenen Crespeinasee (2373 m) vorbei, über die durch ihre Einförmigkeit eindrucksvoll schöne Felshochebene und über das Ciampácjoch auf die Hochfläche von Puez mit der kleinen, bescheidenen Puezhütte (2475 m).

Hier grenzt die Hochfläche mit den geologisch so interessanten kuppenförmigen Puezspitzen mit der geräumigen, weit hinausreichenden Felsenhochebene der Gardenaccia aneinander. Es gibt leider nur wenig Bergwanderer, die den wundersamen Reiz solcher Wanderungen über weite Karrenfelder kennen, da sie meinen, nur Bergwandern bergauf und bergab sei einzig lohnend. Wer das Grödner Joch als Standort für Wanderungen oder Klettereien im Sommer oder zum Skilauf im Winter wählt, für den ist hinsichtlich Unterkunft genügend und gut vorgesorgt. Es wurde schon erwähnt, daß bereits im Jahre 1896 eine Gemeinschaft von Grödnern ein Hospiz auf dem Joch erbaute, um den damals schon lebhaften Verkehr zu erleichtern. Heute stehen dem Besucher noch zwei Berghäuser zur Verfügung.

Die breite Rampe des Grödner Jochs gegen Colfuschg ist ganz und gar nicht als Tal ausgebildet, sondern als breiter, weitflächiger Hang, der wellig und von der ihn in zahlreichen Schleifen durchziehenden Straße gekreuzt vor allem als idealer Skihang abfällt. An den Borden dieser Talrampe ziehen auf beiden Seiten steilabfallende Dolomitberge entlang, nördlich die erwähnten Abstürze der Ciampác-Hochfläche, südlich die wilder und wuchtiger zerrissene Felsmauer der Sellagruppe, durch die schmale, steile Felstäler herabschießen, und zwar als letztes und großartigstes das berühmte Val de Mezdí, eines der berühmtesten Felsentäler der Dolomiten.

Wie das Grödental oberhalb von Plan sich fast in der Form eines gewaltigen, gefächerten Trichters weitet, wie es mit den kleinen Bergtälern, von den Bergen freigegeben, auseinanderstrebt, wie die mächtige quergestellte Felsbastion der Sellagruppe das Grödental frontal abriegelt und es zwingt, an ihren Flanken in die weiten, weichlinigen Rasenkämme der beiden Jöcher auszuklingen, aus dieser großartigen Landschaft heraus ergibt sich ein wundervoller Blick zurück über den ganzen Verlauf des Grödentales mit seinen Randgebirgen und Grenzen. Nördlich der engen Talfurche mit den drei Talweitungen, in denen die Hauptorte liegen und ober den erhöhten Stufen, die von Almen bedeckt sind, paradieren die Berge der Puez- und Geislergruppe, die im Secedakamm und Raschötzrücken auslaufen. Südlich des Tales und über seinen weich vorgelagerten Bergen des Ciampinoi und Piz Sella wuchtet die gewaltige Nordwand des Langkofels, an die sich die Seiser Alm mit ihren Randerhebungen anschließt. So vollendet sich hier die Grödner Dolomitenlandschaft, die geradezu als eine Modellandschaft des Dolomitenlandes angesehen werden kann.

Gadertal

Grenzen und Geschichte der Talschaft

Das Gadertal und seine Nebentäler

Nach ihrem Eindringen über den Brenner Ende des 6. Jahrhunderts wandten sich die Bajuwaren wahrscheinlich zuerst durch das Pustertal aufwärts und drangen in schweren Kämpfen gegen die Slawen immer weiter vor. Aus den heutigen Ortsnamen des Pustertales läßt sich schließen, daß dann gerade dieses Gebiet besonders intensiv bajuwarisch besiedelt wurde. Ebenso ist seine politische Zugehörigkeit zum Herzogtum Bayern leicht zu erweisen, denn nur so konnte die Schenkung des Gebietes von Innichen durch den Herzog Tassilo an das Hochstift Freising im Jahre 769 erfolgen.

Zweifellos wurde das Pustertal vor dem Einbruch der Slawen von einer rätischen Urbevölkerung bewohnt. Welches Schicksal diese Räter hatten, ist ganz unbestimmt. Entweder sie wurden von den wilden Slawen aufgerieben oder in die Seitentäler des Pustertales abgedrängt.

Man nimmt an, daß auch das Gadertal wie die anderen Täler Ladiniens von einer vorgeschichtlichen, also vorrömischen Urbevölkerung besiedelt war. Freilich fehlen hiefür nähere Hinweise durch gezielte Ausgrabungen. Hingegen haben sich bis heute in der Bevölkerung die Sagen von den Salvans und ihren Weibern, den Gannes, erhalten, die als harmlose Wesen in den tiefen Wäldern und auf den hohen Bergen lebten, sich von Kräutern und erlegtem Wild ernährten und sich nur selten den Menschenwohnungen näherten. Gleich also wie bei den Bregòstenes, Vivénes und Vivans im Fassatal vermutet man, daß sich in diesen Sagen Erinnerungen an eine Urbevölkerung erhalten haben.

Wie bei allen Tälern Ladiniens bestehen auch im Gadertal Zweifel wegen der Siedlungskontinuität zwischen einer Urbevölkerung vor dem Eindringen der Römer und jenen Siedlern, die durch die ersten Dokumente um das Jahr 1000 nachgewiesen erscheinen. Wiederum scheint hier das Tropaeum Alpium, das Siegesdenkmal zu Ehren des Augustus an der Küste des Mittelmeeres oberhalb Nizza, einen Hinweis zu geben. Denn unter den 44 Namen der unterworfenen rätischen Volksstämme in den Alpen ist auch der Volksstamm der Vanienses angeführt, von denen man ursprünglich annahm, sie seien die Vorgänger der Fassaner gewesen. Diese Annahme wird jedoch durch keinen triftigen Hinweis gestützt (K. F. Wolff); heute wird hingegen mit mehr überzeugender Berechtigung angenommen, diese Vanienses seien die rätischen Urbewohner von Enneberg gewesen.

Hiefür spräche der das Enneberg und Abtei südöstlich begrenzende Heiligkreuzkofel, der in Urkunden Petra Vanna genannt wird. Aus diesem Worte Vanna kann wohl berechtigt der Name Fanes, wie die großartige Hochalm zwischen Ampezzo, St. Vigil und St. Kassian noch heute heißt, abgeleitet werden. Wenn nun K. F. Wolff annimmt, die weiten Flächen der Hochalm seien zu jener Zeit dicht besiedelt gewesen, so dürfte das wohl etwas übertrieben sein. Hingegen dürfte die Annahme berechtigt sein, die Siedlungen hätten sich im Rautal, also im Enneberg befunden, und die Hochalmen seien lediglich genutzt worden. Irgendwie spricht für diese Annahme auch, daß es für das deutsche Wort Enneberg nur das ladinische Wort Maró, dann Marubium und heute Marebbe gibt. Die Wurzel dieser Wörter ist das rätische mur, mar, was soviel wie Mure, Schuttstrom bedeutet. Dieser Wortbegriff findet sonst weit verbreitet nur Anwendung auf Flurnamen (z. B. an der Mahr) und nicht für Täler solchen Umfanges und solcher Länge, wie es das Enneberg ist.

Enneberg unter der Herrschaft des Klosters Sonnenburg

Erstmals findet sich in den Aufzeichnungen über die Stiftung des Klosters Sonnenburg, in der Zeit um 1020, der Name Ennebergs. In der Schenkungsurkunde des Grafen Volkold von Pustertal und Lurngau an seine Nichte Wichburga, für die er das Kloster Sonnenburg stiftete, wird auch die erste Kirche des Tales genannt. Mit dieser Kirche scheint wohl die Enneberger Kirche gemeint zu sein.

Das Frauenkloster Sonnenburg, das im 11. und 12. Jahrhundert noch Suanapurch (Sühneburg?), dann seit dem 13. Jahrhundert Suenburch und Sunnenburch und erst seit dem 16. Jahrhundert Sonnenburg genannt wird, wurde vom Grafen Volkold bei der Stiftung mit Gütern und Grundherrschaften reich ausgestattet. Nun ist bekannt, daß Graf Volkold seine Güter im Gadertal in zwei Teilen dem Kloster schenkte, nämlich zuerst zwei, dann ein Drittel. Dies berechtigt zur Annahme, mit jenen zwei Dritteln sei das Enneberg im engeren Sinne, nämlich das Tal von St. Vigil (Rautal), gemeint gewesen, und das dritte Drittel sei das weiter südlich liegende Abteital. Die Aufteilung der verschiedenen Gerichte im Gadertal ist etwas verworren, weil sich in seinem nordwestlichen Teil das Gericht Thurn einschiebt, das Besitz der Brixner Bischöfe war, und der südwestliche Talschluß mit Colfuschg über die Wasserscheide des Grödner Jochs hinweg zum kleinen Gericht Wolkenstein in Gröden gehörte. Auch der innerste Talgrund von Valparola gehörte nicht zum Abteital, sondern dem Gericht Buchenstein an. Das Gadertal war ferner nach der Urkunde von 1004, in der die Grenzen zwischen der Grafschaft Pustertal und der Grafschaft Norital (Nurichtal) gezogen wurden, zweigeteilt.

Über die genaue Grenzziehung gibt es Meinungsverschiedenheiten. Nach einer Auslegung hätte auch der innere Teil des Gadertales, also das Abteital, zur Grafschaft Norital gehört. Überzeugender wirkt jedoch die Meinung, daß vom Gadertal nur der äußere Teil, also die Gegend von St. Martin und Campill, zur Grafschaft Norital gehört hätten, was sich auch durch die Grenzziehung des später errichteten Gerichtes Thurn, das ja den Bischöfen von Brixen unterstand, begründen ließe.

Im Jahre 1091 schenkte Kaiser Heinrich IV. dem Bischof Altwin von Brixen als seinem treuen Gefolgsmann im Kampfe gegen das Papsttum die Grafschaft Pustertal. Die Änderung der Besitzverhältnisse durch die Belehnung der Bischöfe von Brixen mit der Grafschaft Norital durch Kaiser Konrad II. im Jahre 1027 an Bischof Hartwig von Brixen sowie die Schenkung der Grafschaft Pustertal an die Bischöfe von Brixen im Jahre 1091 erbrachten schließlich die Gliederung folgender Gerichte im Gadertal.

Das Gericht Enneberg, das der Herrschaft des Klosters Sonnenburg unterstand, umfaßte dieses große, östliche Seitental des Gadertals von seinem Talschluß bei Pederü bis zur Mündung des Rautaler Baches in die Gader. Dem Gericht gehörte ferner das kleine Wengener Tal an, ein rechtes Seitental des Gadertales, das bei Pederoa in das Haupttal mündet. Erstmals wird Wengen als Twenge Mitte des 13. Jahrhunderts im sogenannten Winter'schen Kalender erwähnt. Ladinisch wird es La Vall genannt. Im Jahre 1296 wurden in Wengen bereits 41 Höfe gezählt.

Ein weiterer Bestandteil des Gerichtes Enneberg, lad. Maró, ist der breite Talkessel von Abtei, lad. Badia. Dieser Talkessel liegt südlich, also talaufwärts nach der Schlucht von Pontatsch. Er wird im Westen von der Felshochebene der Gardenaccia, im Osten von der langgezogenen Felsmauer des Heiligkreuzkofels begrenzt und beherrscht. A p t a i wird erstmals 1325 im deutschen Urbar des Sonnenburger Klosters erwähnt. Dieses Urbar zählt in Abtei 73 Höfe auf. Dieser Teil des Gerichtes gehörte also zu den fruchtbarsten und ertragreichsten des Gerichtes. Bis in unsere Zeit herauf wurde es sowohl mit dem Namen Abtei in allerlei Abwandlungen als auch mit dem ladinischen Badia bezeichnet. Beide Namen dürften wohl daher kommen, daß das Gebiet im Besitze, bzw. unter der Herrschaft des Klosters Sonnenburg stand. Abtei umfaßte also das Gebiet der heutigen, gleichnamigen Gemeinde mit den Fraktionen P e d r a t s c h e s, S t. L e o n h a r d, S t e r n, lad. L a V i l l a und S t. K a s s i a n.

Das Gebiet des Gerichtes Enneberg wird im Süden vom Talkessel von Corvara abgerundet. Dieser Talschluß gehört eigentlich nicht mehr dem Gadertal an, da dieses von Stern-La Villa östlich in das Tal von St. Kassian-Armentarola abbiegt und im Talschluß von Valparola endet.

Die erste Erwähnung von C o r v a r a scheint in Urkunden von 1297 auf; im ältesten Sonnenburger Urbar von 1296 werden fünf Höfe angeführt. Der Name wird in dieser Zeit verschieden als Coruera, dann Gurfaer, bis später, sich immer wieder wandelnd, um 1356 Kurfar auftaucht. Anscheinend handelt es sich hier um eine Eindeutschung des ladinischen Namens. In der Folge wird der Name bis in unsere Zeit herauf immer wieder verballhornt in Kurfear, Curvara, Crafar, Karfara und andere Schreibungen bis zum heute endgültigen C o r v a r a. Der amtliche deutsche Name K u r f a r wird von der ladinischen Bevölkerung abgelehnt.

Rätselhaft und bemerkenswert ist, daß das Gebiet der heutigen Fraktion C o l f u s c h g, das Mattengelände der Rampe zum Grödner Joch hinauf, nicht zum Gericht Enneberg wie Corvara und Abtei gehörte, sondern zum kleinen Gericht Wolkenstein im Gröden. Erst im Jahre 1828 kam es an das Gadertal, bzw. an das landesfürstliche Landgericht Enneberg. Ähnlich waren die kirchlichen Verhältnisse, denn Colfuschg gehörte nicht zur Enneberger Pfarre, sondern schon seit den ältesten Zeiten zur Pfarre Lajen und nach der Errichtung der Kuratie in St. Christina in Gröden zu dieser. Das kleine Gebiet von C o l f u s c h g, lad. C o l f u s c h, wird von den Bergstöcken der Sellagruppe, der

Cirspitzen und des Sass Songher eingegrenzt und vom Colfuschger oder Salarbach durchflossen. Dieser Bach nimmt den Pisciadúbach auf und fließt nach der Vereinigung mit dem Corvarabach beim Weiler Pescosta zur Einmündung in die Gader bei Stern-La Villa.

Streit und Hader durch Jahrhunderte

In allen diesen Gerichten war seit jeher die ladinische Volkssprache in Verwendung. Sie wurde von den benachbarten Deutschen im Pustertal meist als „Welsch", oftmals auch als „Grob- oder Krautwelsch" bezeichnet. Hinweise hiefür finden sich schon in Urkunden aus dem 14. Jahrhundert und in anderen Aufzeichnungen. Hinsichtlich der Besiedlung darf mit Bestimmtheit angenommen werden, diese sei vor allem im engeren Enneberg damals schon besonders ausgebreitet gewesen, aber auch das Gericht St. Martin in Thurn und ebenfalls das kleine Tal von Wengen hätten starke Besiedlung aufgewiesen.
Im ausgehenden Mittelalter ergaben sich wegen der Teilung in verschiedene Gerichte immer wieder Zwistigkeiten und Prozesse zwischen den einzelnen Inhabern. Dies hatte wohl darin seinen Grund, daß die Immunitätsrechte des Stiftes Sonnenburg von den Lehensträgern der Gerichte Thurn und Buchenstein, die meist Adelige waren, nicht in gehöriger Weise respektiert wurden. Ferner ergaben sich verschiedene Auslegungen über die Inhaber der Vogteirechte über das Stift Sonnenburg. Denn ursprünglich hatte bei der Gründung Graf Volkold dem Bischof von Trient die Schirmvogtei über das Stift übertragen. Das Stift aber lag im Gebiete des Pustertals, das seit 1091 zum Herrschaftsgebiet des Bistums Brixen geworden war.
Da sich in der Folge die Grafen von Tirol, die Landesherren, als Vögte des Stiftes erklärten und Tirol im Jahre 1363 an die Habsburger überging, ergaben sich immer wieder Prozesse und Beschwerden vor diesen Vögten. So strengten die Nonnen im Jahre 1327 vor dem Hochgericht in Meran einen Prozeß gegen Paul und Nikolaus von Schöneck wegen Bedrängung der Bauern in Enneberg an. Im Jahre 1369 mußte Markgraf Ludwig von Bayern als Landesherr die Gemeinden in Enneberg und Abtei auffordern, der Äbtissin von Sonnenburg gehorsam zu sein, wie es von jeher Brauch gewesen sei.
Später mußte Herzog Leopold von Österreich zwischen dem Bischof Friedrich von Brixen und der Äbtissin von Sonnenburg wegen der Übergriffe vermitteln, die sie und ihre Leute von den bischöflichen Lehensträgern von Buchenstein und Thurn erdulden mußten.

Und schon ein Jahrzehnt später muß Herzog Albrecht dem Joachim von Villanders befehlen, das Stift Sonnenburg und dessen Leute im Gadertal nicht zu bedrängen. Auch Herzog Friedrich mit der leeren Tasche mußte mehrmals auf Seite der Sonnenburger Nonnen eingreifen, um deren Untertanen zum Gehorsam zu zwingen. Eine ganze Anzahl von solchen Rechtsstreitigkeiten ist uns aus Urkunden und Mitteilungen erhalten geblieben. Es scheint, daß allein der Umstand, die Lehensträger der anderen Gerichte hätten es mit Nonnen zu tun, dazu führte, sie hätten sich sehr leicht zu Übergriffen und Bedrängungen hinreißen lassen.

Alle diese Beschwerden und Zwistigkeiten, die immer wieder zu Prozessen mit Aufforderungen, Mahnungen und Androhungen von Zwangsfolgen geführt hatten, überragte der berühmte Streitfall zwischen dem Kardinal Nikolaus von Kues (Cusanus) und dem Stifte Sonnenburg, dem damals die Äbtissin Verena von Stuben vorstand. Abgesehen davon, daß dieser Konflikt mit kurzen Unterbrechungen durch zwölf Jahre, von 1452 bis 1464 dauerte, führte er zu kriegerischen Handlungen, zu Mord und Totschlag. Die sogenannte Sonnenburger Schlächterei, bei der 50 Enneberger Bauern von den Söldnern des Bischofs unter Gabriel von Prack grausam niedergemetzelt wurden, die Belagerung und Erstürmung des Klosters Sonnenburg und die Vertreibung der Nonnen zu wilder Flucht durch die Wälder, die Belagerung und Erstürmung der Stadt und Festung Bruneck sind als Marksteine in die Geschichte Tirols eingegangen.

Dieser Konflikt, der mit einem Streit zwischen der Äbtissin Verena von Stuben und ihren widerspenstigen Enneberger Zinsbauern begonnen hatte, spitzte sich im Laufe der Jahre zu einem gewaltigen Kampf zwischen weltlicher und geistlicher Macht, zu einem Zweikampf zwischen Herzog Sigmund dem Münzreichen von Tirol und dem Kardinal Cusanus zu. Die Päpste Callixtus III. und Pius II. sowie Kaiser Friedrich III. wurden in diesen Streit verwickelt. Ebenso die angrenzenden Länder, die Schweiz und die Republik Venedig, die abwechselnd versöhnend intervenierten oder mit Waffenhilfe einer der beiden Parteien zu Hilfe kamen.

Der Päpstliche Stuhl aber bediente sich der allerschärfsten Mittel der Kirche. Gegen Fürst und Volk von Tirol wurden wilde Bannflüche geschleudert, durch Jahre litt die Bevölkerung unter Interdikt und Zensuren, ja es wurde versucht, die angrenzenden Länder zu bewegen, die Grenzen gegen Tirol vollkommen zu sperren und vor allem jede Zufuhr von Lebensmitteln in das rebellische Land zu unterbinden. Man schreckte also auch nicht davor zurück, das Land einer Hungersnot preiszugeben.

Da die Enneberger Bauern lediglich zu allererst der Anlaß für den Ausbruch dieses Streites waren, später aber nur mehr notleidende Prellsteine zwischen den Parteien, und weil Schloß Andraz durch geraume Zeit die Zufluchtsstätte des Kardinals, eines der Hauptkämpfer in diesem Streit war, wird dort eine etwas ausführlichere Beschreibung der Geschehnisse gegeben.

Der Kleine Krieg mit Venedig

Nur einmal noch wurden die Landschaften Enneberg und Buchenstein der Schauplatz kriegerischer Ereignisse, bis sie im Ersten Weltkrieg zum gewaltigen Hochgebirgsschauplatz von modernen Kämpfen wurden. Es war dies der kurze Krieg Tirols mit der Republik Venedig, zu dem es aus nichtigen Gründen gekommen war. Ganz allgemein war das Verhältnis zwischen Venedig und Tirol auch während der Auseinandersetzung mit dem Kardinal Cusanus eher freundschaftlich gewesen. Nur der Bischof von Brixen war mehrmals in dieser Zeit zu einer unfreundlichen Einstellung gegen die Venezianer gekommen.

Den Anlaß zu diesen kurzen kriegerischen Ereignissen im Jahre 1487 war eine Schlägerei zwischen Einwohnern von Buchenstein und denen von Selva und Pescul gelegentlich eines Festes in Colle Santa Lucia. Venezianische Söldner machten daraufhin zwei kurze Einfälle in buchensteinisches Gebiet, wobei einige Häuser in Rucavá eingeäschert wurden. Die Buchensteiner vertrieben die Eindringlinge, drangen weiter in das gegnerische venezianische Gebiet vor und äscherten gleich drei Dörfer, nämlich Caprile, Selva und Pescul ein. Damit war ein Kriegsfall gegeben. Nunmehr zog ein venezianisches Heer von 5000 Mann nach Ampezzo und stieß von da gegen Enneberg vor, wurde jedoch trotz der Übermacht vom Hauptmann von Rodenegg, Heinrich Harber, zurückgeschlagen. Der Anführer der Venezianer war gleich zu Beginn des Kampfes gefallen. Auf dieses Kampfgeschehen bezieht sich sicherlich die Sage von einer Schlacht auf der großen Wiese Tamers im Rautale und auf der Martinswiese beim Dorf St. Vigil. Die Neuweihe zweier Kirchen im Jahre 1489 zu St. Vigil stützt die Annahme, daß diese Gotteshäuser bei diesen Kämpfen entweiht worden waren.

Noch Ende des gleichen Jahres kam zwischen Venedig und dem Herzog Friedrich ein Friede zustande, der diesen kurzen Feldzug beschloß.

Von den Adelsgeschlechtern, die als Lehensträger, Vögte und Ministerialen der Bischöfe von Brixen in der Geschichte des Gadertales eine größere Rolle spielten, sind zuerst die Edlen von Schöneck zu nennen. Das Stammschloß dieser Herren steht bei Issing im Pustertal. Wahrscheinlich waren sie eine Seitenlinie der Herren von Rodenegg.

Das zu großem Reichtum gelangte Geschlecht derer von Schöneck erhielt im 13. Jahrhundert das Gericht St. Martin im Thurn von den Bischöfen von Brixen zu Lehen und dazu wahrscheinlich die Vogtei über das ganze Gadertal und Buchenstein. Etwa um 1221 verlieh der Bischof von Brixen den beiden Brüdern Friedrich und Arnold von Schöneck auch das Schloß Andraz als Lehen. In der späteren Erbfolge um 1280 teilten sich drei Brüder in diese Herrschaften, wobei Friedrich das Schloß Schöneck, Reinpert Schloß Andraz mit dem Gerichte Buchenstein als Lehen erhielt und dem jüngsten Bruder Wilhelm wahrscheinlich das Gericht Thurn an der Gader zufiel.

Von den anderen Adelsgeschlechtern sind vor allem die Herren von Prack noch heute in den Überlieferungen der Bevölkerung lebendig. Von der blutrünstigen Rolle, die der Amtmann der Brixner Bischöfe auf Schloß Thurn an der Gader, Gabriel von Prack, spielte, ist in der Beschreibung der Zwistigkeiten und Kämpfe zwischen dem Kardinal Kues und den Sonnenburger Nonnen die Rede. Die Herren von Prack scheinen schon im 14. Jahrhundert auf der Burg Asch in Enneberg auf.

Das berühmteste Mitglied dieser Familie aber wurde Franz Wilhelm von Prack, ein Ritter von ungewöhnlicher Größe und Leibesstärke, von dessen Taten noch heute im Volke erzählt wird. Wilhelm von Prack war Hauptmann auf Andraz und Pfleger des Gerichtes Thurn im Dienste der Bischöfe von Brixen. Zwischen der Familie Prack und den Herren von Colz zu Freiegg, die seit unvordenklichen Zeiten in Abtei saßen, war eine langandauernde Rivalität und Feindschaft. In der Hauptsache ging es um die Vorrangstellung in Ladinien. Auch die Herren von Prack waren, und zwar durch den Betrieb des dem Bischof von Brixen gehörenden Bergwerkes Fursil in Buchenstein und durch den lebhaften Holzhandel mit Venedig reich geworden. Aus dieser Rivalität zwischen diesen beiden Adelsgeschlechtern ergaben sich hinfort zahlreiche Kämpfe und Zusammenstöße. Die Herren von Colz sollen wegen ihrer Verbindungen nach dem Süden mehr italienisch eingestellt gewesen sein, während die Herren von Prack die Rechte der Bischöfe vertraten.

Im Jahre 1582 hat nun ein Zusammenstoß zwischen Wilhelm von Prack und den Edlen von Colz im Plaieswald stattgefunden. In diesem Kampfe erschlug der hühnenhafte Wilhelm von Prack zahlreiche Knechte der Colz und verwundete den Kaspar Martin Colz durch zwei Kugelschüsse in den Schenkel. Der Colz rächte sich zusammen mit seinem Vater für diese Niederlage noch im gleichen Jahre dadurch, daß die Colz, Vater und Sohn, im Herbst bei Corvara den Wilhelm von Prack überfielen und ihn meuchlings ermordeten. Dieses Verbrechen mußten die Herren von Colz schwer büßen. Sie wurden geächtet, gefangengenommen und in Brixen eingekerkert. Wohl gelang ihnen die Flucht, doch irrten sie als Geächtete und, nachdem alle ihre Güter eingezogen worden waren, unstet herum und starben in Einsamkeit und Elend.

Straßen durch Enneberg und Abtei

Die Gadertalstraße

Drei von den ladinischen Tälern — es war schon davon kurz die Rede — haben besonders ausgeprägte, schluchtartige Mündungen in die Haupttäler mit ihren Siedlungen und großen Verkehrsadern. Alle diese Schluchtendungen, die Pforten Ladiniens, waren bis weit in das 19. Jahrhundert herein unwegsam, bestenfalls kroch ein schmaler Fußsteig durch diese Engen, und der war wohl auch nicht immer passierbar. Saumwege und damit etwas bessere Verkehrsverbindungen gingen über die benachbarten Höhenrücken der Täler. So war es beim Grödental, beim Gadertal und im Buchenstein.

Das Grödental öffnete als erstes durch eine Fahrstraße seine Pforte zur Welt. Schon 1856 wurde die Talstraße durch die Schlucht des Grödner Baches bis St. Ulrich eröffnet. 30 Jahre später erst begann man mit dem Bau einer schmalen Fahrstraße durch die Schlucht des Gadertales, mit der diese in die weiten Flächen des Pustertales einmündete. Bis zu diesem Zeitpunkt und schon seit dem Mittelalter führte der alte Saumweg in das Enneberg und in das Abteital hoch am Berg über der Schlucht der Gader. Heute nur mehr als Güterweg von landwirtschaftlichen Fahrzeugen benützt, leitete dieser Saumweg von St. Lorenzen im Pustertal über Maria Saalen und ober Zwischenwasser und durch den Plaieswald nach Piccolein, wo er den Anschluß an die heutige Trasse der Gadertalstraße fand.

Die Erbauung der Schluchtstraße ging nicht wie beim Grödental auf private Initiative und den Drang nach einer gut befahrbaren Handelsstraße zurück, um dem Schnitzereigewerbe im Grödental, das damals in hoher Blüte stand, leichtere Ausfuhrmöglichkeiten zu schaffen, sondern scheint bei der Gadertalstraße mehr von militärischen Gesichtspunkten bestimmt worden zu sein. Dies ergeht auch daraus, daß der Bau mit Ausnahme der Brücken von militärischen Einheiten durchgeführt wurde. Ein echt bürokratisches Konsortium wurde zu diesem Zwecke gegründet. Den Straßenbau besorgten Pioniere des Heeres, deren Arbeit ja nichts kostete, während die Ausgaben für Werkzeuge, Material zum Sprengen und der Brückenbau zu je einem Drittel vom Staat, dem Land und den interessierten Gemeinden aufgebracht werden mußte.

Mit 3½ m hatte die Straße durch die Schlucht die für damals übliche Breite einer Fahrstraße. Ihre Länge aus dem Pustertal bis nach Corvara betrug 33 km. Im Jahre 1892, also nach siebenjähriger Bauzeit, konnte diese neue Gebirgsstraße, diese neue Einbruchsarterie in das dolomitische Ladinienland, dem Verkehr übergeben werden. Der alte Karrenweg von St. Lorenzen über Saalen und ober Zwischenwasser hatte ausgedient. In diesem unzulänglichen Zustand, ohne staubfreien Belag, mit Holzbrücken und scharfen Kehren, keinen Sicherungen an gefährlichen Stellen, verblieb diese Straße durch die ganze Postkutschenzeit hindurch und bis weit in die Zeit des motorisierten Verkehrs herein.

Erst im Jahre 1956 wurde die Gadertalstraße radikal umgebaut, auf 7 m und mehr Breite gebracht, erhielt einen staubfreien Belag und wurde damit zu einer auch rein technisch modernsten und besten Bergstraßen Ladiniens. Die Überschwemmungen und Murbrüche im Jahre 1966 verwüsteten gerade den untersten schon immer sehr gefährdeten Teil der Gadertalstraße am stärksten. Im Zuge der notwendigen Ausbesserungen wurde die Straße noch weiter verbessert, begradigt und durch Kunstbauten geschützt. Sie ist schließlich im letzten Jahrzehnt durch den Ausbau der Straße über den Campolongopaß zur Großen Dolomitenstraße organisch in das Straßennetz Ladiniens eingefügt worden, bleibt aber durch Hochwasser weiterhin so sehr gefährdet, daß man heute wiederum die Verlagerung auf die Höhe erwägt.

Das Gadertal zählt mit seinen zahlreichen, meist kurzen Seitentälern und Verästelungen zu einer der abwechslungsreichsten und besonders charakteristischen Regionen der Dolomiten und Ladiniens. Die ersten 8 km der Mündungsklamm sind besonders tief und steil eingekerbt; dieser Teil bildet landschaftlich das schönste Erlebnis der Fahrt durch die Talfurche hinauf. Steile, teilweise bewaldete Talhänge säumen die Ufer der Gader, da und dort führt die Straße kurze Strecken durch nackte Felswände. Besonders schön ist der Lauf des Baches, der als echtes Wildwasser nirgends zum tosenden Bergbach wird, sondern zwischen seinen stark bewachsenen Ufern immer die strömende Ausgeglichenheit eines kleinen Bergflusses hat.

Nach 13 km erreicht die Straße die erste Gabelung. Hier mündet der St.-Vigil-Bach aus dem Enneberg, ein Straßenast zweigt in östlicher Richtung in das Enneberg ab, jenes Tal, das in der geschichtlichen Entwicklung des Gadertales die älteste und wichtigste Bedeutung hatte. Das Tal von Enneberg, das weiter im Innern den Namen Rautal führt, ist weitaus das größte Seitental des Gadertales und erschließt die vielen umliegenden Dolomitberge und die Hochflächen der Sennes- und Fanes-alpe. Mit seiner Länge von rund 20 km von der Mündung bei Zwischenwasser (Longèga) bis zum Talschluß in Pederú ist es nicht nur das längste Seitental, sondern in seiner Formung besonders charakteristisch, weil es in seiner ganzen Länge nur rund 400 Höhenmeter überwindet, und die Talsohle in einigen Abschnitten schöne Weitungen aufweist. Von Zwischenwasser steigt die Straße durch das anfangs stark einengende Waldtal aufwärts und erreicht die Häusergruppe von Manthan mit einer kleinen Kapelle. Hier beginnt sich das Tal zu der schönen Weitung zu öffnen, auf deren Sohle der Hauptort St. Vigil liegt. Noch vorher, links und in erhöhter Lage, das ursprüngliche Dorf Enneberg, darunter die Häusergruppe des Weilers Hof mit dem Schloß Rost. St. Vigil in Enneberg (1195) hat in den letzten Jahren als Fremdenplatz sowohl sommers wie winters einen starken Aufschwung genommen und zählt jetzt zu den besuchtesten Orten des Gadertales.

Das Rautal einwärts ist eine Straße im Ersten Weltkrieg als Nachschublinie notdürftig ausgebaut worden, wird aber nun gut instandgehalten. Das Befahren des Tales bis in den Talschluß von Pederú (1545 m) ist nun gut möglich.

Von Zwischenwasser führt die Hauptstraße fast eben und teilweise in mäßiger Steigung in dem immer noch engen Tal durch herrliche Wälder nach wenigen Kilometern in den hübschen Wiesenkessel von Piccolein (1115 m), wo im Hintergrunde zum erstenmal die ungeheuer plattwandig aufstrebende Felskette des Heiligkreuzkofels, lad. Sass dla Crusc (2911 m) sichtbar wird, während westlich über den Waldkämmen die Felsenkuppe des Peitlerkofels (2874 m) hereinschaut.

Etwas voraus und jenseits der Gader ist die Einmündung des Kampiller Tales und gleich an dessen Mündung das Örtchen St. Martin in Thurn (1125 m), das von dem auf einer erhöhten, grünen Plattform stehenden Schloß Thurn (1247 m) mit seinem mächtigen Hauptturm überragt wird; es soll Sitz des Ladinischen Kulturinstitutes werden. Die Straße erreicht talaufwärts bald die Häusergruppe von Preromang (1106 m), dessen Name soviel wie „romanische" (ladinische) Wiese bedeutet und damit deutlich auf die Urbevölkerung hinweist. Zweimal den Gaderbach überquerend und auf windungsreicher Strecke erreicht man die nächste Talsiedlung Pederoa (Pederú, 1156 m), wo das kurze Steiltälchen von Wengen einmündet. Das Dörfchen Wengen (1353 m), das zuoberst in diesem an steilen Wiesen reichen, landschaftlich sehr reizvollem Tale liegt, spielt in der Besiedlung des Gadertales eine bedeutende Rolle.

Etwa 5 km talein nimmt die Umgebung schlagartig einen anderen Charakter an. Die Straße übersetzt den Gaderbach und erreicht mit schön ausgebauten Kehren die Höhe des nunmehr sich stark verbreiternden Gadertales, das von hier ab den Namen Hochabtei führt. Die an der Straße liegende Ortschaft Pedraces (1325 m) ist der Gemeindesitz der Gemeinde Abtei, die mehrere Ortschaften umfaßt. Ungemein lieblich liegt auf den weiten, sanft geneigten Hügelhängen jenseits des Gaderbaches der Ort St. Leonhard in Abtei (1371 m) in der charakteristischen Landschaft, die nunmehr das Hochabtei talaufwärts bestimmt, nämlich weite Wiesenhänge, die bis zu einem schmalen Waldgürtel hinaufziehen, dem in großartiger Wildheit die langgezogene Kette des Heiligkreuzkofels mit seinen Trabanten aufgesetzt ist.

In landschaftlicher Schönheit, die sich immer mehr steigert, gelangt man in das weit- und sanfthängige Becken, in dem sich das Tal von St. Kassian mit dem Gadertal vereint.

Rings um die Abzweigung der Straße in das Tal von St. Kassian hat sich in blühendem Aufschwung der Ort Stern, lad. La Villa, in den letzten Jahren zu einem der Zentralpunkte des Fremdenverkehrs im Hochabtei entwickelt. Die erst vor einigen Jahren neu erbaute Autostraße von Stern über den Gaderbach nach St. Kassian und durch dieses zauberhafte Tal hinein bis zur Provinzgrenze ist nunmehr endgültig fertiggestellt. In ihrer Fortsetzung zum Valparolajoch (2192 m) ist sie sehr schön und breit ausgebaut worden (1976), führt aber danach (ab Valparola) schmaler und kurviger bis zum nahen Falzaregopaß (2105 m).

In gerader Fahrt talauf erreicht man das große Talbecken, das den Talschluß bildet und in dem, zur Gemeinde Ladinia vereinigt, die zwei bekanntesten Fremdenplätze des Gadertales liegen, Corvara (1568 m) und Colfuschg (Colfosco, 1645 m).

In harmonischem Zusammenspiel hat sich hier alles zum glanzvollsten Schaustück nicht nur des Gadertales, sondern zu einer der schönsten Gegenden Ladiniens vereinigt.

Vor Corvara teilt sich wiederum die Straße. In südlicher Richtung zieht mit zahlreichen Kehren durch Wiesengelände die neu ausgebaute Paßstraße über den Campolongopaß (1875 m) hinauf und führt, immer in ausgezeichneter Trassierung, hinunter zur Großen Dolomitenstraße in Arabba. Die erste, schmale

Fahrstraße über diesen niedrigsten Paß Ladiniens wurde schon 1901 fertiggestellt.

Die andere Autostraße aus dem weiten Becken von Corvara zieht über Colfuschg und in zahlreichen Kehren durch das breite Wiesengelände des Grödner Jochs (2121 m) bis auf diesen, auch im Winter befahrenen Übergang nach Gröden, mit lebhaftem Verkehr. Auch diese Straße ist in ihren letzten Abschnitten nunmehr fertiggestellt. Diese beiden Pässe bilden zusammen mit dem Sellajoch und dem Pordoijoch die vier Pässe, auf der man die berühmte Autorundtour „Rund um die Sella" durchführen kann, eine Autobergfahrt über vier Pässe mit ungezählten Kurven und Windungen, eine Autofahrt, die einen Film an dolomitischen Schönheiten abrollen läßt, wie er vielfältiger und eindrucksvoller nicht denkbar ist.

Das Gadertal weist von allen ladinischen Landschaften am meisten Nebentäler auf, von denen einige ziemlich weit in das Gebirge hineinreichen.

Nach dem Ennebergtal, das sich schon bei Zwischenwasser vom Haupttal verästelt und das größte Seitental bildet, sind noch die Täler von Wengen und Campill zu nennen. Im mittleren Abtei wird die breite Talweitung beiderseits von den Randgebirgen ohne bemerkenswerte Taleinschnitte begleitet. Erst bei Stern zweigt das Tal von St. Kassian, das eigentliche Gadertal ab, da ja der Gaderbach seinen Ursprung in diesem Talschluß hat. Hingegen zieht das Tal des Corvarabaches in den eigentlichen beckenartigen Talschluß von Corvara und Colfuschg weiter, aus dem sich wieder zwei Taläste gabeln, von denen einer zum Grödner Joch, der andere zum Campolongopaß führt.

Von den Bergen des Gadertales ist der Zug des Heiligkreuzkofels von einzigartigem Aufbau und das Tal beherrschend. Er beginnt mit dem Neunerkofel, ladinisch. Sas da les nu, setzt sich mit dem Zehnerkofel, ladinisch Sas da les dis, fort und erreicht im Heiligkreuzkofel, ladinisch Sas dla Crusc, seinen herrlichsten, glattwandigen und mauerartigen Abschluß. Die gewaltige Mauer wird von den Bergriesen Lavarella und, in das Kassiantal einschwingend, der Conturinesspitze fortgesetzt. Alle diese Berge erreichen eine Höhe um 3000 m.

Piste des Riesentorlaufs bei den FIS-Weltmeisterschaften
vom Ciampinoi direkt nach Wolkenstein

Der Gondellift vom Sellajoch in die Langkofelscharte
(links Fünffingerspitze, rechts Langkofeleck)

mit dem Langkofel im Hintergrunde
mit dem Langkofel im Hinterugrunde

 Blick vom Grödner Joch gegen Langkofel und Sellajoch

Die schöne Barock-Pfarrkirche von St. Vigil in Enneberg

 Schloß Thurn an der Gader

Im Skigebiet von St. Kassian, mit Blick zur Lavarella

Das Wallfahrtskirchlein Heiligkreuz
unter den Wänden des Heiligkreuzkofels

Alpenglühen (ladinisch „Enrosadüra“)
an den Wänden der Sellagruppe

Der reizende Fremdenort St. Vigil im Enneberg

← Corvara, das „ladinische Märchen", mit dem mächtigen Sass Songher

 Das Matten- und Felsenreich von Kleinfanes und Lavarella

Das frühere Schloß Rubatsch in Stern/La Villa

Kirche von Stern/La Villa
mit der Mündung des Armentarolatales
Im Hintergrund Lavarella

St. Kassian im Gadertal,
im Hintergrund der Peitlerkofel
links der Abbruch des Gardenaccia

Blick vom Col Alto ober Corvara auf Colfuschg
und das Grödner Joch

Ladinische Bauernhöfe in Colfuschg

Pfarrkirche von Colfuschg
mit den Wänden der Sellagruppe (Pisciadú)

Tiefblick auf das Fassatal. Im Hintergrund die Rosengartengruppe

Marmolata di Penia und Rocca
Im Vordergrund der Staudamm des Fedajasees

Siedlungen und ihr Werden

Von Dorf zu Dorf — vom Fremdenplatz zur Schutzhütte

Schon nach 13 km auf der Gadertalstraße zweigt bei der Häusergruppe von Zwischenwasser, lad. Andréga (1015 m), die kurze Straße in das Tal von Enneberg hinein ab und erreicht damit das erste große Seitental des Gadertales, doch sind wir bereits auf ladinischem Boden, denn von der orogr. linken Talseite herab grüßt das anmutige Dörfchen Welschellen (Zufahrtsstraße ab Zwischenwasser), dessen Name den Gegensatz zu (Deutsch)—Ellen über dem nahen Montal deutlich ausdrückt. Schon nach 4,5 km weitet sich das Tal überraschend und erstaunlich schön zu seinen charakteristischen Merkmalen, dem flachen Talboden, der in sanfter Steigung noch 15 km weit in die Berge hineinzieht und von einem fast ununterbrochenen Kranz von herrlichen Bergen im Halbkreis umstanden wird. Und gleich zu Anfang ist der erste Gruß desEnnebergs der bekannte Sommerfrischort und Wintersportplatz St. Vigil in Enneberg, der mit dem etwas erhöht liegenden Gemeindeort Enneberg rund 2500 Einwohner zählt.

St. Vigil in Enneberg

Eine Überfülle von Bergschönheit, von den saftiggrünen Hängen des Kronplatzes bis zu den zahlreichen Felsbergen, zeichnet St. Vigil aus und hat es durch seine Lage zu einem bevorzugten Sommerort prädestiniert. St. Vigil ist überaus reich an lohnenden, abwechslungsreichen Spaziergängen in dem hügeligen Wiesen- und Waldgebiet seiner engeren Umgebung, noch reicher aber an Wanderungen, die sich vor allem in das wundersame Reich der Fanes- und Sennesalpe ausdehnen. Es ist verständlich, daß die ungemein vielfältige Formung dieser charakteristischen Gebirgswelt um Enneberg, die von der Lieblichkeit seines Wiesengeländes bis zur Romantik seiner wildaufgebauten Felsspitzen reicht und seinen Höhepunkt in der seltsam und großartig wirkenden Weite der überaus geräumigen Almhochflächen findet, der Teil Ladiniens sein mußte, der den schönsten Sagenkreis zu eigen hat.

Auch als Wintersportplatz gewinnt St. Vigil immer mehr an Beliebtheit. Die landschaftliche Schönheit, die Sonnenfülle des Tales, die überaus reichen Möglichkeiten an den Hängen rings um den Ort, alles spricht für eine gute Zukunft als Skiplatz. Am meisten wird hiezu beitragen, wenn St. Vigil, wie geplant, eine direkte Seilbahn- oder Gondelliftverbindung zum Skigebiet des Kronplatzes erhält, der heute schon ungemein attraktiv und vielseitig ausgebaut ist; derzeit stellt noch ein Sessellift die Verbindung her. Aber auch gegenüber, in Richtung zum Piz de Plaies, ist St. Vigil für den Wintersport erschlossen (Kabinenbahn mit 430 m Höhenunterschied und mehrere Skilifts).

Die Verlagerung des Schwergewichtes aus der Urgemeinde Enneberg auf die Fraktion St. Vigil in Enneberg in der Talsohle drückt sich deutlich auch in dem bedeutend schöneren und kostbareren Kirchenbau von St. Vigil aus. Die Pfarrkirche von St. Vigil zeichnet sich vor allem auch durch ihre ungemein anmutige Lage auf dem Wiesengrund des Tales ab. Sie gilt heute als die schönste Kirche des Gadertales und wohl auch ganz Ladiniens. Ihre einheitliche Architektur, ihre malerische Ausschmückung und die Innenausstattung vereinen sich zu einer so untadeligen Harmonie, wie sie wenig Kirchen zeigen.

Ein früherer Kirchenbau auf der gleichen Stelle, von dem wir Kenntnis haben, reicht in seiner Entstehung sehr weit zurück. Diese älteste Kirche soll samt dem ganzen Dorfe von einer gewaltigen Mure zerstört worden sein. Nach einem Ablaßbrief aus dem Jahre 1293 traf den Wiederaufbau alsbald schweres Geschick, denn er wurde 1487 bei dem Einfall der venezianischen Truppen verwüstet und entweiht. Dieser gotische Kirchenbau wurde wohl bald wieder renoviert und neu geweiht, doch im Jahre 1781 wurde er schließlich gänzlich abgetragen, um einer neuen, großen Kirche Platz zu schaffen. Dabei hatten die Leute von St. Vigil das Glück, in dem Baumeister De Costa, der mit der Erbauung der Pfarrkirche von Cortina d'Ampezzo ein Meisterstück geliefert hatte, einen ungemein tüchtigen Bauführer zu finden. Die Leitung der Arbeiten erhielt der weithin bekannte Tiroler Stukkateur Franz Singer aus Götzens, der im Gadertal durch seine Meisterarbeit an der Kirche von St. Leonhard ebenfalls ein hochgeachteter Werkmeister war.

Dem Zeitstil gemäß entstand die neue Kirche als lieblicher Barockbau, der heute noch jeden kunstverständigen Besucher entzückt. In meisterhaft spielerischer Architektur hat der Baumeister die Fassade gehalten. Die Aufgliederung ist durch angedeutete Marmorpfeiler vollzogen, durch Reliefs und Malereien. Ein Barockgesims krönt das Gebälk und verdeckt mit seiner Linie das Profil des Daches. Mit seiner ganzen Meisterschaft gestaltete der berühmte Stukkateur Franz Singer das Innere der Kirche zu einem zauberhaften Raumgebilde. Ein großer Meister reichte hier dem andern die Hand. Kein Geringerer als der

Augsburger Maler Matthäus Günter, von dem wir so viele Meisterwerke in unserem Lande kennen, schuf die herrlichen Fresken vor allem in der Kuppel. Genial ist die Aufteilung der Motive in den Kuppeln, und nichts läßt erraten, daß diese Meisterwerke erst in der letzten Lebenszeit des großen Matthäus Günter entstanden. Überall aber ist sein großes Vorbild zu erkennen, Johann Evangelist Holzer aus Burgeis, einer der größten Maler, den Südtirol hervorgebracht hat. Nichts wirkt störend oder untergeordnet in dieser Inneneinrichtung, selbst wenn sie von kaum bekannten Handwerksmeistern ausgeführt wurde, so der barocke Hochaltar und die viel später entstandenen Seitenaltäre mit ihren Figuren.

Die Vollendung dieser Kirche in ihrer Zier und Würde ist schließlich durch ein anderes Meisterwerk gegeben, die Kreuzwegstationen des Bozner Malers Carl Henrici, der sie im Jahre 1783 malte. Das Kompositionsschema weist neben der prachtvoll dargestellten Passion Christi zahlreiche Nebenfiguren auf, die zeitgenössische Kleidung tragen, und so wirkt bewußt und gewollt dieser Kreuzweg wie ein großartiges Drama, dem Menschen aus der Zeit der Entstehung dieser Bilder trauernd und erschüttert beiwohnen. Kaum etwas, fast nichts ist an dieser Kirche, das die Einheit und Harmonie stören und den Glanz dieses Kunstwerkes als Juwel unter den ladinischen Baudenkmälern mindern könnte.

Nicht vergessen darf in diesem Zusammenhang werden, daß in St. Vigil Katharina Lanz, das berühmte Heldenmädchen von Spinges (1771—1854) geboren wurde. Zu ihrem 200. Geburtstag wurde in der Kriegergedächtniskapelle eine vom einheimischen Künstler Otto Irsara geschaffene Statue enthüllt.

St. Vigil in Enneberg und das Rautal sind auf drei Seiten von einer prächtigen Dolomitenwelt umgeben. Unter diesen formenreichen Spitzen sind auf der Südseite der Crosta-Fels und die bekannte Eisengabel zu nennen, während talseitig gegenüber die Sellaspitze, Paracia und Piz da Peres das Tal flankieren. Durch dieses führt der beste Weg (teilweise befahrbar) auf die bekannten Hochflächen im Inneren dieses Dolomitenteils, die großartige Sennesalpe mit dem Seekofol und die Alpen Klein-Fanes, deren weite Flächen vom Massiv des Heiligkreuzkofels getragen werden. Anschließend dehnt sich die alte Groß-Fanes aus, deren weite Flächen bereits auf den Bergen des Travenanzestales aufliegen.

Die Urpfarre Enneberg/Maró

Lohnend ist nicht nur der kurze Gang hinauf zur alten Gemeinde Enneberg, vielleicht dem geschichtsträchtigsten Punkt des Gadertales, sehenswert sind die alten Bauernhöfe und Ansitze und schließlich auch die alte Pfarrkirche von Enneberg, die als die älteste dieses Gebietes von Ladinien angesehen wird.

Diese älteste Pfarrei im Gadertal wird schon zu Beginn des 12. Jahrhunderts erwähnt. Die Erklärung hierfür ist wohl sehr einfach. Mit der Gründung des Benediktinerinnenkonventes von Sonnenburg durch den Grafen Volkold von Pustertal-Lurngau waren dem Kloster reiche Besitzungen im Gadertal geschenkt worden. Enneberg gehörte zu den wichtigsten Teilen dieser Begabung, und auch die räumliche Nähe befürwortete sicherlich die Gründung und Ausstattung der Pfarrei Enneberg. Wenig jedoch hat sich von der Kirche jener Zeit erhalten, darunter die Quaderstreben und der polygonale Abschluß, das rippenlose Gewölbe des Chores und der spitze Triumphbogen. Dieser Bau erfuhr gegen Ende des 15. Jahrhunderts eine Vergrößerung des Langhauses, um 1629 wurde die linke Seitenkapelle angebaut. Dann folgte um die Mitte des 18. Jahrhunderts die Barockisierung der Kirche. Ein geschweifter Fassadengiebel, Vierecktüren, viereckige und geschwellte Fenster und am Turm, der teilweise Quadern zeigt, ebenfalls Fenster mit geschwellter Trennungssäule und schließlich der Achteckhelm. Im Turm ist die Jahreszahl 1536 zu sehen.

Das Wandgemälde an der Fassade stammt aus dem 18. Jahrhundert, auch der Kreuzweg an der Außenwand. Die Malereien am Gewölbe hingegen sind erst aus der Mitte des 19. Jahrhunderts. Am barocken Hauptaltar ist das Gnadenbild Maria mit dem Christuskind, ein Werk aus der ersten Hälfte des 15. Jahrhunderts. Die Seitenstatuen, Petrus und Paulus, sind angeblich Werke von Dominikus Moling. Fast die gesamte übrige Inneneinrichtung ist aus der Zeit der Barockisierung. Interessant sind die Votivtafeln, Erinnerungsbilder an die Wallfahrten der Gemeinde Welsberg nach Enneberg, die stiftungsmäßig alle hundert Jahre stattfanden und die Jahreszahlen 1636, 1738, 1838 und 1936 tragen. Besonders aufschlußreich sind bei diesen Erinnerungsbildern die Trachten der Wallfahrer, die der jeweiligen Epoche entsprechen.

Als Sitz der sonnenburgischen Vögte zeigen heute noch mitten in der Bauerngemeinde einige stattliche Gebäude ihren früheren Charakter als Edelsitz und geben damit dem Dorf ein ungemein behäbiges Aussehen. Der Ansitz Moreck, in dem heute das Gasthaus „Trebo" ist, sticht mit seinen zwei Erkertürmen und hohem, abgewalmtem Dach besonders hervor. Das Innere des stattlichen Gebäudes zeigt noch einen kraggewölbten Hausgang und Täfelung aus dem späten 16. Jahrhundert. Der Bau wurde für Kaspar Mor, genannt der Engelmor, erbaut, dessen Vorfahren seit dem 14. Jahrhundert in Aufkirchen im Pustertal nachweisbar sind.

Um 1300 werden die Herren von Asch genannt, die auf ihrem schönen Besitz, einem stattlichen Haus mit Korbgittern und Erkern, Spitzbogentüren und schöner innerer Gestaltung saßen. Später ging der Ansitz durch Heirat an die Herren von Prack über, die auch dieses Prädikat führten und bis ins 19. Jahrhundert in Enneberg und Buchenstein saßen und eine gewichtige Rolle spielten. Leider ist dieses Gebäude im Jahre 1958 abgebrannt. Noch ein anderer Ansitz ist zu erwähnen. Auf ihm saßen die Herren von Rost, die das Gebäude um 1600 wesentlich vergrößerten und verschönten. Die Herren von Rost stammten aus dem Buchenstein und wurden hier um 1318 ansässig, verzogen aber später in die Gegend von Bruneck. Eine schwäbische Seitenlinie dieses Rittergeschlechtes stellte zwei Fürstbischöfe von Chur.

Südlich der Häusergruppe von Piccolein, lad. Piccolino, 1115 m, rund 140 Einwohner, mündet von Westen her das zweite größere Seitental, das Tal von Campill. Die kleine Antoniuskirche von Piccolein wurde vom damaligen Pfleger in Thurn, Dominikus Piazza, 1688, erbaut und ist einfach gehalten. An der ebenfalls barocken Inneneinrichtung ist nur ein Bild der hl. Katharina, eine alte Kopie des Bildes vom Flügelaltar der Kirche in Corvara, die wahrscheinlich im 17. Jahrhundert ausgeführt wurde, bemerkenswert. Kulturhistorisch interessant sind ferner zwei Tafelbilder aus Holz, auf denen 18 Wunder des hl. Antonius von Padua dargestellt sind.

Auch ein auffallender Bau mit Eckerkern und Korbgittern und von einer Gartenmauer mit Ecktürmchen und Nebengebäuden umgeben, fällt auf. Der Ansitz Freyegg war im 14. Jahrhundert der Sitz der Edlen von Piccolein, ging dann auf die

Herren von C o l z über, und wurde endlich um 1600 von J o h a n n P i a z z a erworben, dessen Nachkommen 1736 wegen hervorragender Verdienste mit dem Grafentitel und dem Prädikat Freyegg ausgezeichnet wurden. Heute ist Freyegg in bäuerlichem Besitz.

*

Vielfach ist die Nomenklatur des heute in seinem ganzen Verlauf Gadertal genannten Tallaufes sowohl bei deutschen wie bei ladinischen Bezeichnungen verworren. Dies beginnt schon beim Namen E n n e b e r g, der natürlich deutschen Ursprunges ist und einfach „jenseits des Berges" bedeutet. Die Ladiner nennen das Enneberg M a r ó, italienisch trägt es den Namen M a r e b b e. Irrtümlich wird Enneberg auch als Badia bezeichnet, unter dem die Einheimischen jedoch lediglich die Talweitung von A b t e i, ladinisch B a d i a, verstehen. Hingegen wird der Einwohner von Enneberg nicht selten als B a d i o t bezeichnet, was gleichbedeutend mit Ladins ist. Der einzig richtige Name für die Bewohner des Ennebergs ist jedoch M a r ó i.

Der Name B a d i a wird wohl von der deutschen Bezeichnung Abtei (mit Bezug auf Kloster Sonnenburg) abgeleitet. Die Ableitung des Namens von einigen Bauernhöfen in Abtei (Chiastél), die ehemals Ansitz von Tempelrittern gewesen sein sollen, dürfte wohl irrig sein.

Auch die ladinische Schreibung der Bergnamen weicht mehrmals ab, je nachdem, ob die Berge wie der Neuner- und Zehnerkofel mehr Anblick und Bedeutung von Enneberg aus haben als von Abtei. Auch in der Kette des Heiligkreuzkofels findet sich der ungedeutete Bergname C i a v a l (möglicherweise übertragen aus dem zuweilen verwendeten „Roßkofel" bzw. „Roßhauptkofel"), während der Name S a s d l a C r u s c (Heiligkreuzkofel) erst in Anlehnung an die deutsche Benennung und diese wiederum im Hinblick auf den kleinen Wallfahrtsort Heiligkreuz entstanden sein dürfte.

St. Martin und Schloß Thurn an der Gader

Nahe, ja geradezu nachbarlich, liegt gleich oberhalb Piccolein jenseits der Gader etwas erhöht die Gemeinde St. Martin in Thurn (1134 m), 1375 Einwohner, die mit dem gut erhaltenen Schloß Thurn ein markantes Bild des unteren Gadertales bietet. Die malerische und noch gut erhaltene Burganlage wird von einer Umfassungsmauer mit Rundbogentor und Spuren eines Wehrganges umgeben und besitzt ferner zwei nach innen offene Rondelle mit Kegeldächern sowie einen rechteckigen, erst später erbauten Wohnbau mit Walmdach. Als Kern und ältester Teil der Anlage besteht noch der Bergfried mit Zinnenlücken, aus denen Fenster ausgebrochen wurden, und einem Pyramidendach. Im 13. Jahrhundert war der Turm brixnerisches Lehen und den Herren von Schöneck vergabt. Später diente er als Sitz des brixnerischen Gerichtes, wurde von den Bischöfen an eine Reihe von Adelsfamilien vergeben und im Jahre 1699 von Bischof Johann Franz Khuen erneuert. Die Burg wird demnächst Sitz des Ladinischen Kulturzentrums.

Schon eine frühe Erwähnung im Jahre 1286 liegt von einer Kirche in St. Martin vor. Diese wurde jedoch durch einen Bergsturz um 1490 fast gänzlich zerstört und einige Jahre darauf durch einen Neubau ersetzt, der später barockisiert und vergrößert wurde. An den spätgotischen Bau erinnert nur mehr wenig, so der später ebenfalls umgebaute Spitzturm, der polygonale Abschluß und das Gewölbe des Chors. Das Langhaus weist nunmehr Rundbogenfenster auf. Im Jahre 1941 wurden außen am Chor Wandgemälde aufgedeckt (Maria mit Kind auf der Mondsichel aus dem Jahre 1680). Die Wandmalereien innen und an der Fassade stammen von Hans Peskoller, 1932. Die Inneneinrichtung ist eher reichhaltig und dekorativ. Die Altaraufbauten und die Kanzel stammen aus neuerer Zeit, lediglich die Seitenstatuen des Hochaltars und zwei Bischofsbüsten am rechten Seitenaltar könnten von Dominikus Moling, dem bekannten Künstler aus Wengen, herrühren.

Die Weiler Campill und Untermoi in berggrüner Einsamkeit

Von St. Martin zieht eine neu erbaute Straße über den begrenzenden Bergrücken in das Tal von Untermoi, leitet in der Nähe des Bades Valdander vorbei nach Untermoi (1515 m), einer Fraktion der Gemeinde St. Martin. Das anmutige Dörfchen zieht sich über den Hang hinauf, rings von Wiesen und Wäldern umgeben, und wird vom Nordwesteck der Dolomiten, dem mächtigen Peitlerkofel, überragt. Alles hier ist noch urwüchsiges ladinisches Bauernland, nur spärlich ist der Besuch durch Wanderer und Bergsteiger. Von St. Martin, durch das Tal direkt aufwärts, erreicht man das Dörfchen Campill (Longiarú, 1398 m), mit rund 450 Einwohnern. Die Pfarrkirche ist der hl. Luzia geweiht. Eine Kirche wird schon 1371 erwähnt. Von ihr ist nichts mehr erhalten. Der heutige neuromanische Bau stammt aus den Jahren 1865—1867, der Turm wurde um 1904 umgebaut. Aus dieser Zeit stammt auch die gesamte Inneneinrichtung der Kirche.

Sehr vielgestaltig ist das Berghinterland des Campiller Tales. Zahlreiche Übergänge und Scharten leiten in die Nachbargruppen hinüber. Häufig begangen wird der Übergang über das Kreuzkofeljoch, ital. Passo Poma (2344 m), zur Schlüterhütte (2301 m) und weiter auf den Peitlerkofel (2874 m). Über das Kreuzjoch (2294 m) gelangt man nach Villnöß, über die Furcella della Roa (2616 m) zur Regensburger Hütte und schließlich über das Puezjoch (2513 m) zur Puezhütte. In diesem Zusammenhang sei erwähnt, daß derzeit eine Höhenstraße im Bau ist, die Brixen über das Würzjoch am Nordfuß des Peitlerkofels mit Untermoi verbinden wird, womit das Eisacktal eine direkte Verbindung zum Gadertal erhält.

Die ganze Landschaft von Campill und Untermoi wird von dem gewaltigen nordwestlichen Eckstein der Dolomiten, dem Peitlerkofel, beherrscht. Dieser eindrucksvolle, formenreiche Berg, der aus Schlerndolomit aufgebaut ist, gibt ein besonders schönes und markantes, dolomitisches Landschaftsbild, weil er fast isoliert an die gegensätzlichen Gesteins- und Formenwelten der anschließenden Berge grenzt. Auch jenseits der ladinischen Grenze bildet der Peitlerkofel (2877 m) für das Tal von Lüsen und die Brixner Gegend ein edles Wahrzeichen.

Das uralte Dörfchen Wengen/La Vall

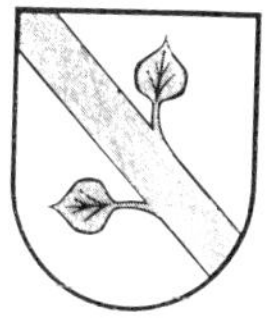

Weiter talauswärts an der Autostraße liegt Pederoa (1156 m), das der Talort des kleinen, steilen und von hier aus noch verdeckten östlichen Seitentales von Wengen ist. Zahlreiche Einzelhöfe sind über die weiten Bergwiesen auf der Sonnenseite zerstreut. Wengen und das höherliegende Spessa ist wahrscheinlich eines der am frühesten kolonisierten Seitentäler im Gadertal. Hier wird, wie auch bei anderen Siedlungen des unteren Gadertales, auffällig klar, daß die Annahme, Romanen hätten als Siedler nur immer Haufendörfer gebaut, hingegen seien Einödhofsiedlungen unbedingt deutsche Gründungen, hinfällig wird, denn sicherlich handelt es sich hier um alpenromanische Siedlungen, und diese wurden wohl zwangsläufig auch wegen des Geländes als Einzelgehöfte angelegt. Schon um die Mitte des 13. Jahrhunderts wird Wengen als Twenge genannt. Im Jahre 1296 werden bereits 51 Höfe aufgeführt, die dem Kloster Sonnenburg zinspflichtig waren. Auf eine vorgeschichtliche Besiedlung weisen auch die vielen Sagen von den Urmenschen, den Salvans mit den Gannes, ihren Frauen, hin, die noch heute in den Höhlen des Heiligkreuzkofels zeitweilig herumspuken sollen.

Aus Wengen stammt der namhafte Barockbildhauer Dominik Moling (1704—1761), einer der bekanntesten Bildhauer Ladiniens, von dem zahlreiche Arbeiten in den Kirchen Süd- und Nordtirols zu sehen sind.

Die alte, erstmals 1382 erwähnte Kirche wurde um 1800 entgotisiert und ist seit 1870 exsekriert. Sie wurde durch den Bau einer neuen Pfarrkirche ersetzt und ist erst seit 1930 dem Verfall preisgegeben worden.

Die neue, moderne Pfarrkirche, ein neuromanischer Bau, wurde nach den Plänen von Josef von Stadl in den Jahren 1868—1874 erbaut. Aus dieser Zeit stammt auch die Einrichtung der Kirche. Lediglich der majestätische, marmorne Hochaltar, der aus der Pfarrkirche von Terlan und aus der Mitte des 18. Jahrhunderts stammt, wurde hierher verbracht. Auch die lebendig bewegten Holzstatuen des heiligen Johannes von Nepomuk und des heiligen Silvester sind wertvolle Kunstwerke und werden Dominikus Moling zugeschrieben.

In sehr schöner Lage steht das Kirchlein, das der heiligen Barbara geweiht ist und aus dem Jahre 1490 stammt. Der spätgotische, einfache Bau macht einen anheimelnden Eindruck und ist mit zahlreichen Wandgemälden geschmückt. Besonders eine Kreuzigung an der Außenseite mit scharf knittrigen Gewandfalten und heftigem Gefühlsausdruck ist eindrucksvoll. Dieses Bild datiert vom Ende des 15. Jahrhunderts und scheint von der Pacher-Schule beeinflußt zu sein. Im Inneren ist besonders eine sehr schöne hölzerne Empore mit durchbrochener Brüstung und zierlichem Ornament der spätesten Gotik des 16. Jahrhunderts zu bewundern.

Nach der Talenge von Pontatsch öffnet sich das Gadertal zum breiten, lieblichen Hochabtei, die Bergwelt wird großartiger, und fast alle früher kleinen und bescheidenen Siedlungen sind heute zu weithin bekannten Sommerorten und Wintersportplätzen geworden.

Abtei und sein Wallfahrtskirchlein Heiligkreuz

Pedratsches (1325 m) ist der Sitz der Gemeinde Abtei (2270 Einwohner), zu der auch das talseitig gegenüber überaus idyllisch in Wiesen gebettete, blitzsaubere Dörfchen St. Leonhard gehört. Überwältigend ist von hier der Blick auf die gelbroten Felsmauern des Heiligkreuzkofels und der Lavarella.

Eine einzigartige Sehenswürdigkeit ist das Wallfahrtskirchlein Heiligkreuz (2043 m) unter diesen mächtigen Dolomitwänden (Sass dla Crusc, 2908 m). Der Gondellift Heiligkreuz führt mit einem Höhenunterschied von rund 700 m bis knapp vor das Wallfahrtskirchlein hinauf. Von all den Bergkirchlein und Wallfahrtsorten Ladiniens übertrifft Heiligkreuz alle an Schönheit und Romantik der Lage, an Aussicht, die geradezu unwahrscheinlich weit hinausgeht bis zur Firnenkrone der Marmolata, und an dem Geheimnis und Rätsel der Entstehung dieses Wallfahrtsortes. Der Überlieferung nach soll es Graf Otwin von Pustertal und Lurn gewesen sein, der sich in seinen letzten Lebensjahren als Einsiedler hierher zurückgezogen hat.

So geheimnisvoll wie die Gründung, das Werden und die vielfältigen Schicksale dieses hoch in den Bergen, ja fast am Fuß der Felswände liegenden Wallfahrtsortes sind, so ungemein bescheiden ist der Bau dieser Kirche. Das einfache, rechteckige Langhaus mit polygonalem Chorabschluß hat Rippengewölbe und eine kleine Vorhalle. Bescheiden ragt der Turm mit seinem vierseitigen Pyramidendach in den Himmel dieser Berge. Ein älteres Heiligtum ist dem heutigen Kirchenbau Ende des 16. Jahrhunderts gewichen. In der josephinischen Zeit profaniert, wurde die Kirche erst 1840 wieder geweiht und gleichzeitig renoviert und vergrößert. Bemerkenswert sind die Wandgemälde, von denen eines von 1570 die Auffindung des Kreuzes darstellt, während ein derbes, allegorisches Bild Menschen zeigt, die aus der Heiligkreuzkirche kommend in den Himmel auffahren oder in die Hölle hinabstürzen; das Bild stammt aus dem 18. Jahrhundert. Im Hochaltar steht das Gnadenbild, eine Statue des kreuztragenden Heilands, aus dem 17. Jahrhundert.

Wie schon erwähnt, ist Pedratsches mit seinen Fraktionen ein stark aufstrebender, vielbesuchter Sommerort und insbesondere auch Wintersportplatz. Es verfügt über gute Sporteinrichtungen, vor allem über den ungemein aussichtsreichen Gondellift Pedratsches—Heiligkreuz, der eine Höhe von 700 m überwindet und schöne, rasante Skiabfahrten erschließt. Außerdem ist Pedratsches durch seine Fraktion Stern an das große Sesselliftnetz von Corvara und Colfuschg angeschlossen.

Von einer Kirche, die im Jahre 1347 in Abtei geweiht wurde, ist nur der gotische Turm mit dreiteiligen, leicht spitzbogigen Schallfenstern erhalten geblieben. In den Jahren 1776—1778 wurde die heutige Kirche von Franz Singer aus Götzens in Nordtirol gänzlich neu erbaut. Sie zeigt als Vorbild den Stil des Franz de Paula Penz und des Paul Tangl mit geschweiftem Giebel, Vorhalle und Rundbogentür. Mit ihrer reichen Innenausstattung, den zahlreichen Wandgemälden und Stukkaturen sowie den reich geschmückten Altären zählt sie zu einer der schönsten Rokokokirchen von Südtirol. Verschiedene der bemerkenswerten Wandgemälden stammen von dem bekannten süddeutschen Künstler Matthäus Günter, darunter das besonders reizvolle Fresko, das den hl. Antonius zeigt, der dem auf der Erdkugel schwebenden Christkind die Füße küßt. Matthäus Günter aus Augsburg hat seit 1733 zahlreiche Fresken in Tirol gemalt; jene von Abtei sind reife Alterswerke.

Stern/La Villa, das neu erblühte Fremdendorf

Stern, lad. La Villa (1463 m), gehört ebenfalls noch zur Gemeinde Abtei. Es liegt an der Talgabelung des Armentarolatales mit dem Talast, der in den Talschluß von Corvara und Colfuschg führt. Es ist ein ebenfalls vielbesuchter, aufstrebender Sommer- und Wintersportplatz, in schöner Lage auf den Wiesen längs und oberhalb der Straße und nahe dem Waldgürtel, über dem das Felsmassiv des Sass Songher ansetzt. Ringsum ist die Berglandschaft noch eindrucksvoller angewachsen, talseitig gegenüber die leuchtenden Felswände von Heiligkreuzkofel, Lavarella und Conturines, im Hintergrund des gegenüber einmündenden Tales von St. Kassian die Spitzen der Fanisgruppe und gegen Corvara der Sellastock in seiner breitgelagerten Wucht.

Von der Expositurkirche zu Unserer Lieben Frau in Stern erfahren wir erst anläßlich ihrer Weihe im Jahre 1516, also später als von fast allen anderen Kirchen im Gadertal. Der Bau wurde 1880 und später noch einmal vergrößert. Die Kirche zeigt heute spitzbogige Türen und Fenster und einfache Gewölbe, schließlich einen dreiseitigen Chorabschluß und am Spitzturm gekuppelte Rundbogenfenster. Altäre und Kanzel sind neugotisch und stammen aus dem Jahre 1880. Nur die Glocke geht auf das Jahr 1515 zurück.

Der wuchtige, würfelförmige Bau des Ansitzes Rubatsch verrät einen früheren Edelsitz, der heute nur mehr als einfaches Wohnhaus dient. Der Ansitz wurde von Hans von Rubatsch erbaut, dem Kaiser Ferdinand I. im Jahre 1536 die Erlaubnis gab, „auf dem burgstall zu stehrn" einen Ansitz zu bauen und sich nach diesem zu nennen. Die Herren von Rubatsch saßen vorher auf dem nahe gelegenen, einfachen Ansitz Alt-Rubatsch und werden seit dem 14. Jahrhundert erwähnt.

Von dem ursprünglichen, mittelalterlichen Bau ist kaum mehr etwas erhalten. Seine heutige Form erhielt der würfelförmige Ansitz Rubatsch (von den Ladinern „La Gran Ciasa" genannt) durch spätere Umbauten.

In seinem heutigen Aussehen erinnert er nur durch die Schlüsselscharten, Gußöffnungen und Eckerker im ersten Stock noch an ein ritterliches Anwesen. Im Inneren finden sich im ausgebauten zweiten Geschoß gewölbte Gänge und eine Balkendecke. Auch eine rechteckige Ringmauer mit Schlüsselscharten, Gußlöchern und Eckrondellen verstärken den schloßartigen Eindruck.

Stern ist der Mittelpunkt des Fremdenverkehrs im Hochabtei. Schöne Skilaufmöglichkeiten bieten sich ringsum, der Gondellift Stern—Piz La Villa (1427 m) stellt den Anschluß an das Bergbahnnetz von Corvara her. Überaus zahlreich sind die Spaziergänge und Wandermöglichkeiten, so etwa zum nahen Sompuntsee (Baden und Eislaufen).

Das Tal Armentarola in urwüchsiger Einsamkeit

Hier zweigt die neu erbaute und bis auf ein ganz kurzes Stück vollendete Straße durch das Armentarola und über das Valparolajoch zum Falzarego ab. Nur wenige Kilometer taleinwärts liegt das reizende Dorf St. Kassian (1537 m), 400 Einwohner, ein Dörfchen, das einerseits wegen seiner Lage, andererseits wegen des hübschen Skibetriebes und der wunderbar schönen Wandermöglichkeiten in das Armentarola hinein immer mehr Zuspruch von Gästen hat. Mit seinem Sessellift auf den Piz Sorega (2003 m) hat man von hier aus ebenfalls Anschluß an das Bergbahnnetz mit dem Übermaß an Möglichkeiten von Skiabfahrten im Raum von Corvara. Noch weiter talein liegen in wirklich zauberhaft ruhiger und schöner Wald- und Wiesenumgebung einige Einzelhotels, wie man sie in ganz Ladinien in solch wohltuender Einsamkeit nicht mehr findet. Es ist dies die Gegend von Armentarola, von der aus man über das Tadega-Joch das Gebiet von Fanes erreichen kann.

St. Kassian ist seit jeher ein geologisch berühmter Ort der Ostalpen. Die größten Geologen des vorigen Jahrhunderts, Leopold von Buch, F. Frh. von Richthofen und viele andere haben hier ihre Untersuchungen über die berühmten Kassianer Schichten angestellt. In diesen finden sich ungemein viele Petrefakten, lad. Kuretsch, hauptsächlich auf den Stuoreswiesen südlich von St. Kassian, die trotz der Ausbeutung oft noch schöne Funde liefern.

Die Pfarrkirche von St. Kassian ist sehr alten Ursprungs. Ein erster Kirchenbau in dieser kleinen Siedlung geht auf unbestimmte ältere Zeit zurück. Zuerst hören wir im Jahre 1581 von einem Umbau der früheren Kirche und später noch einmal von einer Weihe im Jahre 1762. In diesem Jahr entstand die heutige Pfarrkirche zum hl. Kassian nach den Plänen von Matteo de Costa. Die Pfarrkirche von St. Kassian liegt schön und aussichtsreich und zeichnet sich überdies durch reiche Innenausstattung und einen für diesen kleinen Weiler besonders auffälligen Stil aus. Vielleicht erklärt sich dies durch die Lage des Weilers Kassian am vielbegangenen und wichtigen Weg aus dem Gadertal in das Buchensteinische und besonders zum Castel Andraz, das in der Geschichte des Bistums Brixen durch lange Zeit eine wichtige Rolle gespielt hat.

Auffallend an der Kirche ist die schöne Gliederung der Fassade durch Lisenen und einem geschwungenen Giebel mit Statuennische. Der polygonale Chor ist innen rund. Auffällig ist auch die schöne und reiche Innenarchitektur im Langhaus und im Chor mit Kreuzgratgewölbe. Der Turm zeigt Rundbogenfenster und eine Zwiebelkuppe. Zu erwähnen ist besonders das Hochaltarbild, das das Martyrium des hl. Kassian darstellt, von Carl Henrici, einem aus Schlesien stammenden Künstler, dessen Schaffen wir auch in Bozen verfolgen können. Interessant wirkt die Kanzel, deren Unterteil mit Säulchen und Skulpturen reich bedacht ist und aus dem Anfang des 18. Jahrhunderts stammt. Ebenso bewegte Formen zeigen die Beichtstühle mit Pilastern und Einlegearbeit. Sie wurden um das Jahr 1764 geschaffen.

Corvara und Colfuschg — Die Gemeinde Ladinia

Landschaften und große Täler haben ein Herz, einen pulsierenden Mittelpunkt, von dem alles ausgeht und zu dem alles zurückführt. Das Herz des Gadertales sind Corvara (1580 m) und Colfuschg (1654 m), die zusammen die Gemeinde Ladinia (amtl. Kurfar, 950 Einw.) bilden und im zweigeteilten, weiten Talschluß und Talbecken unter der Sellagruppe liegen. Hier hat die Natur ein liebliches Bergidyll, zusammen mit der ernsten und schroffen Majestät der Felsenwelt, ein Bild von unauslöschlicher, eindrucksvoller Bergschönheit geschaffen.

Corvara und mit ihm Colfuschg und auch der früher ganz vereinsamte Weiler Pescosta haben heute einen festgegründeten internationalen Ruf als erstrangige dolomitische Luftkurorte, Sommerfrischplätze und vor allem auch als eines der schönsten Skireiche in den Dolomiten und in den Ostalpen überhaupt. Man weiß nicht, was man hier mehr bewundern soll, die Romantik der dolomitischen Felslandschaft oder die Lieblichkeit der muldigen Pässe mit ihren Rampen und dem welligen, zartgegliederten Almgebirge, die sich auf der anderen Seite dehnen. Die Sellagruppe, hier zu einem allmählichen Fortissimo an dolomitischer Felsschönheit aufgetürmt einerseits, und der Sass Songher, der als Wahrzeichen des Talkessels direkt über diesem thront, diese beiden herrlichen Dolomitberge prägen das Bergantlitz dieses einzigartigen Gebirgswinkels. An sie reihen sich die weiten Matten der Jöcher, die unübersehbaren Hänge und Kämme der Almgebirge von Pralongiá und Cherz. Die Orte von Ladinia genießen gleich hohen Ruf im Sommer wie im Winter. Vor allem der Winter bringt einen überströmenden Zudrang von Skiläufern, dem diese Orte trotz der unübersehbar großen Anzahl von Neubauten an Hotels und Fremdenheimen noch immer nicht gewachsen sind. Das Skigelände von Corvara und Colfuschg ist aber auch ein Musterbuch von Skipisten jeder Art, von den leichtesten bis zu schnellen und eleganten, hier ist alles vorhanden, alles ist hier Modell und Qualität. Und diese Skigebiete sind von einem unüberbietbar dichten Netz von Sesselliften und besonders Schleppliften durchzogen, die nicht nur einen, sondern sozusagen gleich mehrere ineinander übergreifende Skizirkusse bilden. Hierzu kommen die schneegebahnten Autostraßen zum Campolongopaß und auf das Grödner Joch, die den Skilauf bis zum weitesten Umkreis des Talbeckens leicht zugänglich machen. Von den Sessellifteu sind in erster Linie jener von Corvara auf den Col Alt (1982 m) sowie der von Colfuschg auf den Col Pradat (2025 m) zu nennen. Die große Boé-Seilbahn wurde erst 1972 in Betrieb genommen.

Corvara (1568 m), der Sitz der Gemeinde Ladinia, ist das Zentrum des gesamten Betriebes im Gebiet der Gemeinde Ladinia. Die Fremdenverkehrseinrichtungen sowohl für den Sommer wie für den Winter sind erstklassig (Hallenschwimmbad, Tennis, Bocciaspiel, Miniaturgolf, Bowling, Kinderspielpark, Eislaufplatz, Eisschießen u. a.). In gleicher Weise sind Colfuschg (1645 m) und der zwischen den Hauptorten liegende Weiler Pescosta an diesen Fremdenverkehrseinrichtungen beteiligt.

Die alten, kleinen Gebirgsdörfchen von Corvara und Colfuschg mit ihrer geringen Anzahl von Bauerngehöften, sind heute aus der Flut von Hotels und Fremdenheimen kaum mehr herauszufinden.

Das Kirchlein mit dem berühmten Altarbild

Das alte Kirchlein von Corvara kann auf ein ansehnliches Alter zurückblicken. Fast hundert Jahre vor der Kirche in Colfuschg, nämlich schon im Jahre 1347, wird dieses Kirchlein erwähnt, und um 1452 und 1501 wissen wir von neuen Weihen. Dieses Alter ist erstaunlich bei einem Weiler, der zur damaligen Zeit wohl kaum aus mehr als einem halben Dutzend Bauernhöfen bestanden haben mag. Vielleicht hatte Corvara als Fußpunkt für den Übergang über den Campolongopaß oder den Incisasattel in das Buchensteinische aus dem frühen Mittelalter her mehr Bedeutung, hier mag wohl der rätselhafte Troj Pajan durchgeführt haben, und diesem entlang könnte möglicherweise auch ein Saumweg für die Lieferung von Eisenerzen aus dem Bergwerk von Fursill über das Grödner Joch und hinaus in das Eisacktal gegangen sein.

Eine gewisse Berühmtheit haftet diesem Kirchlein von altersher wegen seines schönen Katharinabildes auf der Tafel des um 1520 entstandenen Flügelaltars an. Um den Meister dieses Bildes kreisten schon seit jeher allerlei Erzählungen und Gerüchte. Manche wollten wissen, das Bild, das die Enthauptung Katharinas darstellt, sei vom berühmten Meister Tizian selbst gemalt worden. Andere wieder schreiben das Kunstwerk einem Schüler Albrecht Dürers zu.

Und schließlich sind viele der Meinung, ein unbekannter venezianischer Maler sei auf der Durchreise durch schlechtes Wetter fast den ganzen Winter über in Corvara an seiner Weiterreise verhindert gewesen und habe das Bild in diesen unfreiwilligen Mußestunden der Kirche zum Andenken gemalt. Die modernen Kunsthistoriker, so Josef Weingartner, lassen das Katharinabild als eine gute und interessante Arbeit gelten, die auf die Zeit um 1520 zurückgeht und der Schule von Albrecht Altdorfer zugeschrieben werden könnte. Der Altar wurde kürzlich restauriert und ist wiederum würdiges Glanzstück von Corvara.

Sonst ist freilich kaum etwas bemerkenswert an dem Kirchlein von Corvara. Früher war seine Lage idyllisch frei am obersten Rand der kleinen Siedlung, allmählich ist es von Hotels und Fremdenheimen eingepfercht worden. Doch noch immer bedeutet es einen beschaulichen, kleinen Ruhepunkt in dem hektischen Getriebe zu Sommers- und Winterszeiten im Kurort Corvara. Wie eine kleine, mahnende Erinnerung steht der spätgotische Bau mit seinen Spitzbogentüren und -fenstern, seinem dreiseitigen Chorabschluß und dem Turm mit seinen Spitzbogenfenstern und dem originellen Abschluß mit Achteck- und Spitzdach da.

Die neue Pfarrkirche zum hl. Herzen Jesu wurde 1959 nach Plänen von Erich Pattis in Bozen erbaut. Sie steht etwas tiefer und in die Mitte des immer stärker anwachsenden Dorfes gerückt. Die Hochaltarplastik Herz Jesu wurde von Johann Mersa aus Brixen gefertigt. In der Seitenkapelle ist ein barockes Kruzifix zu sehen.

Colfuschg hat eine hübsche Kirche, die besonders durch die gewaltige Landschaft, in die sie gestellt ist, bemerkenswert wird. Die Pfarrkirche zum hl. Vigilius in Colfuschg wird 1418, also später als jene von Corvara, erwähnt. Colfuschg war kirchlich und gerichtsherrlich noch ein Teil des kleinen Gerichtes Wolkenstein, das über das Grödner Joch herüberreichte. So blieb die Kirche von Colfuschg bis in neuester Zeit eine Kuratialkirche der Urpfarre Lajen bzw. danach der Pfarre St. Christina. In den Spitzbogentüren und -fenstern sowie dem Langhaus über Wandpfeilern drückt sich der spätgotische Charakter des Baues aus. Der polygonal abschließende Chor, dann der Turm mit Spitzbogenfenstern und einer Zwiebelkuppel kamen bei einer Erweiterung im Jahre 1620 dazu. Die Inneneinrichtung ist neugotisch. Am Hochaltar ein Maria-Hilf-Bild aus dem Ende des 18. Jahrhunderts. Die Statuen der Hl. Kassian und Vigilius stammen wohl aus der Schule von Dominikus Moling.

Die damals kleinen, weltabgeschiedenen Weiler im obersten Gadertal haben im vorigen Jahrhundert zwei Männer hervorgebracht, die sich um das ladinische Volkstum sowohl als auch um die wirtschaftliche Entwicklung hervorragende Verdienste erwarben.

Dr. Johann Baptist Alton (1845—1900) wurde als einfacher Bauernsohn in Pescosta geboren und konnte mit seinen überdurchschnittlichen Geistesgaben Gymnasium und dann die Universität in Innsbruck absolvieren. Als Professor für die klassischen Sprachen lehrte er an verschiedenen Gymnasien des alten Österreich und wurde schließlich zum Direktor des Obergymnasiums in Rovereto ernannt. Dort wurde er im Alter von 55 Jahren meuchlings ermordet. Im Friedhof von Colfuschg haben ihm Freunde ein Denkmal errichtet. Alton war ein hervorragender Kenner der Geschichte, Kulturgeschichte, Sagen und Überlieferungen Ladiniens. Sein Wissen fand einen Niederschlag in seinem 1879 erschienenen Werk „Die ladinischen Idiome in Enneberg, Gröden, Buchenstein und Fassa", einer vergleichenden Sprachlehre der ladinischen Dialekte, und ein Jahr darauf mit dem erklärenden Ausbau dieses Themas in der Veröffentlichung „Beiträge zur Ethnologie von Ostladinien". Sehr bekannt wurde auch sein Buch „Rimes ladines", Gelegenheitsgedichte, die meist Begebenheiten aus Kriegszeiten und dem ländlichen Frieden der Heimat, ferner Sagen und Märchen behandelten.

Die wirtschaftliche Entwicklung von Corvara zu einem europabekannten Fremdenort ist zum größten Teil Verdienst von Franz Kostner (1877—1968). Er stammte aus einer kleinbäuerlichen Familie, wurde später ein hervorragender und beliebter Bergführer, der an alpinen Auslandsexpeditionen in den Tianschan teilnahm und schließlich als Besitzer des kleinen Gasthofes „Post-Zirm" den Grundstein für den Aufschwung im Fremdenverkehr legte. Im Ersten Weltkrieg wurde Franz Kostner durch das Vertrauen seiner Landsleute zum Kommandanten des Standschützenbataillons Enneberg ernannt und kämpfte mit diesem durch drei Jahre an seiner ladinischen Heimatfront.

Als gründlichster Kenner und guter Berater in allen Dingen leitete Franz Kostner bis in seine letzten Lebensjahre den wirtschaftlichen Aufschwung der Gemeinde Ladinia. Ihm gebührt für seine hervorragenden Verdienste durch mehr als ein halbes Jahrhundert ein dauerndes Gedenken. Der Südtiroler Alpenverein hat ihm die Ehrenmitgliedschaft verliehen.

Campolongosattel — die grüne Schwelle ins Buchenstein

Der liebliche Wiesensattel unter den Pässen Ladiniens

Unter den vier Jöchern und Pässen, die mit befahrbaren Straßen den Sellastock, die Gralsburg Ladiniens, begrenzen, nimmt der Campolongosattel eine Ausnahmestellung ein. Er ist mit seiner Höhe von 1875 m der niederste unter ihnen, aber auch sein Gelände, seine Formung, alles weicht hier von den andern ab. Seine Rampen sind sehr bequem, denn von den beiden Talorten, die er verbindet, nämlich Corvara nördlich und Arabba südlich, sind sie die kürzesten; jede von ihnen mißt nur vier Kilometer und die ganze Strecke von einem Ort zum andern ist hervorragend ausgebaut. Der Campolongosattel wurde als Übergang erst durch die Erbauung der ersten Fahrstraße im Jahre 1901 sozusagen geboren. Denn der alte Karrenweg als Verbindung zwischen dem Gadertal und Buchenstein führte früher oberhalb Corvara abzweigend nicht über dem Campolongosattel, sondern weiter östlich über den Sattel von Incisa und südlich über die Weiler Cherz und Corte in das Zentrum von Buchenstein hinein.

Der Campolongosattel ist weniger alpin als die andern Rundpässe um die Sella, er ist weit offen und in herrliche Almen, Wiesen und flache Mattenflächen mit einzelnen Baumgruppen und Waldstreifen eingebettet. Sogar die Felsen der Sellagruppe treten hier weit zurück, sie zeigen nicht mehr ihre charakteristischen Wandbildungen, sie öffnen hier sozusagen eine aufgelöste, offene Flanke, die auch das Eindringen von dieser Seite leichter und abwechslungsreicher ermöglicht. Die östliche Einrahmung des Campolongosattels bildet keine Felsgruppe, sondern hier schließen die weiten, gewellten Almgebirge des Cherzplateaus und weiter der Pralongiá an.

Ein einziges großes Berghotel steht auf dem Campolongosattel (und knapp weiter südlich ist ein kleines Unterkunftshaus entstanden). Für den Hochtouristen und Kletterer ist hier wenig zu holen, für den tüchtigen Bergwanderer, der bis in die Felsregionen vorstoßen will, bietet nur die Flanke der Sellagruppe einige hervorragend schöne Möglichkeiten. Vor allem ist der Campolongosattel ein unerschöpfliches Reich für den alpinen Spaziergänger, der Wanderungen durch Bergwiesen und über Matten bevorzugt. Die verhältnismäßig niedere Lage des Passes und seiner nächsten Umgebung beschränkt auch instruktivere Fernsichten. Der weitgezogene Felsstock der Sella riegelt gegen Westen jede Sicht ab. Gegen Norden hat sich der so viel gerühmte Blick auf das Talbecken von Corvara mit dem gewaltigen Horn des Sass Songher verloren, nach Süden endlich stellt sich wie eine schwarze, zerrissene Felsmauer der zerzackte Padonkamm vor die Schönheiten der Marmolata, die nur mit ihrer weißglitzernden Krone über ihn hereinlugt. Auch gegen Osten ist das Gebiet weithin von den eher sanften Geländeformen der Col-di-Lana-Gruppe ausgefüllt und erst hinter dieser tauchen mit mächtigen Ketten und Felshäuptern die Berge des Gadertales, der Fanis- und Tofanagruppe auf. Erst bei Spaziergängen über die Mattenhochfläche von Cherz und weiter hinüber zum Kamm des Almgebirges von Pralongiá öffnet sich das Gelände und gibt mehr Rundblick. Gerühmt wird hingegen die entzückende Almflora, vor allem der Bergwiesen, die gegen Corvara abfallen, und die vor der Mahd ein einziges Blumenmeer sind.

Die aufgelöste Ostflanke der Sellagruppe aber gehört dem tüchtigen Bergwanderer. Die Ersteigung des Piz Boé vom Campolongo aus gehört zu einer der schönsten Hochgebirgswanderungen in Ladinien. Im mittleren Teil vereinen sich die Wege, die von Corvara heraufkommen, und hier ist es wiederum ein kleines Juwel, dessen Anblick jeden bergfreudigen Menschen entzücken wird: der berühmte Boé-See. Er ist eines der größten Seenwunder in den Dolomiten. Rund wie ein Meerauge ruht er ohne sichtbaren Zu- und Abfluß wie zu einem klaren Spiegel erstarrt, in dem sich die düsteren Wände nahe an seinen Ufern zu einem märchenhaften und geheimnisvollen Bilde brechen.

Durch die bereits erwähnte Großseilbahn ab Corvara, die ihre Bergstation unweit vom See hat, ist der Friede dieser Fluren nun allerdings bedroht, doch liegt der See immerhin noch ein wenig abseits. — Ab hier führt ein Doppelsessellift weiter auf den Vallon (2525 m), von wo aus sich eine Reihe von Wanderungen und großartigen Skiabfahrten anbietet. — Die alte Vallonhütte, 1913 von der Sektion Bamberg des DuÖAV gerade noch unter Dach gebracht, wurde im Ersten Weltkrieg zur Ruine.

Fassatal

Grenzen und Geschichte der Talschaft Eves

Ladinisches Land am Oberlauf des Avisio

Unsere Kenntnisse über die vorrömischen Urbewohner der Alpen gründen sich, wie bereits erwähnt, in weitem Maße auf die Inschriften des Tropaeum Alpium, eines römischen Siegesdenkmals, das heute noch halb verfallen in den Berghängen nördlich von Nizza zu sehen ist. Daß die dort eingemeißelten Namen der Volksstämme dieser Urbewohner nicht einer gewissen Genauigkeit entbehren, können wir daraus ersehen, daß sich einzelne der Namen bis in unsere Zeit herübergerettet haben und zweifellos als solche erkennbar sind.

Der auf dem Tropaeum Alpium verzeichnete Name des Volksstammes der Vanienses wurde von einzelnen Wissenschaftlern auf die Urbewohner des Fassatales bezogen. K. F. Wolff wendet sich entschieden gegen diese Annahme, die Vanienses seien mit den Ur-Fassanern gleichzusetzen. Er hält dafür, dieser Name könne sich nur auf die Urbewohner des großen Gebirgsstockes zwischen Cortina d'Ampezzo und Enneberg, der Hochfläche von Fanes, beziehen. Die weitgedehnten Hochalmen waren nach seiner Meinung einmal dicht besiedelt, und zwar von dem rätselhaften Volksstamm der Fanes, die er mit den Vanienses der Römer identifiziert.

Damit bleibt die Frage nach der Zugehörigkeit der Ureinwohner des Fassatales vorläufig unbeantwortet, seien es nun die Vanienses gewesen oder Völker unbekannten Namens. Ein weiteres ungelöste Rätsel verbleibt, ob neben Jllyrern auch Ligurer, Euganeer und Etrusker an dieser Besiedlung beteiligt gewesen sind. Die Meinungen darüber gehen stark auseinander.

Ein zweites ungedeutetes Problem bildet die Kolonisierung, welche die Römer nach ihrem Vordringen durch die Alpen im Jahre 15. v. Chr. in diesen Gebirgsräumen betrieben haben. Die Herrschaft der Römer dauerte rund ein halbes Jahrtausend. Es ist nur allzu verführerisch anzunehmen, in dieser Zeit seien römische Besatzungstruppen oder Militärkolonisten auch in die Seitentäler eingedrungen und hätten so die Romanisierung dieser

Volksstämme bewirkt. Tatsächlich sind in diesen fünf Jahrhunderten sprachlich aus den Urstämmen Rätoromanen geworden. Im Gegensatz dazu sind an den Heerstraßen, die von römischen Truppenverbänden ständig durchzogen wurden, nämlich im Etsch- und Eisacktal und über den Alpenkamm, nur wenige römische Siedlungen nachzuweisen.

Mehr als ein unwirtliches Etappengebiet scheinen die Alpen für die Römer nie gewesen zu sein. Dem steht daher als schwer erklärbar gegenüber, wie sich die Romanisierung der Ursprachen der Räter innerhalb dieser Zeit vollzogen hat. Aus den Rätern waren die Rätoladiner geworden oder, wie man in neuerer Zeit sich wissenschaftlich genauer ausdrücken will, die Alpenromanen.

Dauernde Ansiedlung von römischen Kolonisten oder Veteranen scheint in Fassa auf keinen Fall stattgefunden zu haben. Alle Hinweise dafür fehlen, man hat keine Spuren von römischen Gebäuden entdeckt, es fehlen Funde von römischen Waffen oder Münzen. Auch die Zeit der Völkerwanderung scheint ziemlich spurlos an der Bevölkerung dieser entlegenen Alpentäler vorbeigegangen zu sein. Noch unter der römischen Herrschaft, sicherlich aber bald danach, scheinen die Nachkommen der Räter, die wir nun als Ladiner bezeichnen, in ihren abgelegenen Bergtälern vielfach selbständige Gemeinden oder Gaugemeinden gebildet und ziemlich unabhängig und frei gelebt zu haben.

Der hl. Lukan als erster Glaubensbote

Erst mit dem Beginn der Christianisierung scheint sich eine geschichtliche und politische Umgliederung abgezeichnet zu haben. Der Überlieferung nach war es der hl. Lukan, der als Glaubensbote in das Fassatal kam, nachdem angeblich vor ihm schon einige Missionäre gesteinigt worden waren. Aus dieser Überlieferung über die Tätigkeit des hl. Lukan scheinen sich doch geschichtliche Tatsachen herauszuschälen. Der hl. Lukan war angeblich Bischof auf Säben, einem der ersten Bischofssitze in den Alpen, und mußte wegen der Unbotmäßigkeit seiner Gläubigen fliehen.

Dieser Überlieferung könnten historische Tatsachen zugrunde liegen. Denn ein Bischof besaß damals sicherlich nicht die überragende Stellung wie in späteren Zeiten, vielleicht war er überhaupt nur ein primus inter pares, und die Auslegung der Heiligen Schrift und die Art der Missionierung waren vielleicht so verschieden, daß sich andere Glaubenseiferer sicherlich in gutem Willen gegen ihren Bischof auflehnen konnten.

Die Legende erzählt, die Rebellion gegen den hl. Lukan sei entstanden, weil er zur Zeit einer Hungersnot den Gläubigen gestattete, während der 40tägigen Fastenzeit Milchspeisen zu essen. Daß ein eifriger Glaubensbote wie der hl. Lukan im 5. Jahrhundert nach Rom zum Papst reiste, um diesen Zwiespalt zu klären, erscheint sehr gut möglich. In rührender Weise wird allerdings die Reise des hl. Lukan nach Rom ausgeschmückt. Nachdem ein Bär sein Pferd zerrissen hatte, zähmte er diesen Bären und ritt auf ihm weiter. Und als er in Rom vor dem Papste erschien, da legte er seinen Mantel ab und hing ihn an einem Sonnenstrahl auf, der in das Gemach fiel. Daran soll der Papst erkannt haben, er habe es mit einem heiligmäßigen Glaubensboten zu tun und sandte ihn wieder nach Säben zurück.

Doch diese Spaltung unter den ersten Christen im Eisacktal scheint noch weiterhin angedauert zu haben. Der hl. Lukan wurde ein zweitesmal gezwungen, seinen Bischofssitz zu verlassen und zog sich darauf über den nach ihm benannten Luganer Paß aus dem Etschtal in das Fleimstal und weiter in die Gegend von Agordo zurück. Noch heute soll das Kirchlein auf dem Paß an diesen Durchzug des hl. Lukan erinnern. Daß er auf dieser Reise, die vielleicht viele Jahre gedauert hat, auch in das Fassatal vorgedrungen ist und dort sein Bekehrungswerk entfaltete, wäre keinesfalls undenkbar.

Der Legende nach zog sich Lukan in seinen letzten Lebensjahren in das wilde Schlangental, das oberhalb von Agordo aus der Palagruppe herauszieht, zurück und lebte dort als Eremit bis zu seinem Ende.

Eine vielleicht nicht unwichtige Parallele zu dieser Legende kann man in der Tatsache erblicken, daß das Fassatal später kirchlich ganz unter die Herrschaft des Hochstiftes Brixen kam, obschon geographisch die Zugehörigkeit zum Hochstifte Trient eher gegeben wäre.

Fassa unter der Herrschaft des Hochstiftes Brixen

Die erste Urkunde, welche die Zugehörigkeit des Fassatales zu dem Gebiet des Hochstiftes Brixen belegt, stammt aus dem Jahre 1050. In ihr werden ziemlich genau die Grenzen zwischen den Hochstiften Brixen, Trient und Belluno gezogen. Durch die schwierige Auslegung einiger Örtlichkeits-, Flur- und Bergnamen war es lange Zeit nicht klar, ob die Ortschaft Moena in das brixnerische Gebiet einbezogen war. Heute nun scheint fast sicher festzustehen, daß die Grenze oberhalb von Moena bei dem Weiler Soraga verlief und Moena selbst zur Talgemeinschaft von Fleims gezählt wurde.

Der Name Fassa scheint in alten Urkunden als Eves, Evas, Eveys und noch in anderen Formen auf. Die gebräuchlichsten sind Eves und Evas. Die Grenzen dieser geschlossenen Talgemeinschaft waren durch das genannte Dokument gegenüber dem Hochstift Trient ziemlich genau festgelegt. Ebenso waren die Grenzen gegen die Gerichte Karneid und Steinegg am Karerpaß niemals umstritten. Auch wegen der Gemarkungen gegen das Gebiet der Republik Venedig, die jenseits der Marmolatagruppe sich ausdehnte, gab es kaum größere Streitigkeiten. Diese Grenze, die aus dem Gebiet des San-Pellegrino-Passes durch völlig unfruchtbares Felsgebiet der südlichen und westlichen Marmolataberge zog, gab hierzu auch kaum Anlaß.

Daß der Berg Valcada (Falcade) samt Weide, Wiese und Wald ein Lehen des Hochstiftes Brixen an das Riegel Soraga der Gerichtsgemeinde Fassa war, darüber liegen seit 1579 Urkunden vor. Sicherlich ist dieses Lehen aber weit älter. Interessant dabei ist, daß dieses Gebiet von Soraga aus nur durch tridentinisches Gebiet über Moena zu erreichen war. Man hat bisher angenommen, die Fassaner hätten sich hier seit frühesten Zeiten Weiderechte angemaßt und diese seien dann gewohnheitsrechtlich geworden.

Merkwürdig erscheint jedoch, daß der oberste Teil des Bioistales in unbekannt früher Zeit deutsch besiedelt worden ist, was noch heute aus zahlreichen Personen- und Flurnamen in Falcade erwiesen werden kann. Vielleicht handelt es sich hier um eine gänzlich vergessene Einwanderung von Bergknappen, die sich dann ansässig machten und durch die Grenze auf der Wasserscheide zum Gebiet der Republik Venedig geschlagen wurden.

Sogar durch den Gebirgsstock der Marmolata, der mit seinen höchsten Spitzen bis weit über dreitausend und im Gipfel der Punta Penia auf 3344 m ansteigt, ferner über den Fedajasattel am Fuße der Marmolata wurden die Grenzen mit einer Genauigkeit vermarkt und angegeben, daß sie bis heute kaum Korrekturen erfahren haben. Diese Grenzen von Fassa gegen das venezianische Gebiet wurden im Jahre 1778 durch eine Kommission neu bestätigt, und diese Grenzsteine bezeichneten wie früher die Reichsgrenze gegen Venedig seit 1810, beziehungsweise 1814—1866, die Provinzgrenze zwischen Tirol und Venetien und nach dem Verlust von Venetien von 1866—1918 wieder die Reichsgrenze zwischen Österreich und Italien. Heute verläuft hier die Grenze zwischen den Provinzen Trient und Belluno. In einem Urbar des Hochstiftes Brixen aus dem Jahre 1253 wird Fassia erstmals erwähnt. Das Tal muß damals schon ziemlich dicht besiedelt gewesen sein, denn es war ein wichtiges Urbaramt des Hochstiftes, und die Abgaben waren verhältnismäßig hoch. Auch verschiedene deutsche Dienstmannengeschlechter der Bischöfe von Brixen, so die Herren von Hauenstein, Velseck und Säben hatten damals im Tale schon Besitz. Der Bischof von Brixen war Territorialherr der Talgemeinde Fassa, was sich aus mehreren Urkunden um die Jahrhundertwende des 13. Jahrhunderts ergibt. Trotzdem bildete Fassa einen Gebietssprengel, dessen Vertretung auffallende Selbständigkeit genoß und mit anderen Talschaften und Gerichten, so Fleims, Primör und Steinegg Verträge abschließen konnte. Der sogenannte Maier übte als bischöflicher Beamter die grundherrschaftliche Gerichtsbarkeit im Tale aus. Der Propst war der oberste Verwalter des gesamten Urbarbesitzes des Hochstiftes Brixen. Bis zum Jahre 1691 übte das Hochgericht zu Brixen die hohe Gerichtsbarkeit aus. Erst später wurde über Verfügung des Fürstbischofs die Errichtung eines eigenen Galgens in Fassa verfügt und die Malefizgerichtsbarkeit dortselbst ausgeübt.

Mit der Säkularisierung des Fürstentums Brixen endete die Herrschaft des Hochstiftes über das Fassatal. Es wurde dem tirolischen Eisackkreis zugeteilt. 1810 wurde es zum Königreich Italien geschlagen und dem Department Alto Adige mit dem Gericht Cavalese unterstellt. Nach dem Ende der napoleonischen Herrschaft stellte die österreichische Regierung das Landgericht Vigo di Fassa (ladinisch: Vic) wieder her und teilte es dem Kreis Trient zu. Zu gleicher Zeit wurde 1818 auch die Abtretung des Fassatales von Brixen an das Bistum Trient veranlaßt. Zum Unterschied von allen andern ladinischen Gebieten wurde das Fassatal ein Teil von Welschtirol oder dem Trentino. Dabei ist es verblieben, und seit 1919 gehört das Fassatal zur Provinz Trient. Es besteht aber unter den Fassanern eine starke Bewegung, die eine Vereinigung aller ladinischen Täler und eine Lostrennung von Trient fordert.

Landschaft zwischen Dolomitfels und Eruptivgestein

Idyll und Lieblichkeit von Sagen und Märchen umkränzt

Immer schon wurde unter allen ladinischen Landschaften das Fassatal als das lieblichste gerühmt. Sanft ansteigend, den Talgrund von Wiesen und Äckern ausgebettet, die Talhänge waldig, so entbehrt das Fassatal fast in seinem ganzen Lauf bis zum Talschluß einer gewissen dolomitischen Monumentalität. Die mächtigen Dolomitmassen der Rosengarten- und Langkofelgruppe einerseits, der Ausläufer der Marmolatagruppe andererseits, die es begleiten, treten sozusagen in die zweite Kulisse zurück und geben einer vulkanischen Zone Raum, die das Haupttal und seine Nebentäler formen. Erst im Talschluß rücken diese Dolomitgruppen durch die Sellagruppe näher zusammen. Daraus ergibt sich, daß man vom Tale aus nur an einigen Stellen durch Taleinschnitte prächtige Blicke auf die kühnen Gestalten dieser Dolomitgruppen hat. Alle die kleinen Nebentäler, die aus der Rosengartengruppe münden, vom Vajolon- und Vajolettal über das Val Udai, das Valbona und das Durontal, weisen diesen Charakter auf. Noch mächtiger tritt diese vulkanische Gesteinsmasse östlich und südöstlich des Tales auf, wo die unter dem Namen Buffaurestock bekannt gewordenen Berggebiete zwischen Val San Nicolò und Fassatal eingelagert sind. Sie bilden den Auslauf der großen Eruptivzone von Predazzo, die einst der große Geologe L. von Buch den „Schlüssel zur Geologie" genannt hat.

Das Fassatal ist auch das Tal der Sagen, Märchen und Rätsel. Hier hat K. F. Wolff am meisten Gut zu seiner reichen Sammlung gefunden. Reich und vielfältig sind die Sagen von den Ureinwohnern, den Bregostanes und ihren Weibern, den Bregostenes, hier hörte Wolff noch Bruchstücke von der rätselhaften Sage der reichen Gräfin Doleda und dem Prinzen Lidsanél, in das Fassa werden die Überlieferungen von den rätselhaften Arimanen verlegt, fremder Söldner, die im Sold der fassanischen Bevölkerung die Grenzen schützten und Heldentaten in den Trusanerkriegen vollbrachten.

Weiler und Orte von Soraga bis Penia

Die Große Dolomitenstraße erschließt das einsame Tal

Wenn man auf der Straße aus dem Fleimstal her nach Moena den kleinen Weiler von Soraga (1209 m) erreicht, betritt man das ladinische Fassatal. Diese Grenzziehung geht bereits auf das bekannte Dokument von 1050 zurück. Mit prachtvollem Blick auf die Langkofelgruppe und andere Bergzüge, deren heller Fels gegen das dunkle Grün der Wälder und die schönen, weiten Wiesengründe idyllisch kontrastieren, gelangt man zur Häusergruppe von San Giovanni (1336 m), wo die Große Dolomitenstraße vom Karerpaß kommend in die Talsohle einmündet.

Etwas erhöht an der südlichen Talseite und einen Kilometer auf der Dolomitenstraße entfernt, liegt der größere Ort Vigo di Fassa (1391 m, ladinisch Vic). Er ist in die breiten, sanften Wiesenhänge hingebreitet, die nördlich von den Zacken der Rosengartengruppe begrenzt werden, während talseitig gegenüber die Berge des Mesdístockes über Waldhängen aufragen. Vigo di Fassa zeigt das typische Bild eines alten Bauerndörfchens, das durch die vielen Neubauten für den Fremdenverkehr sein Gesicht stark verändert hat. Besonders als Sommerfrischort ist Vigo sehr beliebt und besucht, doch zeigen sich auch rege Ansätze von Wintersport.

Mitten im Dorf liegt die Talstation der neuen Seilbahn auf den Ciampedie (1992 m), einen zentralen Aussichtspunkt auf das untere Fassatal und seine Bergwelt und besten Ausgangspunkt für Wanderungen in das Vajolettal zur Gardeccia und weiter zur Vajolethütte, mitten im Zauberreich des Rosengartens.

Auf halbem Wege zwischen der Häusergruppe von San Giovanni und Vigo steht die Pfarrkirche zum hl. Johannes, deren gotischer Bau aus dem 15. Jahrhundert mit schönen Portalen und einem auffallend hohen und spitzen Turm bemerkenswert ist. Im Inneren des dreischiffigen Langhauses, bei dem die ungewöhnlich schmalen Seitenschiffe auffallen, sind leider schon stark verdorbene Fresken aus dem 16. Jahrhundert zu sehen, ferner ein Taufbecken aus dem Jahre 1538, mit einer Inschrift, die als Erbauer der Kirche einen Silvestro Soldá nennt, der ein Truppenführer Kaiser Karls V. in den Türkenkriegen war. Schon 962 stand hier eine Kapelle, über der die Kirche errichtet wurde. Dies dürfte in der ersten Hälfte des 13. Jahrhunderts geschehen sein. Der erste Pfarrer war urkundlich 1228 ein Deutscher, namens Gottschalk. Tatsächlich befindet sich unter der heutigen Kirche die Apsis eines früheren romanischen Kirchenbaues.

Das Heiligtum von Sant'Ujana

Als interessante Sehenswürdigkeit liegt oberhalb Vigo di Fassa, dort, wo die Wiesen zuhöchst hinaufreichen, in wunderbar aussichtsreicher Lage auf einem Hügel, das alte Kirchlein, das der hl. Juliana geweiht ist. Seit eh und je gilt es in der Überlieferung der Fassaner als das älteste Gotteshaus des Tales. Schon die abseitige, einsame Lage des Kirchleins und der Hügel auf dem es thront, deuten darauf hin, daß früher schon eine Kirche oder Kapelle oder eine befestigte Wehranlage aus vorgeschichtlicher Zeit bestanden hat. Außerdem gilt die hl. Juliana, von den Ladinern Ujana genannt, als die Beschützerin des Tales und Schutzpatronin der Krieger. Außer dem sehr alten Presbyterium stammt der heutige Bau von 1519 und hat einen schlanken, spitzen Turm mit drei- und vierteiligen Fenstern. Das Innere zeigt hochinteressante Fresken aus der Brixner Schule um 1460, darunter eine besonders schöne Heilige Dreifaltigkeit. Der große Schatz dieses Kirchleins aber ist der Hochaltar von Georg Artzt von 1517, ein Meisterwerk der Bozner Schule. Die Seitenaltäre sind Werke aus der deutschen Renaissance um 1616. Nahe der Kirche findet sich eine gotische Kapelle, die profaniert ist, und ein kleines, barockes Kirchlein mit zahlreichen Fresken.

Von Interesse ist ferner die malerische Casa Soldá in der Nähe der Pfarrkirche, in der ein Raum mit zahlreichen Fresken aus dem 16. Jahrhundert zu sehen ist. Diese Fresken zeigen Motive aus den Türkenkriegen, an denen, wie bereits erwähnt, Silvestro Soldá als Truppenführer teilgenommen hat.

Weniger als einen Kilometer talaufwärts liegt auf der Talsohle und an der Dolomitenstraße der Ort Pozza di Fassa (1310 m), rund 900 Einwohner. Er ist der bedeutendste unter den vier Orten, die sich in der Talweitung hier nahe zusammendrängen. Pozza di Fassa ist ebenfalls als Sommerfrischort sehr beliebt. Auf der anderen Seite des Avisio liegt die kleinere Ortschaft Méida, direkt an der Mündung des San-Nicoló-Tales, in dessen Hintergrund die schöne felsige Cima di Costabella (2750 m) aufragt, die im Ersten Weltkrieg stark umkämpft war. Von Méida führt ein Gondellift auf das Buffaureplateau (2020 m) und erschließt mit einigen Schlepppliften von der Bergstation aus ein hübsches Skigebiet.

Südöstlich wird das Talbecken von Pozza durch die Monzonigruppe eingerahmt, die geologisch hochberühmt ist. Schon Alexander von Humboldt, der berühmte Naturforscher, hat diese Berge als „den Schauplatz der großartigsten geologischen Revolutionen" bezeichnet. Granitische und porphyrische Gesteine durchsetzen sich gegenseitig; Kalkbrocken führende, grüngraue Tuffe liegen zwischen dunklem Melaphyr und hellem Triaskalk, daneben oft ein dioritähnliches Gestein, der bekannte Monzonit in den verschiedensten Ausbildungsformen. Auch prächtige Mineralien, wie sie in ähnlicher Mannigfaltigkeit nirgends sonst im Lande gefunden wurden, gibt es in dieser Berggruppe (H. Delago).

Die Monzonigruppe wird vom Monzonital durchzogen, in dessen Talschluß das Rif. Taramelli (2046 m) liegt, das besonders von Geologen besucht wird. In der Nähe befindet sich ein alpiner Steingarten.

Pera am Fuße der Rosengartengruppe

Wieder nur einen Kilometer weiter talein liegt der kleine Weiler Pera (1313 m), eine malerische Ortschaft mit einigen Hotels und Pensionen. Der Name rührt von dem riesigen Felsblock her, an den das Hotel „Rizzi" angebaut ist. Der eigentliche Kern des Dörfchens liegt knapp vor der Mündung des Vajolettales aus der Rosengartengruppe. Über bewaldete Talhänge treten deren kühne, vorspringende Felszinnen immer näher an die Talfurche heran.

Der Charakter der fassanischen Landschaft ist hier ringsum besonders ausgeprägt, er fußt auf den Gegensätzen zwischen den dunkelgefärbten und der Vegetation günstigen Eruptivgesteinen, Mergeln und Sandsteinen auf der einen und den hellen, nackten, bis hoch in die Schneeregion hineinragenden Kalken auf der anderen Seite.

Pera liegt an der Mündung des berühmten Vajolettales, das bis in das Herz der Rosengartengruppe hinanzieht. Auf einem schmalen Sträßchen erreicht man den herrlichen Talboden von Gardeccia (1963 m) mit mehreren Berghäusern, einen der schönsten Bergwinkel in den Dolomiten. Hier ragt die Nebengruppe von Larsec in kühnen, wildzerrissenen Spitzen auf, die mächtige schwarzgestriemte Ostwand des Rosengartens rahmt das Tal nördlich ein. Von hier aus erreicht man in einer Gehstunde die bekannte Vajolethütte (früher der Sektion Leipzig des DuÖAV, 2245 m) und daneben die Preußhütte des bekannten verstorbenen Dolomitenführers Tita Piaz.

Die Rosengartengruppe ist nicht nur wegen ihres ungemein verschiedenartigen Aufbaues aus Bergriesen, sondern auch durch jene berühmten Turmgestalten von Vajolet, die zu den eigenartigsten Felsbildungen in den Dolomiten gehören, bekannt. Hiezu kommt die wunderbare Verfärbung der Felszinnen bei Sonnenauf- und -untergang, das berühmte Alpenglühen, das in der Rosengartengruppe besonders schön und eindrucksvoll zu sehen ist. Die Berge des Rosengartens sind von altersher ein Reich zahlreicher Legenden und Überlieferungen. Man kann sagen, daß die Rosengartengruppe, gleich wie sie aus allerschönsten Zinnen aufgebaut ist, auch von den schönsten ladinischen Märchen und Sagen umwoben wird.

Während taleinwärts das mächtige Felsgerüst des Langkofels mit seinen Trabanten immer mehr von den Talhängen verdeckt wird, erscheint im Talschluß rechts vom charakteristischen, kuppenförmigen Col Rodella die Felsbastion der Sellagruppe mit dem tiefen Einschnitt des Val Lastíes. Es folgt der kleine Ort Mazzin (1372 m), ein Weiler an der Mündung des sagenreichen Val Udai in der Rosengartengruppe mit dem Udaibach, der aus dem schönen Antermojasee mitten aus dem Felsenreich des Rosengartens kommt.

Der mächtige Felsblock des Sass Pordoi, dessen wie mit einem Messer geschnittene Steilwände von einem charakteristischen Felsband waagrecht in halber Höhe durchzogen werden, rückt von rechts in die Talsicht ein. An der Pordoispitze schließt die weite Einsattelung des Pordoijochs an. Deutlich ist auf der Pordoispitze (Sass Pordoi) die Bergstation der Seilbahn vom Pordoijoch hinauf zu erkennen.

Es folgen das kleine Straßendörfchen Campestrin an der Mündung des Donátales aus der Rosengartengruppe und der über Wiesen zerstreute Ort Fontanazzo (1395 m).

Campitello an der Mündung des Durontales

Mit Campitello di Fassa (1448 m), erreicht man schon einen weit im Talinnern gelegenen, wichtigeren Ort, der als Sommerort und Wintersportplatz immer mehr an Bedeutung gewinnt. Neben den zahlreichen Neubauten sind noch altertümliche ladinische Häuser und Gehöfte zu sehen. Hier mündet von Nordwesten das schluchtartige Val Duron, das in weitem Bogen vom Grenzkamm gegen die Seiser Alm herunterzieht und die nördliche Begrenzung der Rosengartengruppe bildet. Über den Talausschnitt der Duronmündung zeigt sich ein

charakteristisches, eindrucksvolles Felsbild: der südliche Teil der Langkofelgruppe mit den Dreitausendern der Grohmannspitze, des Innerkoflerturms und Zahnkofels sowie des massigen Plattkofels.
Die Besiedlung der Gegend um Campitello muß schon sehr früh erfolgt sein, denn eine Schenkungsurkunde an das Chorherrenstift Neustift bei Brixen aus dem Jahre 1144 spricht schon von „locum Vundenates in Nevis", nämlich der Gegend um Fontanazzo in Fassa in der Nähe von Campitello. Die Kirche von Campitello zu den Hl. Philipp und Jakob ist an der Stelle einer früheren Kirche „S. Jacobi apostoli in Compadel (Campitello)" im Jahre 1525 erbaut worden. Im Innern sind einige Fresken zu sehen. Besonders auffallend wirkt der seltsame, zinnengekrönte Turm.
Eine Fahrt mit dem Sessellift von Campitello bis knapp unter den Col Rodella (2389 m) ist sehr lohnend. Der Col Rodella (2486 m) gilt als einer der zentralsten Aussichtsberge in den Dolomiten. Die Rundsicht vermittelt eine Mischung von großartigen Nahbildern in das Fassatal und auf die umliegenden Felsgruppen mit einer weiten Schau in die Dolomiten hinein und bis zum Alpenhauptkamm (Ötztaler Alpen).
Schließlich ist der Col Rodella Ausgangspunkt für eine reiche Anzahl von schönen Wanderungen im Gebiet der Langkofelgruppe und des Sellajochs.

Canazei — Straßenknotenpunkt im Talschluß

Canazei (1465 m), rund 1400 Einwohner, ist der Hauptort und wichtigste Fremdenplatz im Talschluß von Fassa. Der Ortskern drängt sich eng entlang der Straße an den nördlichen Talhang, wo von links das schmale Val d'Antermont aus der Sellagruppe mündet. Ein imposanter, felsiger Bergkranz mit dem Sass Pordoi, Gran Vernèl und Colláz umringt den engen Talkessel von Canazei. Die fast ebene Talsohle zieht noch einige Kilometer einwärts zu den Weilern Alba und Penia am Fuße der Marmolatagruppe, wo von Osten das Fedajatal mündet und von rechts das weite Contrintal mit einer waldigen Talstufe absetzt.
Canazei ist ein starkbesuchter Sommerplatz und weist regen Wintersportbetrieb auf. Es ist der Talort für die vielbefahrenen Dolomitenpässe rings um die Sellagruppe und hat mit der Fertigstellung der neuen Autostraße zum Fedajasattel am Fuße der Marmolata noch mehr an Bedeutung als Verkehrsknotenpunkt gewonnen.

Ein Sessellift, eine neue Seilbahn (1978) und die schneegebahnte Pordoi-Joch-Straße führen nach Pecol (1933 m), dem eigentlichen, vielbesuchten Skigebiet von Canazei, das von mehreren Sesselliften zum Belvedere erschlossen wird. Die Autostraße nach Fedaja führt über die Weiler Alba und Penia bis zum eigentlichen Talschluß von Pian Trevisan und steigt von dort zum Fedajasattel an. Von Alba abzweigend führt ein Karrenweg über den steilen Talhang in das weitgedehnte, sich fächerartig öffnende Gebiet des Contrintales mit dem Contrinhaus (2016 m, früher Sektion Nürnberg des DuÖAV), das ein ausgezeichneter Stützpunkt für alle Besteigungen in der südlichen Marmolatagruppe und vor allem für die Erkletterung der Südwand der Marmolata selbst und der Begehung ihres gesicherten Westgratweges ist.

Das Tal von Contrin ist durch seine großartige Bergumrahmung einer der prachtvollsten Bergwinkel in Ladinien. Da nur eine einzige Unterkunftshütte, das Contrinhaus, als Stützpunkt vorhanden ist, liegt es auch abseits vom großen Touristenverkehr. Neuerdings wurde dieses Gebiet durch ein Verbot weiterer Verbauung und Erschließung zum Wintersportgebiet vor einer touristischen Überflutung gesichert. Die großartigen Schaustücke des Beckens von Contrin sind die prallen Südwände der Vernèlspitzen, dann die mächtige Südwand der Marmolata, die sich im Profil fast senkrecht über den ungeheuren Schuttreißen des Val Rosalia aufbaut, dann die weicher geformten Kuppen der Ombrettaspitzen und der südlich verlaufenden Berge der Marmolatagruppe.

Ein weites Gebiet für den Bergwanderer tut sich hier auf, unter der Marmolata liegt der vielbegangene Ombrettapaß (2704 m), gegen Süden der Cirellapaß (2682 m), der Übergang zum San-Pellegrino-Paß, ferner die Pässe von San Nicolò und Forcella Paschae, die am Rande des Costabellazuges in das liebliche und einsame Val San Nicolò leiten.

Wie bereits erwähnt, ist das Tal von Contrin selbst von der immer mehr um sich greifenden „Erschließung" bewahrt worden; dafür hat man die Almen von Ciampac, um die Crepa Neigra dem Massenbetrieb geopfert, durch einen großen Lift von Alba aus dorthin. Damit ist ein herrliches Skigebiet eröffnet (Verbindung zu Buffaure möglich) — aber das ist auch das Ende der vielleicht urtümlichsten ladinischen Alm- und Weidegebiete, in denen auch Bauern aus der Bozner Gegend uralte Weiderechte hatten.

Marmolata — die „Königin der Dolomiten"

Fedajasattel zu Füßen des „Vollkommenen Berges"

Der an die drei Kilometer lange Fedajasattel (2048 m), ein ausgeprägter Talpaß, begleitet den Fuß der gewaltigen Nordabdachung der Marmolata in seiner ganzen Länge. Am westlichen Rande beträgt seine Höhe 2040 m, gegen Osten ist er noch etwas höher und steigt bis 2059 m zum höchsten Punkt, der Grenze Ladiniens gegen das Cordevole, heute der Grenze der Provinzen Trient und Belluno, und vor dem Ersten Weltkrieg der Reichsgrenze zwischen Österreich und Italien, an. An seiner nördlichen Seite begleitet ihn in der ganzen Länge der aus schwarzen Eruptivgesteinen geformte Padonkamm, der mit schönen, welligen Matten gegen das Paßtal abfällt. Die Sohle des Fedajasattels war früher mit kargen Schafweiden bedeckt, die teilweise durch Muren des Marmolatagletschers durchzogen waren. Nach dem Zweiten Weltkrieg wurde der westliche Teil des Fedajasattels durch eine hohe Staumauer zu einem Becken gestaut. Das Wasser wird in einem Stollen durch den Berg zu einem E-Werk auf Malga Ciapèla geführt.

Die nach zehnjähriger Bauzeit fertiggestellte Autostraße über den Fedajasattel zweigt, wie bereits erwähnt, in Canazei ab und erreicht über die Weiler Alba und Penia das Schutzhaus des CAI am Stausee (ehemals Bamberger Hütte des DuÖAV). Nun geht es über die Krone des Staudammes an die Südseite der Mulde und jenseits der Sattelhöhe (2057 m) bergab durch die schönen Bergwiesen von Pian della Lobbia bis zur Malga Ciapèla (1446 m), wo die Talstation der großen Marmolata-Seilbahn steht. Diese Bahn überwindet in drei Sektionen einen Höhenunterschied von 1850 Metern und endet am Gipfelgrat der Marmolata di Rocca (3260 m). — Ab Ciapèla ist die Schluchtstraße von Sottoguda durch ein neues Straßenstück ersetzt, das nun nach Rocca Piètore und weiter nach Caprile führt.

Die einzigartige Schönheit der Marmolata, ihr Primat als höchster Berg der Dolomiten und als einziger, der einen kleinen Gletscherfirn trägt, sowie ihre überragende Bedeutung als leicht ersteigbarer Aussichtsberg, als gewaltiger Kletterberg über ihre Südwände und als einer der schönsten Skiberge der Alpen überhaupt, haben die Bedeutung des Fedajasattels schon seit vielen Jahrzehnten geprägt. Mit der Fertigstellung einer Straßenverbindung von beiden Seiten, die auch im Winter befahrbar ist, hat sich der Besuch des Fedajasattels und der Marmolata in unvorstellbarem Maße erhöht.

Die landschaftliche Schönheit des Fedajasattels wird vom unsagbar eindrucksvollen Nordabhang der Marmolata geprägt und gegen Norden vom zierlich gezeichneten Padonkamm eingerahmt. Durch die schmalen Einschnitte, die der Fedajasattel nach beiden Seiten freigibt, ist nur wenig Ausblick möglich. Von Osten lugt mit ihrer prallen Wand die Civetta herein, während gegen Westen ein Teil der Rosengartengruppe zu sehen ist.

Marmolèda — te corona del so raj . . .
, . . ., Du bist die Königin, wenn Dich der Sonne Strahl umkränzt . . .

Die Bezeichnung „Königin der Dolomiten" verdient die Marmolata mit Recht; sie überragt alle anderen Dolomitengipfel; ihr schimmerndes Firnkleid leuchtet weit hinaus in die Lande. Selbst von den fernen Zinnen der Stubaier und Ötztaler Alpen erregt der schemenhaft hervortretende weiße Berg im Süden Bewunderung. Die Marmolata ist aber nicht nur ein vollendet schöner Berg, sondern ihr verhältnismäßig leicht zugänglicher Gipfel ist auch eine Aussichtswarte ersten Ranges. Die Marmolatagruppe ist die kompakteste und im Flächenmaß ausgedehnteste der Dolomiten und erreicht in ihrem Hauptgipfel, der Marmolata Punta Penia, mit 3344 m die größte Gipfelhöhe in den Dolomiten. Aus der Umgebung der Großen Dolomitenstraße und von ihrem nördlichen Fußpunkt, dem Fedajasattel, ist fast immer nur die westöstlich verlaufende Hauptkette mit dem Doppelgipfel der Punta Penia, die nur im Sommer bestiegen wird, und der Punta Rocca (3309 m), dem Winter- und Skigipfel, zu sehen.

Die beiden anderen mächtigen Ketten der Gruppe, nämlich die nordsüdlich von der Marmolatasüdseite abstreifende Gruppe der Ombrettaspitzen und des Sasso Vernale, ferner die wiederum westöstlich verlaufende und längste, südlich gelagerte Kette, die zum San-Pellegrino-Paß abdacht, bleiben dem Blick von dieser Seite aus verborgen.

Die Marmolata trägt an ihrer Nordabdachung die größte Vergletscherung in den Dolomiten, den etwas mehr als 3 km^2 messenden, spaltenarmen Marmolatafirn, der wie fast alle Gletscher der Alpen im Rückgang begriffen ist. In der alpinen Nomenklatur wird seit einigen Jahren der höchste Gratzacken im kilometerlangen Ostgrat der Punta Rocca als Marmolata d'Ombretta mit 3247 m bezeichnet. Diese willkürliche Namengebung entsprang dem Bedürfnis der modernen Bergsteiger, das halbe Dutzend allerschwierigster Klettereien, die an der gewaltigen Südwandflucht gerade durch diesen Teil heraufführen, und die auch mit über 800 m die größten Höhen der Südwand erreichen, einem Gipfelkamm zuzuführen.

Nach sehr frühen Ersteigungsversuchen, die bis auf das Jahr 1802 zurückgehen, wurde die Marmolata bereits 1860 von den englischen Alpinisten John Ball und Birchbeck mit dem Bergführer J. Tairraz aus Chamonix erstmals betreten, wobei die kühnen Alpinisten in Unkenntnis der einzelnen Gipfelhöhen den leichteren und nur um 35 m niedrigeren Gipfel der Punta Rocca erreichten. 1864 gelang dem berühmten Wiener Alpinisten Paul Grohmann, dem größten Erschließer der Dolomitenwelt, mit den Ampezzaner Bergführern Angelo und Fulgenzio Dimai aus Cortina der große Wurf und die Ersteigung des Hauptgipfels, somit die wirkliche Ersteigung der Marmolata. In der Folge wurden neue, schwierigere Zugänge über den Westgrat und den langen Ostgrat gefunden. Von epochaler Bedeutung für den Alpinismus wurde jedoch die erste Ersteigung der Marmolata di Penia über ihre mächtige, glattwandige Südwand vom Ombrettapaß aus durch die Engländerin Beatrice Tomasson mit den Führern Michele Bettega und Bortolo Zagonel aus San Martino di Castrozza. Damit war der Berg von allen Seiten zugänglich gemacht und hatte neben seinem mäßig schwierigen Gletscherweg schöne Gratwege und eine der schwierigsten Dolomitenführen durch die Südwand.

Die herrlichen Kletterwände an der Marmolata und ihre unübertroffene Eignung als Skiberg haben ihr den Ehrennamen als „Vollkommener Berg" gebracht.

Erst nach dem Kriege begann die Zeit der Eröffnung einer Reihe von allerschwierigsten Kletterführen 6. Grades mit einem riesigen Aufwand an künstlichen Hilfsmitteln durch die ungeheuren Plattenpanzer der Marmolata d'Ombretta.

Marmolata — der „Schnellste Berg der Welt"

Gleichfalls europäischen Ruf erlangte die Marmolata als Skiberg. Sie wurde erstmals im Jahre 1914 von R. Löschner auf Ski bestiegen. Mit dem Aufkommen des modernen Abfahrtslaufes wurde ihre Eignung als Skiberg in kürzester Zeit bekannt. Vom Gipfelkamm der Punta Rocca führen einige große Abfahrten über die weitflächige Nordflanke, die ein Durchschnittsgefälle von rund 23 Grad aufweist, zum Fedajasattel hinunter. Schon von 1933 ab wurden über die ganze Strecke Skirennen ausgetragen, die bald zu den allerschnellsten der Alpen gehörten. Die Rennstrecke maß 3240 m in der Länge und hatte einen Höhenunterschied von 1240 m. Auf ihr wurde im Jahre 1948 von Egon Schöpf, Österreich, der Rekord mit einer Zeit von 2 Minuten 1 Sekunde mit einem Durchschnitt von 96 Stundenkilometern erreicht. Damit war die Marmolata zum „schnellsten Skiberg der Alpen" geworden und das Rennen das schnellste in freier Schneebahn. Das Marmolata-Skirennen, das seit der Erbauung des Stausees nicht mehr abgehalten werden konnte, würde heute wohl noch sensationellere Zeiten ergeben. In diesem idealen Skigelände wurde im Jahre 1935 von Dr. Gunther Langes erstmals der „Riesenslalom" geschaffen, der inzwischen als alpine Disziplin in die Olympischen Winterspiele aufgenommen wurde.

Der außerordentlich rege Besuch der winterlichen Marmolata brachte schon vor eineinhalb Jahrzehnten die Erbauung des Sessellifts bis zum Pian dei Fiaconi, zirka 2700 m, am Rande des Gletschers. Diese Anlage wird demnächst zu einem großen, sehr leistungsfähigen Gondellift umgebaut. Die Fortsetzung von hier bis zum Gipfel der Punta Rocca mit einer Seilbahn ist bisher nicht verwirklicht worden. Hingegen wurde in den letzten drei Jahren die bereits erwähnte riesige Seilbahnanlage von Malga Ciapèla über die Forcella Serauta (3065 m) bis zur Skihütte auf dem Gipfelkamm (3260 m) geschaffen. Zusätzlich sind noch weitere Bergbahnanlagen quer über die Nordabdachung von Fedaja bis zur Forcella Serauta mit Anschluß an die große Seilbahn geplant. Außerdem ist im Anschluß an die Seilbahn von Arabba zur Porta Vescovo (2516 m) ein Sessellift von der Bergstation dieser Seilbahn auf dem Padonkamm herunter zum Fedajasattel fertiggestellt worden. Damit wurde eine Seilbahnverbindung von Arabba an der Großen Dolomitenstraße über den Padonkamm bis nahe an den Gipfel der Marmolata hergestellt. In der Fortsetzung ist von Arabba nordwärts eine direkte Seilbahnverbindung mit Corvara ebenfalls in Erwägung gezogen. In absehbarer Zeit wird also der Fedajasattel nicht nur von einer Autostraße in West-Ost-Richtung überzogen, sondern man wird, was vor allem im Winter wichtig ist, ihn von Norden her mit Seilbahnverbindungen erreichen und bis zum Gipfel der Punta Rocca gelangen.

Die Unterkunftsmöglichkeiten auf dem Fedajasattel sind bis zur Zeit in dem schönen, großen Berghaus Marmolada (2044 m, Rif. E. Castiglioni des CAI) zentralisiert. Außerdem bestehen jenseits des Staudammes einige kleine Unterkunftshäuser und Gaststätten.

Pordoijoch — der höchste befahrbare Dolomitenpaß

Brennpunkt der Landschaftsschönheiten Ladiniens

Die Auffahrt von Canazei zum Pordoijoch ist eines der eindrucksvollsten Erlebnisse auf der Großen Dolomitenstraße. In unerreichter Schönheit und Wucht baut sich linkerhand das Dreigestirn der Langkofelgruppe, Langkofel, Fünffingerspitze und Grohmannspitze auf, weiters ist der Rückblick auf das Gipfelgewirr der Rosengartengruppe besonders eindrucksvoll.
Das Pordoijoch ist mit 2239 m der höchste befahrbare Paß Ladiniens und auch der höchste Punkt, den die Große Dolomitenstraße (Ladinienstraße) überschreitet. So prachtvoll die beiden Rampen des Passes sowohl von Canazei herauf wie auch von Arabba in ihrer landschaftlichen Gestaltung sind, der tiefe Einschnitt des Joches fällt dagegen etwas ab. Es fehlt ihm die Weite des Sella- und Grödner Joches, die Einrahmung durch Berggruppen ist lediglich auf der Nordseite durch die Sellagruppe eindrucksvoll, indes auf der Südseite der Sass Beccé (2535 m) mehr einem bröckligen, zerfurchten und zerrissenen Felshügel ähnelt. Auf K. F. Wolff wirkte er „müde, ja geradezu tot" und auch Churchill und Gilbert, die ersten Reisenden, die eine kritische Beschreibung Ladiniens gaben, sprechen sehr abfällig über diesen Felsmugel und vergleichen ihn mit einem „Riesenleichnam, den die Natur pietätlos unbeerdigt gelassen hat, damit die Menschen ihn bestaunen können".
Hellgrün leuchtend und das Bild des Passes ungemein belebend steigt hingegen nördlich eine Mattenzone bis zum Felsfuß der prallen Sellawände hinauf. Aus diesen Felsbastionen springt wie ein plattwandiger Wehrturm der Sass Pordoi (Pordoispitze, 2952 m) vor. Es ist das markanteste Merkmal in der Felswelt rings um das Pordoijoch.
Das Joch ist wohl ein schon von altersher begangener Übergang zwischen dem Fassatal und dem Buchenstein. Es dürfte jedoch kaum einen sehr regen Verkehr gehabt haben, denn die wechselseitigen Beziehungen zwischen diesen beiden ladinischen Landschaften erscheinen geschichtlich geringer als jene gegen Norden in das Grödental und in das Gadertal.
Heute bildet das Pordoijoch die Grenze zwischen den Provinzen Trient und Belluno. Seine Bedeutung erhielt das Pordoijoch erst durch die Erbauung der Großen Dolomitenstraße (Ladinienstraße), denn dadurch wurde es auch zum Standort, von dem aus die mächtige Felshochfläche der Sella am kürzesten zu erreichen war. Dieser Vorzug wurde in letzter Zeit noch

durch die Erbauung der großen Seilbahn vom Joch aus auf den Sass Pordoi (Pordoispitze, 2952 m) ungemein gesteigert, einer Seilbahn, die nicht nur einen der großartigsten Aussichtspunkte erschließt, sondern von deren Bergstation aus auch ungezählte, herrliche Wanderungen über die geräumige Felshochfläche der Sella und vor allem die Ersteigung des Piz Boé, des höchsten Gipfels der Gruppe (3151 m), erleichtert und verkürzt wird.

Das Pordoijoch eignet sich sowohl im Winter wie im Sommer auch gut als Standort, weil es über drei größere Berghäuser verfügt. Das größte (Hotel „Savoia" des CAI) ist das frühere Christomannoshaus, erbaut von der Sektion Meran des DuÖAV. Es trug den Namen zu Ehren des hochverdienten Fremdenverkehrspioniers der Dolomiten und Merans sowie der Ortlergruppe, Dr. Theodor Christomannos.

Am höchsten Punkt der Straße steht am südlichen Bord ein unauffälliger, bescheidener Gedenkstein an die Einweihung der großartigen Dolomitenstraße im Jahre 1909 (die Inschrift wurde italianisiert).

Etwas erhöht und kaum 150 m entfernt, auf dem nordwestlichen Sporn des Sass Beccé, steht eine kleine, 1954 errichtete Kapelle, die dem Andenken von acht Skilehrern geweiht ist, die bei einer großen Lawinenkatastrophe etwas weiter südlich an den Osthängen des Beccé im Jahre 1937 verschüttet wurden.

Das Deutsche Kriegerehrenmal auf Piera Clócia

Das Pordoijoch birgt aber noch eine Sehenswürdigkeit, baulich und landschaftlich, die manchen entgeht, weil sie, bezaubert von der Schau in die nähere und weitere Felsgegend, diese einzelnen Punkte nicht beachten, oder weil sie in sündiger Eile über die Jöcher der Dolomitenstraße fahren.

Wer vom Pordoijoch gegen Osten schaut, das herrliche, weit offene Wiesental hinunter gegen Arabba, der erblickt in gleicher Höhe am Berghang weit draußen ein turmartiges Gebäude, zu dem ein schmales Sträßlein direkt vom Pordoijoch hinführt. Es ist das Deutsche Kriegerehrenmal Pordoi des Volksbundes Deutscher Kriegsgräberfürsorge, dessen Bau im Jahre 1937 begonnen wurde. Die Einweihung erfolgte 1959. Die Zufahrtsstraße zweigt direkt vom Pordoijoch ab; gleich links an ihrem Beginn steht das Haus des Wärters, der Auskünfte erteilt. In ungefähr 1 km Fahrt auf der schmalen Straße mit Ausweichstellen erreicht man den Parkplatz unter dem Ehrenmal.

Der Bau ist ein Werk des Architekten Tischler, München. In gewaltigen, rötlich glühenden Porphyrquadern erhebt sich aus der inneren Rundmauer ein mächtiger, abgestumpfter, achteckiger Turm, an dessen Wänden je drei schmale Scharten eingelassen sind. Sie dienen als Lichtfries für den Innenraum. Dieser ist als Ehrenhalle ausgebaut. In seiner Mitte steht auf einem Podest eine große Flammenschale. Erhöht zieht ringsum ein freiragender Umgang mit Bronzegittern. An den Wänden sind zwei überlebensgroße Gestalten von deutschen Soldaten aus dunkelrotem Marmor geschlagen. Als einziger Schmuck ist in die Decke ein Adler aus farbigen Mosaiksteinen eingearbeitet. Die Tore sind wertvolle Metallschmiedearbeit.

In der Gruft unter der Ehrenhalle liegen etwa 8000 deutsche und österreichische Gefallene des Ersten Weltkrieges einzeln in Sarkophage gebettet. Hier haben vor allem die Gefallenen des Deutschen Alpenkorps, das an zahlreichen Stellen der Dolomitenfront im ersten Halbjahr des Krieges mit Italien kämpfte, ihre letzte Ruhestätte gefunden. Auch die österreichischen Gefallenen des Ersten Weltkrieges wurden, soweit sie in den nahen Feldfriedhöfen bestattet waren, hierher verbracht. Etwa 900 Gefallene aus dem letzten Weltkrieg, die in Kriegerfriedhöfen nördlich der Linie Triest—Riviera beigesetzt waren, wurden in Erdbegräbnis im äußeren Ring beigesetzt.

Die Flur, auf dem das Ehrendenkmal steht, heißt bei den Ladinern Piera Clócia, was soviel wie steinige Wiese bedeutet. Es ist ein Punkt an landschaftlicher Schönheit, wie vielleicht kein zweiter in den Dolomiten. Beherrschend steht dieser Turm des Gedenkens auf weiter Bergwiesenflur, von den prallen Steilwänden der Sella im Rücken geschützt. Unermeßlich schön und weit geht der Blick rundum und hinaus in die Felsberge der Dolomiten. Wie eine zerborstene, schwarze Friedhofsmauer in gewaltigen Ausmaßen zieht gleich jenseits des lieblichen Wiesentales der schwarze Padonkamm vorbei und in fast unwirklich strahlender, firnglitzernder Schönheit ragt hinter ihm die „Königin der Dolomiten" auf. Mächtig schauen weiter ostwärts die größten Felswände der Dolomiten, die Civetta und der Pelmo, zu dieser Stätte herüber. Es ist ein Ehrenmal, das in Bau, Landschaft und Stille vollendete Erhabenheit ausstrahlt.

Das Pordoijoch gibt infolge seiner Lage nur nach Westen und Osten durch seine Einschnitte weitere Fernsichten frei, die allerdings instruktiv und umfassend sind. Westlich sieht man weit draußen in einem unentwirrbaren Haufen die Berge der Rosengartengruppe, denen sich, nähergerückt, die Langkofelgruppe anschließt. Noch umfassender ist der Blick gegen Osten, wo fern über den Matten und Almen des Buchensteiner Landes eine ganze Reihe von Dolomitgruppen sichtbar werden: sie beginnen mit den Ketten des Gadertales im Westen, man erblickt die Fanesgruppe und den markanten Sasso di Stria, Lagazuoi, die Tofanen und schließlich Sorapiss, Croda da Lago und Antelao, die Felsriesen um Cortina d'Ampezzo.

Vor diesen Gruppen lagert, mitten aus dem Buchenstein aufragend, ein niedrigerer, grasbewachsener, höckriger und langgezogener, felsiger Bergrücken, dessen Name als Kriegsberg des Ersten Weltkrieges einen unseligen Klang hat: der Col di Lana (2462 m), der „Col di Sangue" (Blutberg) der Italiener. Südlich und nördlich ist jeder Ausblick, wie bereits erwähnt, durch die angrenzenden Berge verdeckt. Und gerade der Anblick der verfirnten Marmolata (3344 m), des höchsten Berges der Dolomiten, zählt zu den großartigsten Schaustücken zwischen Fassa und Buchenstein. Ein kurzer Spaziergang über die Matten nördlich des Passes hinauf gibt schon einen Blick über den Gipfelkamm des schwarzen Padonkammes auf die Marmolata frei, einen winzigen Bruchteil allerdings nur von all der Großartigkeit, mit der sich die Marmolata mit ihrer enormen Flanke gegen Norden aufbaut. Eine Fahrt mit der Seilbahn auf den Sass Pordoi (Pordoispitze, 2952 m) gibt nach vier Minuten Fahrt allerdings mit einem Schlage all den Zauber dieses unübertroffenen, einmaligen Landschaftsbildes der Dolomiten frei. Nur wer das Panorama von dieser Höhe aus (oder auch vom Piz Boé) genossen hat, wird sich der ganzen Schönheit des dolomitischen Ladinien mit seinen Tälern, Almmatten und Felsburgen bewußt.

Sellagruppe, die „Gralsburg Ladiniens"

Charakteristischer als alle anderen Massive der Dolomiten ist die Sellagruppe und für Ladinien ist sie von besonderer, überragender Bedeutung. Poetisch ist sie die „Gralsburg Ladiniens" genannt worden, und das trifft wohl in hohem Maße auf diese Berggruppe zu. Diese enorme dolomitische Masse ist viereckig geformt, ringsum sind es fast durchwegs mächtige Steil- und Bruchwände, welche die geräumige Hochfläche dieser Gralsburg tragen. Noch anderes hat die Sellagruppe zum landschaftlichen Heiligtum Ladiniens gestempelt. An ihrem mächtigen Aufbau stoßen die vier Talschlüsse an, die Stirnwände der ladinischen Täler Gröden, Fassa, Buchenstein und Gadertal. Vier Pässe und Jöcher schaffen die Verbindung zwischen diesen Talschlüssen und klammern sie wie einen Ring um die gewaltige Felsburg: Das Sellajoch und Pordoijoch, der Campolongopaß und das Grödner Joch.

Der kompakte Aufbau aus Schlerndolomit läßt überwiegend nur glatte Wandbildungen zu und nur, um dieser Felsburg irgendwie eine architektonische Formung zu geben, hat die Natur zwei größere Täler durch die Außenmauern dieser Burg gerissen, von Südwesten das Val Lastíes, von Nordosten hingegen das schmale Felsental von Mezdí. Sie bringen kaum merkbar eine gewisse Unterteilung in die ganze Felsmasse, sie scheiden jedoch nur angedeutet den ganzen Komplex in drei Untergruppen, jene der Mésules, dann des Piz Boé und schließlich in die stärker geformte Pisciadúgruppe.

Die früher gebräuchlichen Anstiege gingen durch die genannten Täler, von Fassa her durch das breite, sich verästelnde Val Lastíes, von der Grödner-Joch-Seite her durch das Val Setús und Val Culèa, ferner aus dem Kessel von Colfuschg herauf durch das Mittagstal (Val de Mezdí) und schließlich durch eine Schuttrinne über die Pordoischarte auf die Hochfläche.

Jetzt wird fast nur mehr die große Seilbahn von Pordoi auf den Sass Pordoi benützt. Dafür ist dieser der Startpunkt für eine Reihe von ebenen und talwärts führenden Felsspaziergänge geworden, die einzigartig sind. Von der Bergstation erreicht man in kaum fühlbarem Höhenunterschied die Schutzhütten in der Pordoischarte (2871 m) und nun fast eben über die Karrenfelder die Boéhütte (2871 m), an den Nordwesthängen des Piz Boé. Von hier nun gelangt man in großartigen Felswanderungen über die Pisciadúhütte zum Grödner Joch oder, als eindrucksvollste aller Sellawanderungen, durch das gewaltige Felsental von Mezdí hinab nach Colfuschg. Von der Boéhütte ersteigt man als bergtüchtiger Wanderer die Boéspitze (3151 m) über einen steilen Felssteig.

Ein kurzer Bergspaziergang, der vorzüglich dem Anblick der Marmolata dient, geht vom Pordoi zum Belvedere (2426 m, 40 Minuten), einer Rasenkuppe südlich des Sass Beccé und nahe der Bergstation des Sessellifts Canazei—Pecol-Belvedere (mit Berghaus „Belvedere"). Mit geringer Mühe und in mäßiger Steigung wird dieser instruktive Panoramapunkt auf einem Steig unter der Ostflanke des Sass Beccé erreicht.

Die Verbindung von hier zum Fedajasattel (2040 m) schafft der berühmte Bindelweg (lad. Vial del Pan), der großartigste und leichteste Höhenweg in den Dolomiten. 13 km lang führt der Steig leicht gewellt und gegen Ende fallend an den Hängen des Padonkammes entlang, entrollt eine prächtige Schau auf die Marmolata mit ihrer Firnkrone und in einer Reihe aufgetürmt auf die plattengepanzerten steilen Flanken des Gran Vernèl, des „Prinzgemahls" der Marmolata mit seinem langen Felskamm gegen den Talschluß von Penia. Dieser Höhenweg ist auf Anregung von Dr. Karl Bindel aus Bamberg, dem Erschließer der Sellagruppe, erbaut worden.

So ist vom Pordoijoch aus trotz seiner etwas beengten Lage eine Fülle von Spaziergängen und Bergwanderungen möglich, die einen weiten Umkreis erschließen. Doch auch als Standort für Kletterer ist das Pordoijoch sehr geeignet. Hier sind es vor allem die großen Wände, die den Sass Pordoi halbrund umziehen, und durch deren fast lotrechte Abbrüche allein vom Pordoijoch aus sichtbar, mehr als zehn Felsführen, fast alle äußersten Schwierigkeitsgrades, leiten. Hier kann man eindrucksvoll, aus der Gondel der Seilbahn und fast greifbar nahe, an der lotrechten Wand Kletterer beobachten, die sich in schwierigster Felsarbeit den Aufstieg zur Felshochfläche erkämpfen.

Der mächtige Sellastock, der so wunderbar auf seinen vier Pässen ringsum fußt, ist trotz seiner gewaltigen Ausmaße, der Schönheit seiner Felsbildungen und des einzigartigen Hochplateaus noch immer eine der am wenigsten besuchten Dolomitgruppen. Auch die Erbauung der Seilbahn und damit die überaus leichte, nur Minuten währende Erreichbarkeit seiner Felshochebene, haben darin wenig Wandel geschaffen, denn dieses Publikum begnügt sich meist mit einem nur sehr kurzen Auslauf, wo doch Spaziergänge, Wanderungen und Querungen auf dieser großartigen Felswüste zum Schönsten gehören, was man in den Dolomiten erleben kann. Auch der Hauptgipfel des Sellastockes, der Piz Boé (3151 m) weist gegen früher, da man für großartige Rundblicke mehr übrig hatte, heute nur mehr geringeren Besuch auf.

„Hier sah ich Berge von erstaunlichem Aufbau und fabelhaft kühner Gestalt, Berge, deren Größe und Ungeahntheit den Typus des Erhabenen tragen — eine wahrhaft heroische Landschaft." (Benesch.) Allen Kennern der Bergwelt Ladiniens wird die Sellagruppe besonders ans Herz gewachsen sein, wenn man ihre Schluchten, Rinnen und ihre Felshochebenen durchwandert und erstiegen hat, wenn man von den Eckpunkten ihrer quadratischen Bastion aus die ladinischen Täler jeweils in ihrer ganzen Länge fast greifbar vor sich tief unten liegen sieht. Nicht nur Menschen haben ihre Charaktere, sondern auch Berge; vor allem in Ladinien prägen sich solche besonders aus, und die Sellagruppe ist unter diesen wohl eine der interessantesten.

Buchenstein

Grenzen und Einfallspforten Buchensteins

Ladinische Landschaft an steilen Bergflanken

Zum Unterschied von den anderen ladinischen Tälern weist Buchenstein eine ganz andere Gestaltung auf. Dieser wurde bereits gedacht. Das Buchenstein ist kein Tal, sondern der gewaltige Talschluß des Cordevoletales, der sich in zwei große Taläste, das eigentliche Ursprungstal des Cordevole vom Pordoijoch herunter, und in den Talast von Andraz teilt. Dazwischen ist das Massiv des steilhängigen Col di Lana eingelagert, der wie ein gewaltiger Schiffsbug diesen Talschluß teilt. Trichterförmig strömen die Taläste, kleine Talgräben und die mächtigen Steilhänge, immer tiefer in der schluchtartigen Enge zusammen, mit der der junge Cordevole in das flache Tal bei Caprile austritt.

Seit frühesten Zeiten führte nur ein steiler Saumweg am Ufer des Cordevolebaches durch die Schlucht in den weit ausladenden Talschluß von Buchenstein mit seinen kleinen Seitentälern hinauf. Diese Schlucht bildete immer schon die Grenze Ladiniens, später dann auch die politische und schließlich die Staatsgrenze zwischen Österreich und Italien.

Erst mit Beginn der Kämpfe um den Col di Lana 1915 ergab sich für die italienischen Truppen die Notwendigkeit, diesen Saumweg zu einer notdürftigen Fahrstraße auszubauen. Sie erreichte über den Weiler Digonera den kleinen Talboden von Salesei, wo heute der schöne, italienische Soldatenfriedhof der Gefallenen vom Col di Lana zu sehen ist, und führte dann in stärkerer Steigung und mit Kehren an den untersten Hängen des Col di Lana hinauf zur Großen Dolomitenstraße unweit nur von Buchenstein selbst. Heute hat sich hier durch den geplanten Bau eines großen Staubeckens oberhalb der Schlucht alles geändert. Dieser Bau, der wegen der Katastrophe des Staudammes von Longarone über Einspruch der Bevölkerung eingestellt werden mußte, erzwang die Verlegung dieser Straße, die nunmehr von Digonera südwärts am Berghang kunstvoll angelegt durch mehrere Straßentunnels in das Seitental von Pettorina hineinführt und knapp oberhalb dessen Mündung in das Cordevoletal beim Orte Savinér wieder die Hauptstraße erreicht.

Von größerer Wichtigkeit ist jedoch die Straße, die ebenfalls von den Italienern als Kriegsstraße angelegt wurde, und deren Trasse von Caprile aus an den östlichen Hängen des Cordevoletales hinaufzieht, dann schräg die große Flanke des Monte Pore quert und durch dessen dichte Wälder die Dolomitenstraße bei Cernadoi, etwas oberhalb von Andraz, erreicht. Diese Straße ist in der Folge und besonders nach dem Zweiten Weltkrieg zu einer erstklassigen Verbindung zwischen dem Cordevoletal und dem Falzaregopaß ausgebaut worden. Man schuf dadurch eine große Zubringerstraße für das immer größer werdende Cortina d'Ampezzo aus dem Cordevoletal über den Falzaregopaß. Von der ladinischen Seite her wurde das so abgelegene und früher verkehrsarme Buchenstein zuerst 1901 durch den Ausbau der Straße über den Campolongopaß von Corvara herüber erschlossen. Dies geschah schon im Hinblick auf den beschlossenen Bau der Großen Dolomitenstraße, die Buchenstein von Westen nach Osten in halber Höhe durchzieht. Über das Pordoijoch führt diese Straße in das Buchenstein herein, durchquert es und verläßt das Gebiet wieder über den Falzaregopaß. So hat das Buchenstein als flächenmäßig kleinster Teil Ladiniens eigentlich ein reiches Verkehrsnetz, das es von allen Seiten erreicht und durchzieht. Trotzdem ist es bis auf heute nur ein Durchzugsgebiet geblieben. Dafür sind die Straßen durch das Buchenstein alles hervorragende Panoramastraßen. Jede von ihnen wartet mit neuen, immer wieder wechselnden Blicken in die gewaltige Berglandschaft auf, die das Buchenstein umrandet.

Schauplatz großer historischer Ereignisse

Vom tausendjährigen Castel Andraz zum Col di Lana

Buchenstein (Pieve di Livinallongo) ist in mancher Hinsicht die merkwürdigste Landschaft Ladiniens. Schon geographisch ist es so abgesondert gelegen und von den übrigen Teilen Ladiniens geschieden, daß es noch heute verwundert, wie diese verhältnismäßig kleinflächige Landschaft sich als reines ladinisches Gebiet erhalten konnte.

Das Gebiet von Buchenstein gehörte schon seit jeher zur Grafschaft Norital, wie schon aus der Grenzbestimmung vom Jahre 1000 ergeht, und wie es später dann im 12. und 13. Jahrhundert durch grundherrliche Beziehungen bestätigt wird.

Die Annahme, dieses Gebiet sei erst im 11. und 12. Jahrhundert intensiv besiedelt worden und habe vorher nur als Weideland gedient, wird entschieden bestritten. Den Anlaß hiezu gab die Auffindung eines merkwürdigen, beschrifteten Steines, den ein Bauer im Jahre 1866 unter dem Gipfel des Monte Pore, eines der Randberge, entdeckte.

Es handelt sich um einen vorgeschichtlichen Grabstein mit einer Inschrift in altvenetischer Sprache. Die Veneter sind etwa ein Jahrtausend vor Christi Geburt in Oberitalien eingewandert und wohl auch durch die Alpentäler weit vorgedrungen. In unserem Falle scheint dies dadurch erklärlich, daß im Monte Pore (2405 m) ein Eisenbergwerk betrieben wurde, von dem wir aus Urkunden des 12. Jahrhunderts Kenntnis haben. Anscheinend aber waren diese Erzvorkommen schon den Venetern bekannt und daher die Besiedlung dieser Gegend. Es ist also nicht anzunehmen, daß auch nach einer allfälligen Einstellung der Ausbeutung des Bergwerkes die obersten Talhalden und Bachgräben des Cordevole aufgegeben worden seien. Vielmehr scheint es der Wirklichkeit nahe zu kommen, das heutige Buchenstein sei schon wegen der Verhüttung des Erzes im Talboden für die Beibringung des notwendigen Holzes gerodet worden, und so seien schon bald Dauersiedlungen entstanden.

Vielleicht ist auch die Annahme denkbar, die früher das Cordevoletal noch viel weiter südlich bewohnenden Räter seien durch die Veneter und eben gerade wegen der Erzfunde in den innersten Winkel des Tales zurückgedrängt worden.

Dieses Eisenbergwerk wird in den Urkunden Fursil genannt. Nach der neueren Sprachforschung ist dies ein altvenetisches Wort, das Eisen bedeutet. Ebenso wird der Name Frisolét als Eisenstätte (Eisenbergwerk) gedeutet, und tatsächlich trägt der Monte Pore im Volksmunde auch den Namen Monte Frisolét.

Im Jahre 1145 schenkte der Bischof von Brixen dem Kloster Neustift den Hof Buchberg, und Kaiser Friedrich I. im Jahre 1177 ein Eisenbergwerk in Frysail, das ohne Zweifel mit dem Bergwerk Fursil identisch sein muß. Wenn also eine Urbesiedlung durch den aufgefundenen Grabstein und den Betrieb eines Bergwerkes nachgewiesen erscheint, so ist eine Kontinuität der Besiedlung während des ersten Jahrtausends wohl sehr wahrscheinlich.

Die ladinische Landschaft Buchenstein hatte zwei Brennpunkte, die für ihre bewegte Geschichte zum Anlaß wurden. Vom Eisenbergwerk Fursil (Frisolét) war schon die Rede. Sein Besitz war für die damalige Zeit Goldes wert. Die Eisenerze waren von erlesener Güte, und der daraus gewonnene Stahl wurde südlich und nördlich, bis Venedig und bis hinauf nach Süddeutschland, berühmt. Die Stahlerzeugnisse trugen die Marke des brixnerischen Bischofswappens, das Lamm mit dem Banner, und als „Ferro d'Agnello" genoß es höchsten Ruf.

Das Dolomitenschloß Andraz

Der andere Brennpunkt Buchensteins aber war Schloß Andraz, das wundersame Dolomitenschloß, dessen Ruine heute noch einen der romantischesten Anblicke in den Dolomiten gibt. Es ist schier unmöglich, die absonderliche Lage dieser Burg zu beschreiben. Und ebenso schwierig und nur mit hochschweifender Phantasie kann man sich diese Burg, die auch den Namen Schloß Buchenstein trug, vorstellen, wie sie damals kühn, trotzig und uneinnehmbar mitten im Felsenkessel oberhalb des Dorfes Andraz thronte.

Auf einem ungeheuren Findlingsblock mitten auf den Wiesen des Talkessels war das Schloß erbaut. Diesem mächtigen Felsblock waren die Burgmauern im Grundriß so wie eine Krone aufgesetzt und mit ihm verbunden, daß man heute noch kaum den Übergang vom Fels zum verputzten Mauerwerk wahrnehmen kann. Fels und Burg waren zu einem mächtig strebenden, einzigartig verwachsenen Baublock aufgerichtet. Heute noch kann man an den traurigen Überresten der Ruine feststellen, wie hoch die zinnenbekrönten Mauern reichten, man kann die Gliederung durch einen Eckerker und durch einen Halbrundturm erkennen. Den tragenden Burgfels umrundete unten eine Ringmauer mit einem Rondell, Spuren eines Wehrganges mit

Schlüsselscharten und die Ruine der freistehenden Kapelle sind noch zu erkennen.

Es gibt wenige solcher felsverwachsenen Burgen in den Dolomiten. Da ist einmal Schloß Wolkenstein in Gröden, das in eine Felswand hineingemauert ist, dann Castel Pietra oberhalb Primiero und am Ausgang des Canalitales, das ähnlich wie Andraz auf einem mächtigen, isolierten Felsblock thront, und schließlich Schloß Hauenstein der Wolkensteiner im schwarzen Forst unter der Santnerspitze, dessen Trümmerwerk noch heute seine Wehrhaftigkeit bezeugt.

Alle diese aber übertrifft Schloß Andraz. Frei, selbstbewußt und herausfordernd steht es auf Wiesengrund und aus diesem aufstrebend auf kühnem Fels gebaut. Von weitem kann man es heute in seiner ruinenhaften Zerrissenheit mit einem kleinen dolomitischen Felsturm verwechseln, der mitten im Tale aufragt. In ihrem fortschreitenden Verfall wurde diese Ruine wieder wehrhaft und unzugänglich wie einstmals. Wer zu ihr hinaufsteigen will, der muß ausgerüstet sein wie zu einer Klettertour.

Die Entstehung der geheimnisvollen Burg

Seit wann Schloß Andraz lebt und ragt, ist von tiefem Geheimnis umgeben. Obschon Kaiser Heinrich IV. im Jahre 1091 die Landschaft Buchenstein dem Hochstifte Brixen überantwortete, kam die Burg erst zu Beginn des 13. Jahrhunderts in den Besitz des Hochstiftes Brixen. Als erste Besitzer ist uns eine Familie Buchenstein genannt. Woher diese Familie stammte, ist unbekannt. Man kann nur annehmen, es seien süddeutsche oder schwäbische Adelige gewesen, denn in dieser Familie Buchenstein, die sich später von Enneberg nannte, und in der Familie der Herren von Rost aufging, treffen wir einen Mainnle von Enneberg, dessen Siegelabdruck den Namen Mainnle von Buchenstein trug. Um das Jahr 1200 scheint diese Familie das Schloß den Bischöfen von Brixen verkauft zu haben, denen am Besitze dieser festen Burg an der Südgrenze ihres Gebietes sehr gelegen sein mußte. Mit der Belehnung fast des ganzen Grundbesitzes in Buchenstein an die Herren von Rodenegg und Schöneck durch das Hochstift Brixen, kamen diese auch in den Besitz des Schlosses Andraz.

Es gibt mehrere Überlieferungen über die Entstehung von Schloß Andraz. Alle verlieren sich in das Sagenhafte, doch alle zusammen lassen die Vermutung berechtigt erscheinen, daß diese Burg wirklich viel älter ist als gemeinhin angenommen wird. Eine sagenhafte Überlieferung, die sich hartnäckig erhält, will die Ostgoten Theoderichs des Großen als Erbauer wissen. Die Burg sollte eine der Befestigungen des Ostgotenreiches in Italien gegen die Gefahr von feindlichen Einbrüchen sein.

Eine andere Überlieferung besagt, der Burgbau gehe auf die Zeiten Berengars von Italien zurück und auf die Zeiten nach dem Abzug der Ungarn, nach der sich die an den Grenzen lebenden Völkerschaften durch den Bau von Befestigungen Schutz gegen einen neuerlichen Einfall schaffen wollten.

Auf einem Umwege ließe sich noch eine andere Vermutung anstellen. J. Alton vermerkt, daß bei den Ladinern die benachbarten Italiener mit einer gewissen gegnerischen und abschätzigen Betonung bis in die neueste Zeit „Lombért" benannt wurden. Ohne Zweifel kommt das Wort von Lombardo, und so wäre es denkbar, daß besonders zur Zeit des Langobardenreiches die Ladiner heftigeren Kämpfen und Unterdrückungen von seiten der Lombarden ausgesetzt waren. In diesem Sinne wäre es denkbar, daß Burg Andraz langobardischen Ursprungs sei, was ungefähr den langobardischen Wehranlagen auch im Etschtal an der Nordgrenze des Langobardenreiches entsprechen würde.

Wie wir es aus dem Etschtal kennen, war es langobardischer Brauch, die Seitenhänge eines Tales durch Befestigungen zu schützen. Die Vermutung, Burg Andraz sei zur Zeit Berengars erbaut worden, wird hingegen durch die Tatsache unterstützt, daß sowohl die Burg Avoscan im Cordevoletal, als auch Rocca Piètore an der Mündung des Pettorinatales zu jener Zeit entstanden. Davon haben wir durch die bekannte brixnerische Urkunde aus dem Jahre 1000 Kenntnis, in der die Grenzen zwischen den beiden Hochstiften Trient und Brixen festgelegt werden.

Im 12. Jahrhundert erhielten reiche Dienstmannen des Bischofs von Brixen, die Herren von Rodenegg und Schöneck, den größten Teil des Grundbesitzes in Buchenstein zu Lehen. Durch Abtretungen und Verkäufe wurden die Herren von Schöneck bald alleinige Herrscher von Buchenstein. Und durch Erbschaft kam schließlich die Herrschaft an Paul von Schöneck allein. Die Herrschaft der Schönecker und Rodenegger war die ganze Zeit über für die Bevölkerung sehr drückend. Sie beuteten das Land wo sie nur konnten aus und waren in ihrem Streben nach Reichtum und Geltung unersättlich. Als sie sich schließlich auch Vogteirechte über das Kloster Sonnenburg anmaßten, ging die Äbtissin von Sonnenburg Diemut vor Kaiser Karl IV., der die Ungerechtigkeiten und Unbotmäßigkeiten des Paul von Schöneck durch eine Gerichtskommission

Auf dem berühmten Bindelweg
Im Hintergrund die Marmolata, 3344 m

Blick von der Pordoispitze zu den Wänden des Piz Ciavazes
Im Hintergrund die Langkofelgruppe

Felswände der Sellagruppe oberhalb Pian Schiavanèis

 Pordoijoch. Rechts Sass Pordoi mit Bergstation der Seilbahn

Das berühmte Vajolettal in der Rosengartengruppe
mit dem Weiler Sojal

Die romantische Ruine der tausendjährigen Burg Andraz
im Buchenstein

Cortina d'Ampezzo in seinem herrlichen Talbecken
mit den Drei Tofanen

Weltberühmte Dolomitriesen,
die Drei Zinnen am Nordrand Ladiniens

Arabba mit dem Padonkamm. In der Porta Vescovo
(Sattel in der Bildmitte) Bergstation der neuen Seilbahn

Niederblick auf Arabba mit der Großen Dolomitenstraße
In der Bildmitte links der berühmte Kriegsberg Col di Lana

Deutsches Krieger-Ehrenmal oberhalb der Dolomitenstraße
Hinter dem schwarzen Padonkamm die Marmolata

Buchenstein/Pieve di Livinallongo
Im Hintergrund die mächtige Wand der Civetta

untersuchen ließ. Diese fällte zu dessen Ungunsten ein ungemein schweres Urteil: Er wurde zum Schadenersatz von rund 16.000 Pfund Geldes verurteilt. Diese für die damalige Zeit hohe Summe zwang den Schöneck, das Lehen zu verkaufen und zu verpfänden.

Schon vorher mußte Paul von Schöneck wegen seiner hohen Schulden ein Stück Land in seinem Gerichtsbezirk Buchenstein an den Guadagnini von Avoscano verkaufen. Die Herren von Avoscano, deren Schloß bei Cencenighe im Cordevole stand, also in nächster Nachbarschaft der buchensteinischen Grenze, hatten im venezianischen Gebiet ausgedehnte Besitzungen.

Dieser Verkauf war für die Herrschaft des Hochstiftes Brixen bedenklich, denn nunmehr gebot ein Adeliger von jenseits der Grenze im brixnerischen Hoheitsgebiet. In der Folge erwarb der Herr von Avoscano die Vogtei und Blutgerichtsbarkeit über den Sonnenburger Besitz in Enneberg.

Die Herrschaftsverhältnisse unter dem Avoscano wurden bald noch drückender und willkürlicher. Die Lage spitzte sich so zu, daß Kaiser Karl IV. seinem Hauptmann in Belluno, Conrad Göbel, den Befehl erteilte, Schloß Andraz zu besetzen. Dieser begann die Belagerung von Schloß Andraz am 11. Juni und konnte es bereits am 10. August 1350 erstürmen. Mit der Hälfte des Schlosses und der Herrschaft Buchenstein belehnte der Kaiser hierauf den Konrad Stuck, einen reichen Bürger von Bruneck, der bald die noch nicht ihm gehörenden Teile der Grundherrschaft erwarb. Von Stuck kam die Herrschaft im Erbwege auf seinen Schwiegersohn Ezzelin von Wolkenstein, später auf Joachim von Villanders. Im Jahre 1426 endlich löste das Hochstift Brixen die Gerichte Buchenstein und Thurn wieder ein und beauftragte in der Folge Hauptleute und Pfleger mit der Verwaltung. In der stattlichen Reihe dieser Hauptleute auf Buchenstein, die von Hans von Weineck im Jahre 1427 bis zum letzten Schloßhauptmann von Winter im Jahre 1803 reicht, tauchen die Namen Angehöriger der bekanntesten, reichsten und stolzesten Adelsgeschlechter Südtirols auf.

Fluchtburg des Kardinals Kues

Es gab eine Zeit, in der Schloß Andraz im 15. Jahrhundert zum Blickpunkt für ganz Tirol und darüber hinaus für einen Großteil Europas wurde, als Kardinal Nikolaus Cusanus, Fürstbischof von Brixen, im berühmten Streit mit den Nonnen von Sonnenburg und den Auseinandersetzungen mit deren Vogt, dem Landesfürsten Herzog Sigmund, dort sichere Zuflucht fand. Schon ein Jahrzehnt vorher war zwischen dem Bischof Johannes von Brixen und den Sonnenburger Nonnen ein Streit wegen der Hohen Gerichtsbarkeit in Enneberg entstanden. Dieser Streit wurde alsbald bereinigt. Als jedoch Nikolaus von Kues (Cusanus) Bischof von Brixen wurde, da ergaben sich bald wieder Zwistigkeiten zwischen dem streitbaren Benediktinerinnenkonvent und ihrem geistlichen Oberen.

Nikolaus Cusanus, der sehr reformfreudig war, stieß bei den Sonnenburger Benediktinerinnen bald auf starken Widerstand. Die Veranlassung ergab sich aus einem Streit mit den Ennebergern wegen der Alpe Grünwald, in dem sie gegen die Beamten des Stiftes Sonnenburg mit Gewalt vorgingen. Während die Enneberger Bauern Hilfe beim Bischof von Brixen suchten, wandte sich die Äbtissin Verena von Stuben an den Landesfürsten Herzog Sigmund direkt, der als Vogt des Konvents energisch für diesen Partei ergriff.

Dieser Zwist mag der äußere Anlaß für den jahrelangen Streit und die Kämpfe, die nun folgten, gewesen sein. In Wirklichkeit ging es den Sonnenburger Nonnen um die Reformen des Kardinals, der eine völlige Unterstellung des Konvents unter seine geistliche und weltliche Oberhoheit verlangte. Die Sonnenburger Nonnen wußten aber, daß die Reformen für sie eine gänzliche Änderung ihres Lebens bedeuten würden. Sie hätten mit einer völligen Absperrung nach außen hin, mit einer Klausur rechnen, ferner auf ihre weltlichen Rechte verzichten, und vor allem auch jede Verbindung mit dem Landesfürsten abbrechen und damit auf dessen Hilfe verzichten müssen.

Im Jahre 1452 übertrugen sie dem Landesfürsten neuerlich die Schirmvogtei des Konventes, die Herzog Sigmund schon früher in Anspruch genommen hatte. Er erklärte sich zum Schutzherrn von Sonnenburg, doch weder der Bischof noch die Enneberger erkannten ihn als solchen an.

Inzwischen hatte sich Äbtissin Verena von Stuben mit ihrer Beschwerde direkt an den Papst gewandt. Wir können uns solche Selbstherrlichkeit dieses Konventes und seiner Klosterfrauen heute nur damit erklären, daß das Kloster Sonnenburg eine rein adelige Gründung war, die Angehörigen fast durchwegs den Adelsgeschlechtern des Landes angehörten, und damit auf ausgebreitete verwandtschaftliche Hilfe und Unterstützung rechnen konnten.

Die Beschwerde der Äbtissin Verena wurde vom Päpstlichen Stuhl verworfen, worauf der Kardinal sich noch energischer an die Disziplinierung der rebellischen Nonnen von Sonnenburg machte. Wohl verbot Herzog Sigmund von Tirol dem Kardinal, sich in die weltlichen Angelegenheiten des Stiftes Sonnenburg einzumischen, doch Nikolaus Cusanus beantwortete dies mit dem Bannfluch über die Äbtissin Verena von Stuben im Jahre 1455. Und als die widerspenstigen Nonnen sich weigerten, ihre Äbtissin Verena abzusetzen, dehnte der Kardinal Bann und Interdikt auf den Konvent aus. Bald folgte als weitere Zwangsmaßnahme des Kardinals ein Verbot an die Pfarren von St. Lorenzen, Taufers und Enneberg, der Äbtissin Verena Zinsen und Zehent abzuliefern, anstatt an die von ihm eingesetzte Äbtissin Afra von Velseck. Anscheinend benützten die Bauern diese günstige Gelegenheit, um überhaupt weder Zins noch Zehent zu leisten.

Zwist zwischen dem Kardinal und den Sonnenburger Nonnen

Herzog Sigmund nahm zu jener Zeit noch immer eine versöhnliche Haltung ein und bat den Kardinal, von diesen drükkenden Maßnahmen abzusehen. Nikolaus Cusanus aber verblieb bei seinen Anordnungen. Allen Zinsbauern wurde verboten, die Klosterfrauen von Sonnenburg mit Lebensmitteln, auch den allernotwendigsten, zu beliefern. Nur allzugern kamen die Bauern diesen Verfügungen nach. Lediglich die Enneberger wurden von Balthasar von Welsberg gezwungen, ihren Zins und Zehent weiterhin zu leisten, und jeden, der sich weigerte, ließ er in der Michelsburg einkerkern.

Die Nonnen von Sonnenburg gerieten ob dieser Lage in bittere Not, so daß die Landesfürstin, Herzogin Eleonora, selbst an den Kardinal die Bitte richtete, die Verpflegung der Klosterfrauen wieder zu gestatten. Wohl schränkte der Kardinal seine Verfügung dahin ein, den Sonnenburger Nonnen dürfe das Allernotwendigste zum Leben geliefert werden, doch dies nur bis zur Rückkehr des Herzogs, der außer Landes weilte.

Nach der Rückkehr Sigmunds lud dieser den Kardinal zu einem Treffen nach Innsbruck ein. Doch auch hier kam es zu keiner Lösung. Nach der Rückkehr von Innsbruck fühlte sich Nikolaus Cusanus seines Lebens nicht mehr sicher. Er begab sich zuerst nach Säben und dann nach Schloß Andraz. Von hier aus richtete er sogar an den Dogen von Venedig, Francesco Foscari, die Bitte, auf venezianischem Gebiet Söldner zu seinem Schutze anwerben zu dürfen, was ihm auch gestattet wurde. Der Kardinal führte auch bei Papst Calixtus III. gegen Herzog Sigmund Beschwerde. Dem Herzog wurde mit Bannfluch und Interdikt gedroht, sollte er dem Kardinal nicht innerhalb kürzester Zeit Bürgschaft für dessen Sicherheit geben. Der Herzog antwortete kaltblütig, niemand störe den Kardinal in der Ausübung seines bischöflichen Amtes. Abordnungen mit Versöhnungs- und Vermittlungsvorschlägen kamen und gingen. Der starre Sinn des Kardinals änderte sich nicht. Zu einer Zusammenkunft mit dem Herzog in Taufers erschien er persönlich natürlich nicht, doch sandte er Beauftragte. Auch hier wiederum kein endgültiges Ergebnis.

Schon längst hatte man erkannt, daß es dem Kardinal mit einer Versöhnung mit dem Herzog nicht recht ernst war. Der Gemütszustand von Nikolaus Cusanus schien sich derart erregt zu haben, daß er immer mehr um sein Leben fürchtete. Der Propst von Illmünster schreibt von seinem Besuch beim Kardinal auf Schloß Andraz in Buchenstein:

> „Es zog niemand über Innsbruck nach Buchenstein, es kam niemand mit ihm in nahe oder ferne Berührung, der nicht ein Examen über die meuchelmörderischen Anschläge Sigmunds zu bestehen hatte, und man muß zugeben, daß die Geschäftigkeit der Zuträger und entweder die Charakterlosigkeit gewisser Männer, auf deren Zeugnis Cusanus sich berief, oder die eigene Kunstfertigkeit in Erdichtung von Gerüchten wahrlich nicht gering war."

Man habe den Baum schon ausgewählt, so berichtete man dem Kardinal, an dem er gehenkt werden sollte, und jederzeit lägen dort Verräter auf der Lauer. Der Bischof von Regensburg ließ auf seiner Reise durch Tirol nach Rom den Kardinal vor Sigmund warnen. Von allen Seiten wurden dem Kardinal Nachrichten über geplante Attentate auf sein Leben zugebracht.

Beflissen gab der Kardinal alle diese Verdächtigungen und angeblichen Bedrohungen an den Papst Calixtus III. weiter, der daraufhin das Interdikt über den Herzog und dessen Partei verhängte. Wohl legte der Herzog dagegen Appellation ein, doch der Bischof nahm davon keine Kenntnis. Nun berief Herzog Sigmund eine Versammlung des Kapitels nach Innsbruck ein und teilte mit, er werde über sein Tun und Handeln Rechenschaft ablegen, vor dem Papst in geistlichen Dingen, in weltlichen vor dem Kaiser. Kardinal Kues wurde unmittelbar von diesem Versprechen benachrichtigt, doch auch dazu gab der Kardinal eine ablehnende Erklärung.

Die „Sonnenburger Schlächterei"

Schwer litt das ganze Land unter diesen Streitigkeiten. Als neuerlich eine Abordnung von Innsbruck dem Kardinal den Vorschlag machte, er möge den Streit mit dem Herzog bis zu dessen Rückkehr aus Österreich auf sich beruhen lassen, schien Kardinal Kues damit erstmals einigermaßen einverstanden zu sein. Bald darauf kamen Abgesandte der Bischöfe von Trient und Chur nach Andraz, und dem herzoglichen Rat Hans Kripp schien es endlich gelungen zu sein, eine ruhigere und versöhnlichere Stimmung zu erzielen.

Kripp war beauftragt, der Äbtissin Verena den Rat des Herzogs zu überbringen, zur Beilegung der Angelegenheit abzudanken. Die streitbare Frau erklärte sich hierzu bereit, wenn man „für ihre Seele, ihre Ehre und ihre Pension sorge". Da aber die Äbtissin nicht um Absolution eingekommen war, beharrte Kardinal Kues darauf, sie müsse vor dem Kapitel rechtskräftig prozessiert werden. Dadurch flammte der Widerstand und Trotz der Nonnen von Sonnenburg wieder auf, und die Äbtissin verpflichtete eine Söldnertruppe unter dem Hauptmann Jos von Hornstein. Nun erging von seiten der Äbtissin an ihre Zinsbauern die strenge Aufforderung, sich innerhalb acht Tagen mit Zins und Zehent in Sonnenburg einzufinden. Auf deren Weigerung hin zog Hauptmann Hornstein mit seinen Söldnern nach Enneberg, um die Bauern zu pfänden.

Damit steuerte der unselige Konflikt zwischen den Sonnenburger Nonnen und dem Kardinal Kues seinem blutigen Höhepunkt zu. Der Gewalt weichend, zog ein großer Haufen von Zinsbauern unter der Eskorte der Hornstein'schen Söldner von Enneberg in das Pustertal, um den Zins abzuliefern. Auf dem Wege dorthin, auf der alten Straße von Enneberg nach Sankt Lorenzen und auf der Höhe von Saalen lauerte aber Gabriel von Prack, der Amtsmann des Kardinals in Thurn, mit seinen Mannen, überfiel hintertückisch den Zug der Bauern mit den Söldnern des Hornstein und metzelte erbarmungslos alle nieder. Nur der Hauptmann Hornstein wurde gefangengenommen. Zum Zeichen seines Sieges ließ ihn Prack später wieder frei. Für diese grauenhafte Meucheltat erhielt Gabriel von Prack vom Kardinal eine silberne Schale zur Belohnung.

Nun war der Rachedurst des Kardinals nicht mehr zu hemmen. Er gab seinem Hauptmann den Befehl, das Kloster mit Gewalt zu nehmen. Trotz des Eingreifens Balthasars von Welsberg und Heinrichs von Lichtenstein, die einen kurzen Waffenstillstand vermittelten, griffen die Knechte des

Prack das Kloster an, erstürmten es und raubten und plünderten. Die zu Tode erschrockenen Nonnen flohen in die Wälder und erreichten in höchster Not Schloß Schöneck des Grafen von Görz, wo sie Schutz fanden. Gabriel von Prack aber setzte dem Befehl seines Herrn gemäß die Verweserin Afra von Velseck als neue, rechtmäßige Äbtissin in dem öden und verwüsteten Kloster ein.

Erbitterung und Wut gegen den Kardinal waren wegen dieser schmählichen Grausamkeiten im ganzen Land so angewachsen, daß er sich auch auf Schloß Andraz nicht mehr sicher fühlte. Er verreiste nach Veldes in Krain, das dem Bistum Brixen seit 1004 gehörte. Erst Monate später kehrte er heimlich nach Tirol zurück und reiste bald darauf nach Rom weiter. Wohl hob er von dort aus, wahrscheinlich über Befehl des Papstes, den Bannfluch über die Äbtissin Verena und die Sonnenburger Nonnen auf und bestellte als neue Äbtissin Barbara Schönfelder. Anscheinend schien der Streit mit dem Herzog Sigmund damit auch beendet. Doch dem war nicht so.

Das Ende des unseligen Streites

Eine vom Herzog nach Bruneck einberufene Versammlung, die den förmlichen Frieden bringen sollte, endete wegen des Starrsinns des Kardinals wiederum ergebnislos. Nun war Herzog Sigmund entschlossen, mit Gewalt vorzugehen. Die Ereignisse überstürzten sich. Allsogleich erging das Aufgebot des Herzogs zum Zuge gegen den Kardinal, die Absagebriefe wurden diesem übermittelt, und 23 Adelige des Landes mit ihren Mannen rückten rasch heran und überfielen die Stadt Bruneck. Wohl gelang es Nikolaus Cusanus sich in das Schloß Bruneck zu retten, doch der Fortgang der kriegerischen Handlungen war nicht mehr aufzuhalten. Die Stadt Bruneck wurde beschossen und das Schloß erstürmt. Nun war der Kardinal Nikolaus von Kues der Gefangene des Herzogs Sigmund und mußte sich dem Zwang fügen.

Aber erst viel später kam es zu einer Verständigung zwischen dem Herzog und dem Kardinal. Und damit war der berühmte Sonnenburger Konflikt für Ladinien beendet. Denn bisher waren Enneberg und Abtei als Streitobjekte in schwere Mitleidenschaft gezogen worden, die Bauern erlebten die furchtbare Sonnenburger Schlächterei und schwerste Zeiten seit Jahrhunderten. Und in dem Hochgebirgsschloß von Andraz lebte im Exil, scharf beschützt von seinen Söldnern, in unheimlich einsamer und unwegsamer Verlassenheit viele Monate ein Mann, der als einer der größten Philosophen in die Geistesgeschichte eingegangen ist, aber auch einer der undurchsichtigsten und zwiespältigsten Persönlichkeiten, die jemals den Kardinalshut getragen haben.

Wenn nun auch für Ladinien die Auswirkungen des Fortganges dieses Konfliktes kaum mehr fühlbar wurden, so soll doch darauf verwiesen sein, daß durch einige Jahre Tirol durch diesen Kampf zwischen geistlicher und weltlicher Macht weiterhin schwerste Kämpfe, vor allem an Geist und Religiosität, zu bestehen hatte.

Durch die Säkularisation im Jahre 1803 kam das Gericht Buchenstein unter österreichische Verwaltung. 1805 ging es durch die Abtretung Tirols an Bayern über. Mit der Zerstückelung Tirols im Jahre 1810 fiel Buchenstein an das Königreich Italien, Departement Piave, und kehrte endlich 1813 wieder unter die Herrschaftsgewalt Österreichs zurück und wurde mit dem Lande Tirol vereinigt.

Nach der Angliederung Südtirols im Jahre 1919 an das Königreich Italien wurde Buchenstein auf Grund des Wasserscheidenprinzips der Provinz Belluno zugewiesen.

Seit dem Ende des 14. Jahrhunderts waren die Bischöfe von Brixen alleinige Besitzer des Bergwerkes von Fursil, dessen Eisen, wie schon erwähnt, wegen seiner Güte sehr geschätzt und nach dem Brixner Wappen unter dem Namen „Ferro d'Agnello" weitum bekannt war. Außerordentlich intensiv wurde der Bergbau besonders im 15. Jahrhundert betrieben. Damals wurden zusätzlich Schmelzhütten für das Eisen im Valparola bei St. Kassian und in St. Martin an der Gader erbaut.

Im Jahre 1755 stellte das Hochstift als Besitzer des Bergwerkes von Fursil den weiteren Abbau ein. Angeblich geschah dies über Veranlassung eines schlecht unterrichteten Beamten, der dem Bischof vorredete, der Erlös aus dem Verkauf des Holzes, das man für das Schmelzen benötige, sei bedeutend höher als jener aus dem Verkauf des Eisens. Noch im Jahre 1837 versuchten venezianische Gutsbesitzer den Betrieb wieder zu eröffnen, doch wurde bald darauf das ganze Unternehmen trotz angeblich günstiger Erfolge wieder eingestellt.

Ladinische Landschaft verstreuter Bergweiler

An modernsten Bergstraßen einsame Dörfchen

Wie sich Buchenstein von den anderen ladinischen Landschaften durch die Formung seines Berggebietes und durch seine eigenartige Begrenzung unterscheidet, so sind auch seine Siedlungen viel kleiner und unbedeutender, meist in zahlreiche, benachbarte Weiler aufgeteilt. Auch als Fremdenverkehrsgebiet steht Buchenstein an letzter Stelle aller ladinischen Gebiete, obschon es von wichtigen, verkehrsreichen Straßen durchzogen wird. In allen seinen kleinen Orten hat sich kaum noch ein ständiger Fremdenverkehr entwickelt, lediglich in Arabba sind erste Anfänge von Wintersportbetrieb vorhanden.

Arabba, lad. Reba (1605 m), liegt an der Paßrampe des Pordoijochs und an der Südrampe des Campolongopasses. Trotz seiner günstigen Lage und der Schneesicherheit sowie der guten Erreichbarkeit auf den schneegebahnten Paßstraßen ist der Wintersport hier zwar noch jung, aber eben doch stark im Kommen. Von Arabba führt ein schöner Sessellift auf den Monte Burz, 1943 m, mitten in die Almmatten am Fuße des Sellastockes mit einer herrlichen Rundsicht vom Padonkamm bis zum Col di Lana.

Mit dem Bau der großen Seilbahn von Arabba auf die Porta Vescovo, 2516 m, wurde nicht nur eine Reihe von erstklassigen sportlichen Skiabfahrten nach Arabba erschlossen, sondern es wurde auch ein kurzer, mit herrlicher Aussicht verbundener Übergang zum Fedajasattel am Fuße der Marmolata hergestellt.

Schon im Jahre 1336 wird ein Kirchenbau in Arabba erwähnt. Die heutige Pfarrkirche zu den Hl. Petrus und Paulus, die wohl mehrmals umgebaut wurde und deren Weihe auf 1664 zurückgeht, zeigt noch ausklingende Spuren der Gotik. Die Seitenkapelle wurde um 1680 angebaut. Bei dieser Kirche ist auch an der Inneneinrichtung kaum etwas Bemerkenswertes.

Buchenstein, ital. Pieve di Livinallongo (1465 m), ist der Hauptort des gesamten Gebietes und zählt rund 700 Einwohner. Der Ort ist steil an die Flanken des Col di Lana angebaut und wurde im Ersten Weltkrieg samt der Kirche vollständig zerstört. Trotz seiner landschaftlich besonders aussichtsreichen Lage hat Buchenstein für den Fremdenverkehr wenig Bedeutung.

Die Pfarrkirche von Buchenstein, dem hl. Jakobus geweiht, trug vor ihrer Zerstörung im Ersten Weltkrieg über dem Portal die Jahreszahl 1454. Eine erste urkundliche Erwähnung findet ein Pfarrer in Buchenstein im Jahre 1237. Im Jahre 1683 brannte das ganze Dorf samt der Kirche ab. Der vergrößerte Neubau wurde im Ersten Weltkrieg bis auf die Mauern, das Chorgewölbe und den Turm zerstört. 1923 war der Wiederaufbau vollendet. Vom alten Bau ist nur mehr wenig zu erkennen, darunter die Wandpfeiler, die schmalen Spitzbogenfenster und das zierliche Rippengewölbe des Chores. Auch der Spitzturm mit den eigenartigen Schallfenstern war noch der alten Kirche zu eigen. Die Einrichtung nach der Zerstörung im Kriege ist neugotisch gehalten, das Hochaltarbild schuf Eduard Neri aus Görz, die Decken- und Wandgemälde Johann Baptist Oberkofler von Brixen (1930). Bemerkenswert ist ein Marmorgrabstein des Georg Felix Mayrhofer zu Koburg und Anger und der Anna Maria Wenzlin von Kirchegg und Ragen von 1724. Vor der Kirche steht das von Josef Parschalk geschaffene Denkmal der Katharina Lanz, des „Heldenmädchens von Spinges" aus den Franzosenkämpfen von 1797.
Die zweigeschossige Kapelle zu Unserer Lieben Frau auf dem Friedhof wurde 1441 geweiht, im 17. Jahrhundert jedoch stark umgebaut. Sie trägt noch heute den Namen „Flagellantenkapelle".

Dieser Name geht auf die seit dem 15. Jahrhundert nachweisbare Flagellanten-Bruderschaft zurück, die in Buchenstein bestand und hier ihre Andachts- und Bußübungen hatte. Die Flagellanten, auch Geißel- oder Kreuzbrüder genannt, waren schwärmerische Laien, die im 13. Jahrhundert erstmals in Mittelitalien auftauchten und in übersteigertem Bußeifer sich morgens und abends unter Gebet, Psalmengesang und Bußliedern öffentlich geißelten. Meist bildeten sich Gruppen, die vagabundierend von Ort zu Ort zogen. Diese sektierende Bewegung erreichte ihre Höhepunkte besonders zu Zeiten drückender Not und in Pestjahren. Die Flagellanten wurden von der Kirche mehrmals verboten, ihr Treiben flackerte aber immer wieder da und dort auf. Es ist interessant, daß diese Sekte in der einsamen Abgeschiedenheit von Buchenstein noch bis um 1800 stillschweigend geduldet wurde. Dann erst wurden ihre Bußübungen eingestellt, doch die Bruderschaft blieb für längere Zeit noch bestehen.

Als dritte, unscheinbare Ortschaft liegt an der Dolomitenstraße und am Fuße der Rampe zum Falzaregopaß Andraz (1428 m) zwischen Weidegründen mit Lärchengruppen und den Weilern Cernadoi und Castello.

Im Jahre 1488 wurde in Andraz die Benefizialkirche zur Hl. Dreifaltigkeit geweiht, die teilweise in den später erweiterten Kirchenbau einbezogen wurde. Der Umbau zur heutigen Form geschah erst um 1640. Die Inneneinrichtung und der Aufbau der Altäre sind einfach und schmucklos gehalten. Ein Teil der Figuren, die aus der Kapelle der Burg Andraz stammten, wurden gestohlen. Am bemerkenswertesten ist eine schöne, holzgeschnitzte Marienstatue von Dominikus Moling, dem bekannten ladinischen Künstler aus Wengen. Der Altar der Schloßkapelle ist in der Andrazer Kirche links vom Eingang aufgestellt. Durch die vom Gelände gedeckte Lage wurde die Kirche trotz der heftigen Kämpfe in unmittelbarer Nähe an den Hängen des Col di Lana vor Zerstörung bewahrt.

Von Cernadoi zweigt die ausgezeichnet ausgebaute Verbindungsstraße in das Cordevoletal ab. Im etwas höhergelegenen Weiler Castello mit einigen neu aufgebauten Bauerngehöften liegt das Schloß Andraz, eine der wenigen mittelalterlichen Burganlagen im engeren Dolomitengebiet. Die Uranfänge dieses so absonderlich auf einem riesigen Felsblock aufragenden Gemäuers gehen als Fluchtburg wohl in vorgeschichtliche Zeiten zurück. Nach Überlieferungen hatten, wie bereits erwähnt, schon die Ostgoten unter Theoderich dem Großen hier eine wehrhafte Burg errichtet, später sollen langobardische Adelige Castel Andraz durch Jahrhunderte besessen haben. Von 1091 bis 1803 war Castel Andraz im Besitz der Bischöfe von Brixen und diente als Sitz der bischöflichen Vögte für das Gebiet von Buchenstein. Unter der bayerischen Herrschaft von 1805 bis 1809 ging die Burg in Privatbesitz über und verfiel dann allmählich.

Die Gemeinde Buchenstein (Pieve di Livinallongo) umfaßt nicht weniger als sechzehn über die ganzen Südhänge verstreute Weiler. Lediglich der Weiler Ornella liegt jenseits des Cordevolebaches.

Die Gemeinde Colle Santa Lucia liegt in einem weit nach Süden zugespitzte Winkel des Gebietes und hat wegen des Eisenbergwerkes Fursil in der ganzen Geschichte des Buchensteins eine bestimmende Rolle gespielt.

Falzaregopaß — Brennpunkt des Fremdenverkehrs

Verkehrsknotenpunkt von Autostraßen und Wanderwegen

Alle befahrbaren Pässe Ladiniens sind grün, zu allen reichen Wiesenmatten aus den Tälern herauf. Der Falzaregopaß macht hier eine Ausnahme. Obschon mit seinen 2105 m nicht der höchste, ist er felsgrau getönt, seine trümmerbesäten, einförmigen Hochweiden werden schon vom Dolomitfels übertönt. Der Falzaregopaß ist wohl auch der verkehrsreichste Dolomitenpaß, denn sein Talpunkt auf der einen Seite ist Cortina d'Ampezzo, weitaus der größte Kurort und Wintersportplatz in den Dolomiten. Dazu kommt, daß direkt auf dem Paß eine Seitenstraße vom Valparolajoch herüber in die Paßsenke einmündet und schließlich, daß von Cernadoi herauf die Rampe besonders stark befahren ist, weil sie das Endstück der großen Zubringerstraße durch das Cordevole aus der oberitalienischen Tiefebene ist.

Wie jeder der Hauptpässe Ladiniens hat auch der Falzarego eine Seilbahn, die in das felsige Umrahmungsgebiet, nämlich auf den Kleinen Lagazuoi (2748 m) in ganz kurzer Fahrt von nur vier Minuten hinaufführt. Trotz des starken Besuchs und Verkehrs steht auf dem Falzaregopaß nur ein Berghotel mit einigen Nebengebäuden. Die Grundbesitzverhältnisse haben eine weitere bauliche Ausdehnung verhindert, und dies ist durchaus zu begrüßen. Denn aller Weidegrund gehört dem Regole (Riegel), also der Gemeinschaft der Bauern des ganzen Ampezzo (Allmende) und wird grundsätzlich nicht verkauft. Lediglich etwas weiter talwärts an der Straße nach Cortina besteht noch eine Gaststätte, wo früher das alte, von einer Lawine zerstörte Hospiz war, dessen Entstehung weit zurückreicht.

Seilbahnberg und Aussichtswarte Kleiner Lagazuoi

Das Schaustück des Passes ist die zerrissene und zersprengte Südwand des Kleinen Lagazuoi. Weniger durch ihre Formung als durch die geschichtlichen Kriegsereignisse ist diese Wand zu einer Berühmtheit geworden. Der Falzaregopaß war im Ersten Weltkrieg engstes Kampfgebiet, und dessen Spuren bilden heute noch eine Sensation. In dem Kapitel über die ladinische Hochgebirgsfront im Ersten Weltkrieg ist hierüber eingehender berichtet. In der Südwand des Kleinen Lagazuoi trafen sich auf kürzester Entfernung die gegnerischen Vorpostenstellungen mitten im steilsten Felsgelände; hier wurde um jeden

Meter Fels gerungen und mehrmals zum bewährten Kampfmittel der Sprengungen durch gewaltige Minen gegriffen. Zu Füßen der Südwand dehnen sich schuttweiße Lammern, welche die Sonne und die Luft des Hochgebirges auch in den 50 Jahren seit jenem Geschehen noch nicht verwittern und bleichen konnten. Sie rühren von den gewaltigen Sprengungen auf dem großen Felsband (Cengia Martini) her und von den Bohrungen der Felsstollen durch den Berg.

Den Einschnitt des Valparolajoches westlich begrenzend, erhebt sich der Sasso di Stria (Hexenstein, 2477 m), der ein ähnliches Schicksal wie der Kleine Lagazuoi hatte. Der 500 m lange Felsstollen, der durch den Berg zu den österreichischen Stellungen auf der Plattform vor seiner Südwand vorgetrieben wurde, ist vor kurzem als Kuriosität und Erinnerung freigelegt worden. Auch der östlich zur Tofana di Rozes hinüberstreichende Felskamm mit der turmumstandenen Cima Falzarego und der Cima Bois sowie den breiten Scharten der Forcella Travenanzes und der Forcella Bois, das ganze Gelände hinauf bis in die Felsen ist von diesem Gewirr von halbzerfallenen Kriegssteigen durchzogen. Diese Felsberge schließen sich zu einer einzigen Mauer zusammen, die das Gelände des Passes und seiner Rampe gegen Cortina, gegen Norden, abschirmt.

Nach allen anderen Weltrichtungen aber ist das Reich des Falzaregopasses offen und aussichtsreich, nach diesen Seiten eröffnen sich Fernblicke von einzigartiger Schönheit und instruktivem Überblick. Unsagbar schön und wie ein großartiges Hochgebirgsgemälde komponiert ist der Blick gegen Südwesten. Im Mittelpunkt des Bildes liegt der schwarze Eruptivstock des Col di Lana in seine Grate und Flanken aufgegliedert, hinter ihm aber strahlt die Firnkrone der Marmolata auf. An diesem Bilde, an dieser Wand mögen noch so viel Erinnerungen und Narben aus dem Ersten Weltkrieg kleben, die Schönheit der Bergnatur übertönt hier alles. Ganz anders bietet sich die Bergwelt im Blick gegen Süden und gegen Südosten. In der Nähe des Passes noch streben felsige Kuppen auf, dann erscheint als eine der merkwürdigsten Felsgruppen der kleine, wild zusammengewürfelte Haufen von riesigen Felsblöcken, die Cinque Torri, und hinter diesen aufgereiht die Riesen von Ampezzo, Sorapiss und Antelao.

All diese Vielfalt von Berggruppen und Tälern, wie sie sich vom Falzarego aus dem Auge bietet, macht den Paß zu einem der aussichtsreichsten in den Dolomiten. Noch weitreichender, intensiver und instruktiver wird diese Rundschau von der Bergstation der Lagazuoiseilbahn auf 2748 m. Von dieser Hochwarte aus wird die Sicht wie aus einer gemäßigten Vogelschau zu einem beispiellos übersichtlichen und doch wirklichkeitsnahen, ja greifbaren Relief.

Eine besondere Attraktion erschließt die Seilbahn auf den Lagazuoi durch die Freilegung einer Reihe von Felsstollen aus dem Ersten Weltkrieg, die für den Nachschub, als Zugang und teilweise auch für die Sprengungen gebaut wurden. Im Kapitel über die ladinische Hochgebirgsfront ist Näheres über die Begehung des einzigartigen, 1100 m langen, teilweise fast senkrechten Minenstollens nachzulesen, der heute gesichert und fast mühelos im Abstieg von der Bergstation zum Fuß des Berges begangen werden kann.

Wanderungen und gesicherte Klettersteige

Unüberbietbar reich ist die Anzahl der Bergwanderungen jeder Länge und Schwierigkeit, die man vom Paß aus unternehmen kann. Abgesehen von der Umgebung des Valparolajochs, das man bequem mit dem Auto erreichen kann und von dem aus die Ersteigung des Sasso di Stria (Hexenstein, 2477 m) über steile Felshalden nicht übermäßig schwierig durchzuführen ist, sind die Wanderungen gegen das Val Travenanzes jenseits des Felskammes alle am besten von der Bergstation der Seilbahn aus zu unternehmen. Wer gerne wandert, kann natürlich auch auf noch immer sehr gut gangbaren, breiten Kriegswegen die Forcella Travenanzes (2571 m) erreichen, ferner die Forcella Bois (2330 m), die beide in das traumhaft schöne, wie verzauberte Felstal von Travenanzes führen. Eine der beliebtesten und aussichtsreichsten Wanderungen geht mit mäßigen Höhenunterschieden zu den originellen Cinque Torri (1 Std.) mit der Cinque-Torri-Hütte (auch Sessellift), von der aus man auch den besuchten Aussichtsgipfel des Nuvolau (2575 m), auf dem die Nuvolauhütte (früher „Sachsendankhütte) steht, erreicht. Neuerdings wurden einige gesicherte Felswege gebaut, die in ihrer Großartigkeit schon das Erlebnis von Klettertouren bieten.

Der neueste dieser Art ist der gesicherte Klettersteig auf die südliche Fanisspitze (2989 m), der nahe der Bergstation der Seilbahn ausgehend über die Forcella Lagazuoi und die Forcella Travenanzes die Biwakschachtel „Della Chiesa" erreicht und von hier aus in kühner Linienführung zur Spitze führt. Er ermöglicht eine Rundtour durch die Fanisgruppe von unerreichter Schönheit und mit Felsszenerien und Nahblicken, wie sie sonst nur dem Kletterer vorbehalten sind. Einige Daten mögen die gute Ausführung der Sicherung illustrieren: Baujahr 1968/69, Länge der Drahtseile 800 m, Haken 165, Dauer des Rundganges rund sieben Stunden. Ein anderer Klettersteig, der noch zum Gebiet des Falzaregopasses gehört und schon zu großer Beliebtheit gelangt ist, führt vom Südwestfuß der Tofana di Rozes durch den 500 m langen freigelegten Sprengstollen auf die Forcella des Castelletto („Schreckenstein"). Von dort aus wird auf breiten Bändern und in gesicherten schrägen Aufstiegen die ganze Nordwestwand der Tofana di Rozes mit dem Aufstieg bis zur höchsten Spitze (3225 m) bewältigt. Dieser Klettersteig („Via Giovanni Lipella") wurde 1967 gebaut. Es wurden 1400 m Drahtseile verwendet, ferner 216 Haken. Die Dauer wird mit sechs bis sieben Stunden angegeben.

Zu erwähnen ist in diesem Zusammenhang der „Friedensweg" (Via della pace), der von der Alm Fanes ausgehend die orogr. linke Begrenzung des Travenanzes-Tales erreicht; es handelt sich durchwegs um Kriegswege, die von einer internationalen Gruppe der „Dolomitenfreunde" unter Oberstleutnant Walther Schaumann wieder begehbar gemacht wurden (auch Biwakhütte) und eine Verbindung Fanes—Travenanzes herstellen. Schaumann hat 1978 auch die alten Kriegswege am Monte Piano mit seiner Gruppe wieder hergestellt.

Für den Wintersport bildet das Gebiet um den Falzaregopaß eine wertvolle Bereicherung der Möglichkeiten im weiten Talkessel von Ampezzo. Es ist vor allem bei schneearmen Wintern in der Talsohle als Ausweichgebiet von großer Bedeutung. Das Paßgebiet selbst ist durch mehrere Schlepplifte gegen den Col del Gallo hin erschlossen.

Hervorragende Skiabfahrten ermöglicht vor allem die Seilbahn auf den Kleinen Lagazuoi. Die direkte Abfahrt in weitem Bogen über die Forcella Travenanzes auf ausgezeichnet hergerichteter Piste gehört zu den rasanten Abfahrtspisten Cortinas. Eindeutig eine Abfahrt ersten Ranges, sowohl skitechnisch wie landschaftlich, führt vom Kleinen Lagazuoi in nördlicher Richtung über das Rifugio Scotoni hinunter in das hinterste Armentarola. Von hier wird mit Busverbindung über den auch im Winter gebahnten Valparolasattel die Rückkehr zum Falzaregopaß ermöglicht. Wie bei allen anderen großen, befahrbaren Pässen Ladiniens wird auch die Straße über den Falzarego den ganzen Winter schneegebahnt und ist, nachdem unterhalb des Sasso di Stria eine große Lawinengalerie errichtet wurde, durchwegs sicher zu befahren.

Ampezzo

Landschaft und Berge in weitem Umkreis

Bergriesen und kühne Felszacken bunt aufgereiht

> ... „Gegen Sonnenuntergang kamen wir nach Cortina d'Ampezzo (Pratinum). Das ist ein freundlicher Ort im Gebirge mit vielen Wiesen und Viehweiden. Mitten in der Gegend liegt ein großes Dorf, das man im Volksmund zum „Haiden", das heißt ad Prata, nennt. Dort suchten wir das Gasthaus auf und übernachteten ..."
>
> (Felix Faber, 1484)

So erwähnt der Dominikanermönch Felix Faber aus Ulm auf der Rückreise aus dem Heiligen Land Cortina d'Ampezzo. Diese Rückreise hatte Faber von Venedig über Conegliano, Vittorio Veneto und durch das Piavetal herauf über Pieve di Cadore nach Cortina d'Ampezzo geführt und dann weiter in das Pustertal und über den Brenner. Cortina d'Ampezzo, das man heute noch zu den Landschaften von Ladinien zählt, liegt in einem talförmig ungemein ausgebreiteten, ja fast abgerundeten Becken, dessen starke Weitung mit sanften Hängen durch den geschwungenen Kranz der Berggruppen, die es umstehen, noch verstärkt wird. Es wird vom Boitebach durchflossen, der im Gebiet von Fanes-Sennes entspringt und auch vom Cristallo her Zuflüsse aufnimmt; er mündet unterhalb von Pieve di Cadore in die Piave.

Die Sprache der Bewohner war seit jeher ladinisch. Schon um 1300 werden die Ampezzaner in einer Innichner Schrift als „Walchen" bezeichnet und auch in späteren Berichten wird auf diesen Umstand hingewiesen. Heute allerdings ist Ampezzo jene Landschaft Ladiniens, in der das ladinische Idiom am meisten verdrängt und überschichtet wurde. Die Umgangssprache der eingesessenen Bevölkerung ist nicht mehr so umfassend ladinisch wie in Gröden, im Gadertal und Buchenstein, sondern verliert sich noch mehr als im Fassatal. Dies ist verständlich, weil Ampezzo seit dem Mittelalter von der großen Durchzugs- und Handelsstraße aus dem Friulanischen in das Pustertal und über den Brenner durchzogen wurde, die sogenannte Strada d'Alemagna, die zeitweilig eine große Bedeutung für den Handelsverkehr durch die Alpen hatte und in gewissen Zeitabschnitten sogar den Handelsverkehr vom Brenner südwärts durch das Eisack- und Etschtal übertraf. Zum Unterschied von allen anderen ladinischen Landschaften ist das Ampezzo kein Sacktal, das stark abgeschlossen erscheint, sondern wird gegen Süden durch die wohl ziemlich enge Boiteschlucht vor Pieve di Cadore eingeengt, ist aber nicht unwegsam; andererseits erreicht man aus dem Talbecken von Ampezzo über eine kurze, ebenfalls nicht übermäßig schwierig zu bewältigende Rampe den niederen, breiten Sattel des Gemärks und das Pustertal.

Geschichte der Landschaft Ampezzo

Noch mehr als die geographisch offene Lage müssen in Ampezzo wohl die politischen Entwicklungen, der oftmalige Wechsel der Zugehörigkeit zum Süden oder Norden bewirkt haben, daß sich die ladinische Sprache nicht so rein erhalten konnte. Die deutsche Bezeichnung Haiden für Ampezzo, die nachweisbar schon um 1400 erstmals schriftlich erwähnt wird, deutet darauf hin. Auch der Name der zerstörten Feste Peutelstein (Bottestagnum, italienisch Podestagno), die als stark bewehrte Burg bis zu ihrer Zerstörung den Übergang über das Gemärk in das Pustertal schützte, läßt eher deutschen Ursprung vermuten und dürfte erst später romanisiert worden sein.

Die Annahme ist nicht ganz unberechtigt, Ampezzo habe seit der Gründung der Hofmark Innichen im Jahre 769 oder bald darnach zu deren Besitz gehört. Denn in einer Urkunde König Konrads II. aus dem Jahre 1140 wird dem Hochstifte Freising der Besitz der Grafschaft Cadore mit den dazugehörigen Gütern anerkannt und 1159 durch einen Spruch des kaiserlichen Hochgerichts neuerdings gegenüber den Beschwerden der Herren von Camino bestätigt. Dem würde auch nicht widersprechen, daß die Grafschaft Cadore, nachdem sie in den Besitz des Patriarchates Aquileja gelangt war, als Lehen den Herren von Camino um die Mitte des 12. Jahrhunderts übertragen wurde. Denn im Jahre 1266 erhielten die Grafen von Tirol und Görz vom Hochstifte Freising alle dessen Besitzungen im Cadore, die bisher die Herren von Camino von Freising zu Lehen hatten. Und anläßlich der Teilung der Güter von Görz-Tirol zwischen den beiden Grafen Meinhard und Albert im Jahre 1271 wurden diese Lehen ihrer örtlichen Lage gemäß dem Grafen Albert von Görz zugesprochen.

Ampezzo (Ampicium) hatte nach den ältesten Urkunden zur Grafschaft Catubrium gehört, die italienisch Cadore und deutsch Kadober oder Kataufers genannt wurde. Zur Zeit des langobardischen Königreiches Italien und innerhalb dessen Bereich unterstand diese entweder dem Herzogtum Friaul oder der Grafschaft Belluno. Sie kam später, entweder im Jahre 1077 oder 1156, durch kaiserliche Verleihung der weltlichen Oberhoheit an das Patriarchat Aquileja. Mit einzelnen anderen Gebieten gaben die Patriarchen von Aquileja auch Cadore als Lehen mit den territorialen Hoheitsrechten an Adelsfamilien ab. Mitte des 12. Jahrhunderts erschienen die Herren von Camino als Lehensträger der Patriarchen in Cadore. Beim Aussterben der Herren von Camino im Jahre 1335 zogen die Patriarchen dieses Lehen wieder ein und mit dem Aufgehen des Patriarchates in die Republik Venedig wurde das Cadore 1420 ein Teil des venezianischen Gebietes.

Die Unsicherheit über die tatsächlichen Inhaber der Hoheitsrechte in Ampezzo wird dadurch erhöht, daß von den Tiroler Landesfürsten die Feste Peutelstein schon im 14. Jahrhundert besetzt war. So wurde um 1346 Peutelstein mit dem Gebiet von Ampezzo dem Engelmar von Villanders zu Lehen gegeben. Kurz vor 1420 ließ Herzog Friedrich IV. mit der leeren Tasche den Patriarchen von Aquileja wissen: „Es hat auch unser Herr von Osterreich guet Brief, daß der Peutelstain zu seinem Land gehört."

Die Schlacht bei Rusecco

Eine umwälzende Änderung ergab der Krieg zwischen Kaiser Maximilian und Venedig, der im Jahre 1508 ausbrach (Liga von Cambray). Von den Heerhaufen, die aus den verschiedenen Südtiroler Tälern in Venetien einfallen sollten, wurde einer in Toblach formiert und sollte unter dem Befehl des Sixt Trautson durch Ampezzo, das Cadore und weiter durch das Piavetal vorrücken. Mit 1300 der tapfersten Kriegsknechte und den Unterbefehlshabern Rudolf von Ems und Hans Sprenger eroberte Trautson bald die Feste Peutelstein und zog rasch durch Ampezzo das Boitetal hinunter. Knapp vor Pieve di Cadore, auf dem weiten Felde von Rusecco, griff Sixt Trautson das venezianische Heer an, geriet in eine Umklammerung und mußte sich gegen drei Seiten wehren. Trotz aller Tapferkeit der kaiserlichen Kriegsknechte und ihrer Befehlshaber erlag der Heerhaufen dem weit überlegenen Feind, und es kam zu einem fürchterlichen Gemetzel unter den Truppen des Kaisers, wobei Hunderte erschlagen wurden und Sixt Trautson selbst den Heldentod starb. Viele, darunter Marx Sittich von Ems, Georg Goldegger und andere Hauptleute wurden gefangengenommen. Die Reste der kaiserlichen Truppen mußten sich in das Pustertal zurückziehen. Erst drei Jahre später gelang im weiteren Verlauf der Kriegshandlungen die Wiedereroberung der Feste Peutelstein (1511) und des Talkessels von Ampezzo.

Noch vor dem Abschluß eines Friedensvertrages mit Venedig verlieh der Kaiser im Jahre 1515 die „Hauptmannschaft Beutelstein mitsamt den Gütern zu Haiden gelegen" dem Christoph Herbst aus Toblach. Mit dem endgültigen Friedensschluß kam das Gebiet von Ampezzo zu Österreich und wurde der Tirolischen Landschaft einverleibt.

Die Grenzen des Gerichtes Ampezzo, besonders über die Almen, Weiden, durch die Wälder und über die Pässe und Berge blieben im allgemeinen so, wie sie schon im Mittelalter festgelegt worden waren. Allerdings gab es immer wieder Streitigkeiten besonders wegen der Almen und der Waldnutzung, was dann durch neuerliche Verträge bestätigt oder korrigiert wurde. Im ganzen und großen sind diese Grenzen gegen das Cadore, seit der Einverleibung des Ampezzo zu Österreich, nach 1868 und mit dem Verlust Venetiens zu den Staatsgrenzen geworden und als solche bis zur Abtrennung Südtirols im Jahre 1919 verblieben. Als Kuriosum sei erwähnt, daß Kaiser Karl V. dem berühmten Maler Tizian Vecellio aus dem Cadore die Wälder im Val Popena verlieh, was wohl als Dank für das berühmte Porträt, das der Künstler vom Kaiser malte, geschehen war.

Von den Versprechungen, die Kaiser Maximilian I. den Einwohnern von Ampezzo bei der Besitznahme 1511 machte, ist besonders die Beibehaltung des Cadorinischen Statutes zu erwähnen, wonach das Gebiet ein eigenes Gericht bilden sollte und sich seinen Richter als Vikar selbst wählen durfte. Der Hauptmann von Peutelstein, der vom Landesfürsten von Tirol eingesetzt wurde, war für die übrige Verwaltung zuständig. Mit Ausnahme des kurzen Zwischenspiels von 1810—1813 unter der Herrschaft Napoleons, in der Ampezzo zum Königreich Italien und zum Departement Piave geschlagen wurde, verblieb das Gebiet von 1511 bis zur Eingliederung Südtirols in das Königreich Italien im Jahre 1919 bei Österreich. Seither gehört es zur Provinz Belluno.

Die dolomitische Felsarena von Ampezzo

Cortina d'Ampezzo (1200 m), rund 8000 Einwohner, wird im Hinblick auf seine Bedeutung im Fremdenverkehr gemeiniglich die „Hauptstadt der Dolomiten" genannt. Sie ist der größte und bekannteste Sommerkurort und Wintersportplatz und liegt mitten in einer Landschaft, die ohne Zweifel zu den eigenartigsten und herrlichsten dieser Bergwelt zählt. Über dem ungemein weiten Rund von Matten und Wäldern sind die gewaltigen Kolosse der Ampezzaner Berge und dazwischen keck und filigran geformte Felsgebilde aufgebaut. Hier herrscht der Hauptdolomit mit teilweise starken Bänderungen vor. Im Norden ragt die Mauer des Pomagagnon (2445 m) und des mächtigen Cristallo (3216 m) auf, breit und schwer lagern die Felsmassive des Sorapiss (3205 m) und weiter gegen das Cadore hinaus des Antelao (3263 m) da. Knapp sichtbar reckt über Waldkämmen der Monte Pelmo (3168 m) fern im Süden seine dem Triptychon eines Altares ähnlich geformte Felsgestalt in den Himmel. Daran schließen sich die unscheinbareren Felsformen der Rocchetta, des Becco di Mezzodí (2602 m), des Sonnenuhrzeigers von Cortina, und die spitzkeck geformte Croda da Lago (2709 m). Schließlich runden im Westen die massiven Felsleiber der Tofanen (3242 m) diesen gewaltigsten Felszirkus der Dolomiten ab.

Das in den letzten Jahren durch eine ungemein rasche Entwicklung zu einer kleinen Bergstadt gewordene Zentrum von Cortina dehnt sich 2 km lang am linken Ufer des Boitebaches und entlang der großen Strada d'Alemagna aus. Besonders charakteristisch sind die 37 Weiler und Häusergruppen, die das weite Talbecken auskleiden und damit die so ungemein stark angewachsene Verbauung auflockern.

Besondere Wichtigkeit kommt Cortina als größtem Straßenknotenpunkt in den Dolomiten zu. Vom Falzaregopaß her mündet die Große Dolomitenstraße, die sich auf der Trasse der alten Strada d'Alemagna nach Toblach fortsetzt, außerdem zweigt hier die Straße über den Tre-Croci-Paß nach Misurina und Auronzo ab. Schließlich führt als Hauptarterie die frühere Strada d'Alemagna durch das Boitetal nach Pieve di Cadore und weiter durch das Piavetal in die oberitalienische Tiefebene hinaus.

Im Ersten Weltkrieg wurde der ganze Talkessel von Cortina von den österreichischen Truppen geräumt und die Front auf die Gebirgskämme nördlich zurückgenommen. Cortina war in den zweieinhalb Jahren des Bestehens der Dolomitenfront

Sitz höherer italienischer Kommanden. Trotz der Frontnähe blieb Cortina von Kriegseinwirkungen und Zerstörungen jeder Art gänzlich verschont.

Neben der Landwirtschaft im Talkessel von Cortina ist von altersher eine rege Holzindustrie von der Schnitzerei bis zu kunstvollen Einlegearbeiten heimisch, ebenso die Herstellung von schmiedeeisernen Erzeugnissen und Ziselierarbeiten, ferner die Anfertigung von Spitzen. Um diese Heimgewerbe zu fördern, wurde schon 1846 eine Fachschule für diese Gewerbe errichtet. Sehenswert ist die permanente Ausstellung des ampezzanischen Kunsthandwerkes.

Sehenswürdigkeiten in Cortina d'Ampezzo

Den Ortskern von Cortina d'Ampezzo beherrscht die große Pfarrkirche zu den Hl. Philipp und Jakob. Die erste Erwähnung einer Kirche in Cortina d'Ampezzo geht auf 1208 zurück. Nach mehrmaligen Umbauten und Veränderungen erfolgte endlich im Jahre 1776 der heutige Bau, zu dem die Brüder Josef und Johann Costa aus Wengen die Pläne lieferten. Es entspricht der sicherlich damals schon wichtigen Stellung Cortinas als Durchzugsort an der Strada d'Alemagna, daß ein solch monumentaler Bau geplant wurde. Die Baumeister strebten, der Zeit entsprechend, einen Bau mit den bewegten Formen des tirolischen Rokoko an, der durch die Verbindung mit den monumentalen Ausmaßen des italienischen Kirchenbaues kein sehr einheitliches Bild ergab. Immerhin strahlt die Kirche durch ihre Maßverhältnisse eine starke Wirkung aus. Die Inneneinrichtung der Kirche sowie die sieben Altäre mit zahlreichen Statuen, dann die Wandgemälde einer Vielzahl von Künstlern wirkt unruhig und uneinheitlich. Das berühmteste und wertvollste Schaustück dieser Kirche ist der Tabernakel von Andrea Brustolon (1662—1732) aus Dont im Val di Zoldo, Provinz Belluno, der dieses Meisterwerk um 1724 schuf.

Der freistehende, ungewöhnlich eindrucksvolle Turm wurde nach dem Entwurf des Wiener Architekten Hermann von Bergmann 1853 vollendet. Der Turm ist 76 m hoch und bietet vom obersten Stockwerk aus einen besonders instruktiven Rundblick über das Talbecken von Cortina und den Kranz seiner Berggruppen.

Besonderer Beliebtheit bei der Bevölkerung erfreut sich die Wallfahrtskirche zur Madonna della Difesa in der Nähe des Friedhofes. Die Kirche wurde zum Dank für die Errettung aus Feindesnot, vermutlich beim Einfall der Cadoriner im Jahre

1487, erbaut. Der Turm mit der anstoßenden Kapelle wurde erst 1646 errichtet, blieb jedoch beim gänzlichen Neubau der Kirche 1743 erhalten. Wandgemälde im Inneren zeigen interessante Darstellungen von Kämpfen gegen wilde Völker. Diese Fresken stammen aus der zweiten Hälfte des 18. Jahrhunderts, dürften wahrscheinlich von Franz Anton Zeiller aus Reutte gemalt worden sein und sind zum Teil übertüncht. Am festlichen Altar zahlreiche Statuen, Engelputten, ferner Skulpturen des hl. Rochus und des hl. Sebastian, ebenfalls aus dem 18. Jahrhundert. Das Gnadenbild Maria mit dem Christkind, das ein Schwert in der Hand hält und bekleidet ist, dürfte noch aus gotischer Zeit stammen. Der Tabernakel ist eine moderne Nachahmung des wertvollen Brustolon-Tabernakels in der Pfarrkirche. Bemerkenswert sind ferner einige Gemälde, vermutlich ehemalige Altarbilder aus der Pfarrkirche, von Franz Anton Zeiller.

Von mittelalterlichen Wehranlagen sind nur mehr Reste des Castel Zanna im nördlichen Teil von Cortina unterhalb der Straße erhalten. Dieser Ansitz wurde von den Herren von Zanna, die 1559 geadelt wurden, erbaut und 1809 von den Franzosen niedergebrannt, weil Ignaz de Zanna Schützenkommandant in den Befreiungskriegen war.

Die wehrhafte Anlage zeigte früher eine ausgedehnte, rechteckig verlaufende Ringmauer mit Wehrgang und vier runden Ecktürmen. An der Ostmauer war ein Wohnhaus angebaut, das heute völlig umgestaltet ist. Von der Ringmauer stehen noch die Nord- und Westseite mit zwei Ecktürmen, von denen der eine als Turm der Dreifaltigkeitskapelle dient, die um 1700 errichtet wurde.

Im nördlichen Teil des Ortes und mitten in einem Park erinnert das große Denkmal an den italienischen General Antonio Cantore, Träger der goldenen Tapferkeitsmedaille und Kommandant des Tofana-Abschnittes im Ersten Weltkrieg, der hoch oben an der Forcella Negra der Tofanen im Jahre 1915 gefallen ist.

An kleineren Erinnerungsdenkmalen ist der Felsblock vor dem Postgebäude mit einem Medaillon des französischen Mineralogen Déodat de Dolomieu (1750—1801) zu erwähnen, nach dem die Dolomiten ihren Namen erhielten.

In einem Parkzipfel an der Einmündung der Dolomitenstraße und der Brücke über den Boite steht eine kleine Büste von König Albert I. von Belgien, der als bekannter Alpinist und Kletterer öfters Gast in Cortina war.

Besonders auffallend und das ganze Talbecken weithin beherrschend wirkt der hohe Rundturm des italienischen Krieger-Ehrenmals (Ossarium) auf Pocol, in dem ungefähr 10.000 gefallene italienische Soldaten des Ersten Weltkrieges bestattet sind. In der Krypta und im ersten Stockwerk ruhen die Gebeine der Träger von goldenen Tapferkeitsmedaillen, darunter jene des Alpinigenerals Antonio Cantore, dessen Denkmal wir bereits erwähnten.

Durch seine geographische Lage entstand in Cortina d'Ampezzo auch schon früh ein Wirtsgewerbe. Während 1870 erst drei Wirtshäuser dem Durchzugsverkehr genügten, ist die Anzahl der Hotels und Fremdenheime bis auf heute auf rund einhundert gestiegen, die zusammen weit über 12.000 Gäste beherbergen können.

Damit ist Cortina d'Ampezzo sowohl im Sommer wie im Winter ein erstrangiges Touristenzentrum von Weltruf geworden. Dieser Bedeutung und Tatsache entsprechend, verfügt heute Cortina über Fremdenverkehrs- und Sporteinrichtungen in geradezu vollendetem Ausmaße. Für Tennis und Golf sind ausgezeichnete Anlagen vorhanden, ebenso einige Badeanstalten. Unübersehbar sind die Möglichkeiten für Spaziergänge und Wanderungen jeder Art, die besonders durch das dichte Bergbahnnetz gefördert und erleichtert werden. Daß Cortina der Mittelpunkt eines kleinen Kletterparadieses ist, ergibt sich verständlicherweise aus dem großen Bergkranz rings um den Ampezzaner Kessel.

Bergbahnnetz und Wintersport

Unübertroffen ist das Bergbahnnetz von Cortina d'Ampezzo. Von den großen Bergbahnen führt jene von Pocol zur gleichnamigen Hotelkolonie (Belvedere, 1539 m). Am meisten Möglichkeiten, sowohl im Sommer wie im Winter, bietet die Faloriaseilbahn (2120 m), die mit der Seilbahn auf die Tondi di Faloria (2340 m) noch weiter in die Bergwelt des Sorapiss hinaufführt. Die Skiabfahrtspisten dieser beiden Seilbahnen gehören zu den schönsten und sportlichsten von Cortina. Die größte Attraktion ist jedoch die grandiose Seilbahn, die vom Ortsrand in drei Sektionen bis auf die Spitze der Tofana di Mezzo, 3243 m, führt. Der Gesamthöhenunterschied dieser großartigen Seilbahnanlage beträgt 2034 m. Von der Talstation der 3. Sektion Ra Valles, 2470 m, ist eine Skiabfahrt nach Cortina möglich.

Diese Seilbahn ist die höchste in den Dolomiten und erreicht den Gipfel des zweithöchsten Berges der Dolomiten mit einer fast unübertrefflichen Rundsicht über die Dolomiten und vor allem auch gegen den Alpenhauptkamm im Norden.

Diese großen Seilbahnanlagen werden von einer Reihe von Gondelliften ergänzt, die insbesondere den Pistenreichtum ungemein vergrößern und abwechslungsreicher gestalten. Hervorzuheben ist der Gondellift in die Forcella Staunies (Cristallino, 2898 m), der diese in den Hauptkamm des Cristallomassivs eingeschnittene Felsscharte erreicht, und deren Befahren ein großartiges landschaftliches Erlebnis ist.

Eine andere Reihe von Gondelliften führt bis zum höchsten Punkt (2282 m) des Bergfußes der Tofana di Mezzo hinauf und damit zum Beginn der großen Olympia-Abfahrt „Stratofana".

Wegen seiner hervorragenden Sporteinrichtungen und aller anderen günstigen Voraussetzungen wurde Cortina d'Ampezzo im Jahre 1956 mit der Austragung der Olympischen Winterspiele betraut. Zu diesem Zwecke wurde das großartige Eisstadion errichtet, das zu den größten aller alpinen Wintersportplätze der Alpen zählt und auch den Sommer über in Betrieb ist.

In besonderem Maße wird in der Bergwelt von Ampezzo der Ausbau von hochalpinen gesicherten Klettersteigen gepflegt, wodurch dem berggewandten Wanderer Möglichkeiten zu überaus lohnenden, alpin unschwierigen Felswanderungen geboten werden.

Die Große Dolomitenstraße

Die „Kaiserstraße" durch das südliche Ladinien

Dieser Name ist ganz willkürlich, kein Mensch kann ihn kennen, denn er ist überhaupt nicht gebräuchlich. Er könnte aber genauso berühmt sein wie der wirkliche Name des großen Straßenzuges, den wir heute als „Große Dolomitenstraße" kennen. Denn damals, als man den Plan zum Bau einer großen Kunststraße quer durch die Dolomiten von Bozen nach Cortina d'Ampezzo und weiter nach Toblach faßte, da war gleich ein Name hierfür geplant, dieser Straßenzug sollte die „Kaiserstraße" heißen. Dieser Name kam nicht von ungefähr, denn die Planung zum Bau eines Straßenzuges durch die Dolomiten entsprang dem Gedanken beim damaligen Deutsch-Österreichischen Alpenverein, dem Kaiser Franz Joseph I. zu seinem 50-jährigen Regierungsjubiläum im Jahre 1898 ein Geschenk in der Form darzubieten, eine der berühmtesten Gebirgsgruppen der Ostalpen durch eine Straße dem großen Fremdenverkehr zu erschließen.

Der Plan wurde auch verwirklicht. Doch der Termin konnte nicht eingehalten werden, denn zu groß waren von allem Anfang an die Widerwärtigkeiten und Gegensätzlichkeiten, so ganz wie es schon Heinrich Heine klar ausgesprochen: „Alles Neue wird meist lächerlich gemacht, darum mit allen Mitteln bekämpft, und schließlich als eine Selbstverständlichkeit hingenommen." Und dann trat das allerälteste Übel bei der Ausführung von so großen Bauprojekten hier wieder einmal ganz kraß zutage: Das leidige Geld. Immer wieder fehlte es an den nötigen Mitteln, und so dauerte der Bau weit über jene Planung hinaus, zehn Jahre länger, wurde aber dann doch als fertiges Werk ein Geschenk zum 60jährigen Regierungsjubiläum des Kaisers von Österreich.

Der vorbedachte und vorgewählte Name „Kaiserstraße" hat sich nie eingebürgert, ist untergegangen bevor er noch in den engsten Kreisen Fuß zu fassen vermochte. Dafür kam ganz von selbst und ohne jegliches Zutun der Name „Dolomitenstraße" auf. Es war ja naheliegend, dieses Wunderwerk an Straßenbau nach dem Felsland zu benennen, durch das es führte, so wie fast immer die Straßen über Jöcher und Pässe den Namen der betreffenden Übergänge erhielten. Hätte damals aber einer der Pioniere an das Volk der Ladiner gedacht, das seit urältesten Zeiten in dieser Bergwelt hauste, dann hätte diese Straße mit voller Berechtigung den Namen „L a d i n i e n s t r a ß e" erhalten können. Zuwenig aber waren damals noch Begriffe wie L a d i n i e n, ladinisches Volk und Ladinertum im Bewußtsein weiterer Kreise lebendig.

Auch berühmte Straßen haben ihre — meist sehr ungleichartigen — Schicksale. Schon die Zweckbestimmung, die zu ihrer Erbauung geführt hat, spielt hierin eine mitbestimmende Rolle. Es mag oft entscheidend sein, ob sie für Handel und Wirtschaft, Politik und Krieg oder für die zivilisatorische Entwicklung, wie etwa die Motorisierung unseres Zeitalters, geplant und gebaut worden sind. Ist es nicht verwunderlich, daß die berühmte Straße über das Stilfser Joch (2759 m) noch heute eine der beiden höchsten, darüber hinaus aber die kühnste Fahrstraße Europas und die erste Gletscherstraße überhaupt ist? Die mittlerweile rund 150 Jahre alt gewordene Straße verdankt ihre Entstehung verwaltungstechnischen Gründen der österreichisch-ungarischen Monarchie, weil die Lombardei damals noch zum Habsburgerreich gehörte. Sie ist dann, nach der Grenzziehung von 1859 durch über ein halbes Jahrhundert zu fast gänzlicher Bedeutungslosigkeit herabgesunken, das heißt, sie wurde sehr wenig und nur sehr mühselig mit Pferdekutschen befahren, um seit der Entwicklung der Motorisierung wieder in neuer Pracht und zu neuer Blüte zu erstehen, ja zu einer Sensation der Alpen zu werden.

Straßenzug der touristischen Erschließung

Bei der Großen Dolomitenstraße handelt es sich in ihrer Zweckbestimmung um eine ganz besondere Anlage. Was sie von anderen Straßen so grundlegend unterscheidet, ist nicht so sehr das Motiv, das zu ihrer Erbauung führte und das, seitdem die Menschen ihrem Band und Lauf folgen, immer gleich geblieben ist. Sie ist nicht nur eine Straße, die das Herzinnere eines Berglandes aufbrechen soll, damit der Mensch in dessen Schönheit eindringen und in ihm verweilen kann, sondern eine Straße, die dieses berühmte Felsland quer in seiner ganzen Breite durchzieht.

Die Große Dolomitenstraße ist also kein Straßenband, auf dem Räder nur rollen sollen, um Kilometer zu fressen und der müde Tritt des Wanderers Schritt um Schritt die Meilen eine nach der anderen hinter sich bringen will, um nur endlich an ein bestimmtes Ziel zu gelangen. Diese Straße hat von Geburt an nur einen vornehmen und edlen Sinn gehabt und wird diesen für immer behalten. Sie soll wie das Leitmotiv einer Symphonie der Schönheit sein in Aufstieg und Gefälle, in Windung und Kehre. Und auf dem toten Straßenband soll unsichtbar die Spur des pulsenden Herzens und der suchenden Seele des Menschen dahingleiten. Diese Straße ist wie keine andere dem Land verwachsen, sie soll seine Schönheit erschließen und ihr dienen.

Nur ganz wenigen großen Alpenstraßen ist bei der Erbauung der moderne Fremdenverkehr Pate gestanden. Von ihnen ist in neuerer Zeit vor allem die berühmte Großglocknerstraße zu nennen. Die Schweiz, das klassische Alpenland des Fremdenverkehrs, hat kaum ein solch typisches Beispiel aufzuweisen. Der Gedanke zum Bau der Dolomitenstraße war kühnste Planung für den Fremdenverkehr, insbesondere für den Bergwanderer und Alpinisten. Wie schon erwähnt, tauchte dieser Gedanke in Kreisen des damaligen Deutschen und Österreichischen Alpenvereins auf. Interessanterweise standen bald drei große Planungen zur Debatte. Der Ausbau einer Straße aus dem Zillertal über die Gerlosplatte nach Krimml, dann der Bau einer Hochalpenstraße vom Moserboden nach Heiligenblut (also ein Vorläufer der Idee zur Erbauung der Großglockner-Hochalpenstraße) und schließlich die Schaffung einer Straße aus dem Fassatal über das Pordoijoch, durch das Buchensteinische und über den Falzaregopaß nach Cortina d'Ampezzo.

Alle diese Projekte reiften im Schoße des Alpenvereines aber nicht aus. Dem Projekt der Dolomitenstraße jedoch innere, festere und willenssprühende Form gegeben zu haben, ist das Verdienst zweier großer Südtiroler Männer: des Bozners Albert Wachtler, des „Alpenkönigs", und des Wahlmeraners Dr. Theodor Christomannos, eines hervorragenden Bergsteigers und des wahrhaft größten Pioniers des Fremdenverkehrs in Südtirol. Beide waren auch die führenden Männer in den Sektionen Bozen und Meran des DuÖAV.

Planung, Trasse und Verwirklichung

Die Planung war großzügig und kühn wie die Landschaft, durch die die Straße führen sollte. Man wollte das große Einfallstor in die Dolomiten, nämlich Bozen, und den damals bekanntesten Bergsteigerort, Cortina d'Ampezzo, miteinander quer durch die Dolomitenwelt verbinden. So sollte durch diese großartige Straßenführung und einige sich verästelnde Zweigstraßen mit einem Schlage das ganze Dolomitengebiet erschlossen werden. Denn der Touristenverkehr, der immer stärker wuchs, staute sich sozusagen zur Brandung in diesen beiden Orten. Berggewohnte Wanderer und Alpinisten konnten wohl leicht, wenn auch mühsam und zeitraubend, in diese Bergwelt eindringen, der großen Anzahl von Reisenden aber war sie verschlossen. Zu welch hoher Blüte Bozen als Fremdenverkehrszentrum in jener Zeit vor allem durch die Erbauung der Brennerbahn aufgeblüht war, ist ja allgemein bekannt. Wie sehr aber auch Cortina d'Ampezzo damals schon zum ersten Höhenort in den Dolomiten aufgestiegen war, das zeigte sich so recht darin, daß man bereits 1868 von Cortina ein Fahrsträßchen über den Falzaregopaß bauen wollte und allen Ernstes im Jahre 1869 den Plan erwog, von Toblach, dem „Nordtor der Dolomiten", nach Cortina d'Ampezzo auf der uralten Strada d'Alemagna durch das Gemärk eine Pferdebahn zu erstellen.

Im September 1909 wurde endlich die Große Dolomitenstraße eingeweiht. Der eigentliche Neubau ging von Vigo di Fassa durch das Fassatal nach Canazei und über das Pordoijoch, dann durch das ladinische Buchenstein und über den Falzaregopaß nach Cortina. Die beiden Enden der Straße waren ja schon vorhanden — einmal das urwüchsige und wenig gut ausgebaute Stück durch das Eggental und über den Karerpaß nach Vigo di Fassa und zum anderen die Teilstrecke von Cortina d'Ampezzo durch das Gemärk und das Höhlensteintal nach Toblach. Nunmehr waren alle Teile zu einem einzigen großen Straßenzug zusammengeschweißt.

> Noch heute wird die Dolomitenstraße in einzelnen Führern auswärts durch das Fassatal und durch das Fleimstal bis Auer im Etschtal geführt. Diese Bezeichnung ist in jeder Hinsicht falsch und wohl nur aus bürokratischen Gründen entstanden, teilweise wohl auch, weil man die Dolomitenstraße mehr in die Richtung gegen das Trentino ableiten wollte. Dies entspricht jedoch in keiner Weise der ursprünglichen Planung und ist schon darum sinnwidrig, weil die Straße von Auer über den Luganpaß und durch das ganze Fleimstal bis Moena kaum als Dolomitenstraße bezeichnet werden kann, weil von dieser Straße die Dolomiten noch in weiter Entfernung aufragen. Hingegen bringt die Straße durch das Eggental den Reisenden schon nach wenig mehr als einem Dutzend Kilometer ganz an den Fuß der ersten Dolomitengruppen heran.

Es gibt kein alleinseligmachendes Rezept, welches die beste Jahreszeit sei, diesen berühmten Straßenzug zu befahren. Man kann unter allen vier Jahreszeiten wählen, jede hat eine Besonderheit für sich geltend zu machen, denn jetzt ist sogar der Winter in diesen Wettbewerb getreten, seit die Fahrbahn der Dolomitenstraße, von den Schneepflügen geräumt, zwischen meterhohen Schneemauern alle drei Pässe überfurcht.

Doch es gibt eine Zeit im Jahr, die für die Dolomiten besonders geschaffen erscheint: Es ist der Spätsommer und der frühe Herbst, der auch die Hohe Zeit des Etschlandes ist! Es sind jene aus Licht, Wärme und Farben gesponnenen Wochen, welche die überquellende Reife des Südtiroler Herbstes, wie ihn das Land stolz, edel und früchteschwer im Wappen führt, weithin ausgebreitet hat.

Wer den Herbst wählt, besinnlich und empfindsam über die Große Dolomitenstraße zu fahren, wenn nach altem Bauernspruch der Winter schon über die Jöcher schaut, der ist ein kluger Mann. Denn es sind die Tage, da der hohe Glanz der Berge und der tiefe Widerglanz der Täler alle Wolken vom Himmel gefegt haben, es ist die Zeit, in der sich Licht und Schatten nicht mehr in Schwarz und Weiß paaren, sondern zu einer Farbenhochzeit werden, weil alles strahlende Licht und alle dunklen Schatten sich in unzähligen Farben brechen. Die Landschaft ist jetzt wie von Farben geträumt und gerahmt. Das große Wunder des dolomitischen Herbstes ist wahr geworden, das wundersame Schattenleuchten, und es ist so, als wären alle diese Berge und Täler, Wälder und Schluchten gerade aus den Tiefen des Meeres aufgetaucht.

Auffahrt nach Ladinien

Wie schnell man sich aus der Mündung der Eisacktalschlucht in den Bozner Talkessel in die Große Dolomitenstraße einfädeln kann, wirkt überraschend. Gleich nach den letzten Häusern von Bozen, beim Nachbarort Kardaun, tut sich die Felsenschlucht des Eggentales auf. Wie ein gewaltiges Felsentor, als „Westtor der Dolomitenstraße", setzt hier die Eggentaler Klamm an, und mit einer einzigen Windung, ja wie mit einem leichten Tanzschritt, läßt man die Lieblichkeit des Etschlandes zurück und ist aus der Fülle von Rebenhügeln in ein Felsland eingefahren.

Wie ein dumpfer Paukenschlag ist dieser Schluchtbeginn, wie ein aufbrausendes Vorspiel in Porphyr zur übermächtigen Symphonie in Dolomit, die bald schon dem Kommenden entgegenrauschen wird. Steilwandig und eng, nur Straße und Bach drängen sich zwischen dem Porphyrgewänd, so zieht die Eggentaler Klamm bergan. Ein Blick von den „Gföllern" zurück: In maßloser Schroffheit übertürmt das Schloß Karneid das Schluchtmaul: Ein Stück etschländischer Burgenromantik, das gegen den Himmel ragt!

Und nun beginnt eine der großartigsten Schluchten der Alpen, die man durchschreiten kann, ein wahres Naturwunder. Schon im Jahre 1892 schrieb ein Schweizer, der in seinem Heimatlande wohl selbst durch solche Naturbildungen verwöhnt war, über die Eggentaler Klamm:

„Es ist da eine etwa siebenviertelstunden lange Porphyrschlucht, die der Eggenbach sich ausgegraben und die an wilder Schönheit alles übertrifft, was ich in dieser Hinsicht gesehen habe. Wenn dort am Abend die Sonne ihre letzten Strahlen auf das rotbraune Porphyrgestein wirft, so glaubt man die Felsen glühen wie flüssiges Eisen; das Wasser des Baches erscheint dann auch in einem goldigen Schimmer von zauberischer Färbung und das Flußbett gleicht einem mit rotgelben Ziegelsteinen gepflastertem Wege. Eine so erhabene Schlucht findet man in Tirol nicht mehr ..." (Th. Borel, 1892).

Und wahrlich, es ist nicht nur die geradezu beängstigend drükkende Enge der Klamm, der wildrauschende Bach, die fast unwirklich aus den Spalten und Klüften der senkrechten Mauern in schwindelnder Steilheit herauswachsenden Sträucher und Gebüsche, die dieses Höhlenbild an irdischer Schönheit hervorzaubern, es ist vor allem auch der Farbenreichtum des Quarzporphyrs, der in seiner erstaunlichen Vielfalt das Auge verzaubert und jeden Schritt zu einem Erlebnis werden läßt. Nur ein Mann hat bisher vermocht, eine annähernd die Wirklichkeit spiegelnde Buntheit dieser Farben zu geben, und daß er mit seinen Worten keinen Überschwang und keine allzu blühende Phantasie sprechen ließ, dafür birgt sein Name und sein Beruf, denn es war der berühmte Geologe Ferdinand Freiherr von Richthofen; seine Schilderung hört sich so an: „Die Farbe geht vom Graulichweißen durch alle Nuancierungen ins Carmoisin-, Braun- und Blutrote, ins Rötlich-, Kastanien- und Leberbraune, ins Licht-, Pistazien-, Lauch-, Öl- und Schwärzlichgrüne, seltener ins Lavendelblaue, Hellviolette, Erbsengelbe und Gelblichweiße, um so häufiger endlich ins Grünlich-, Asch- und Schwärzlichgraue ..."

Das fast unwirklich erscheinende Farbenmosaik dieser mächtigen Porphyrwände schließt ein Bachbett ein, das von titanischer Verwilderung ist. Wirr durcheinander und übereinander gelagert mehren sich die gewaltigen, glattgeschliffenen Felsblöcke, über welche die Fluten des Baches springen und taumeln. Sie engen die stürzenden Wasser ein, sie zerteilen sie durch ihre breitgewölbten Rücken in kleine Schleierfälle, wenn die Fluten von ihrem breiten Rücken fächerförmig auseinandergesponnen werden. In dem Hohlraum zwischen den flutenden Schleiern und dem Fels wohnen die Elfen, die Flußgeister und die Wassernixen. So will es das Volk in seinen uralten Märchen. Und dann folgt die engste Stelle der Eggentaler Klamm, wo die Felswände so nahe zusammenrücken, daß nur eine kurze Brücke sie von Fels zu Fels überspannt. Darunter tost, von der Straße aus unsichtbar, der schöne Wasserfall, der es nie zu großer Berühmtheit gebracht hat, weil sein Fall nicht übermäßig hoch ist und der doch ein kleines Naturwunder darstellt. Die Berühmtheit von Wasserfällen gründet auf der Höhe und Breite der stürzenden Fluten. Diese beiden Merkmale sind hier bis ins Zwerghafte verkleinert. Doch dafür ist ungeheure Wildheit sein Trumpf, kaum drei Meter breit brechen die Wasser des Baches zwischen den Porphyrwänden hervor, fast scheint es so, als könnten sie die mächtigen Felsborde auseinanderpressen und noch wilder und tosender ist der Schall, der sich an diesen Wänden bricht.

Bald nahe tost, bald fern der Wasserfall,
er stäubt und stürzt, nun rechts, nun links verweht;
ein tiefes Schweigen und ein später Schall,
ein Wind, ein Strom, ein Atem, ein Gebet.

(C. F. Meyer)

Wo die Eggentaler Schlucht zum Bergtal wird und die felsigen Schluchtwände sich zu muldig gewellten Forsten weiten, dort setzt voll und klar und wie mit einem Akkord das Bild der ladinischen Dolomitenlandschaft ein, dort winkt aus einem dunklen Rahmen von Wäldern mit einem sonnigen Lächeln das erste Dörfchen der Großen Dolomitenstraße dem Reisenden entgegen: W e l s c h n o f e n.

Dieser sonnige, jetzt so beliebte Höhenort an der Dolomitenstraße war ursprünglich auch ladinisch besiedelt. Noch heute erinnern zahlreiche Hof-, Berg- und Flurnamen daran. Wie und wann sich hier das Deutschtum ausbreitete und die Ladiner über den Karerpaß in das Fassatal zurückdrängte, darüber wissen wir nichts. Sagen sind über jene Ereignisse an die Stelle von Geschichtsüberlieferungen getreten.

Noch heute wird in diesen Sagen von den „Dirlingern" erzählt, den ältesten Bewohnern angeblich, die mit den östlich hausenden Riesen in den Forsten um den Latemar blutige Schlachten schlugen und diese so ausrotteten, daß den „Dirlingern" dann alles Land hinüber bis zum Zanggen gehörte. — Der N a m e wird heute aus „nova" (Neuland, Rodung) gedeutet, und zwar als ladinische Siedlung (1358 Wälischnofe) und in der Nachbarschaft als deutsche (Deutschnofen, urkundl. 1279 Nova Teutonica).

Hier in Welschnofen endete auch der alte Saumweg aus dem Eisacktal herauf, der, vor der Erbauung der Schluchtstraße durch das Eggental, über Steinegg und das Dörfchen Gummer, die Verbindung über den Karerpaß in das Fassatal herstellte. Weiter zieht nun die Straße durch den berühmten dunklen Forst vom Karersee, einem der schönsten Tirols, und durch moosige Talgründe hinan. Die gewaltige Felsenorgel des Latemar drängt sich stumm heran, unhörbar steigt es wie ein mächtiges Brausen aus dem Fels zum Himmel auf, ein Choral aus kristallgewordener Musik. Schon in Welschnofen entfaltet sich das wunderbare Bild des Latemars in seinem so ungewöhnlich zierlich und zackig aufstrebenden Bau, ein Anblick, der von den bekanntesten Landschaftskennern als einer der hervorragendsten in den Dolomiten bezeichnet wurde.

Der Märchensee unter dem Latemar

Dem Latemar zu Füßen liegt der Karersee, dessen Farbwunder wohl noch keines Menschen Auge voll erfassen konnte: sein Lichterspiel leuchtet unirdischer als das Glitzern und Funkeln aller Edelsteine, dieses Farbenspiel scheint alle Rätsel ladinischer Märchen für ewig undeutbar auf dem Seespiegel aufgemalt zu haben. Man glaubt, von seiner Oberfläche die Farbe abschöpfen zu können. Und so verträumt wie er daliegt, der „ewig schöne, nie genug gepriesene Karersee", so mußten ihn mit dem Glanze der Zeiten Märchen umspielen und ihn in jedem Sinne zu einem Märchensee werden lassen.

> Eines dieser Märchen erzählt von einer Seenixe im See, die nur immer aus den Fluten den herrlichen Regenbogen gesehen habe und immer größeres Verlangen darnach hatte, einen Regenbogen zu fühlen und in den Händen zu haben; und darum sei es ihr einmal gelungen, einen Regenbogen in den See herabzuziehen. In dessen Wellen aber sei der Regenbogen zerflossen und seine Farben lägen heute noch auf den dunkeln Wassern.

Die Wissenschaft ist nüchterner, doch auch ihr ist es bisher noch nicht gelungen, eine einwandfreie Erklärung für das Farbenwunder des Karersees zu finden. Man vermeint, der Grund des Sees sei aus klarem Gestein und Geröll und das Wasser besonders klar, auch sollen die Quellen aus dem Grund des Seebodens den See speisen und daher rühre die helle Klarheit. Andere wieder deuten, auf dem Grunde des Sees länge eine dünne Schicht von Melaphyr und Augitporphyr, die aus den Felshängen des Latemars angeschwemmt worden sei und so das Farbenspiel an der Oberfläche durch die Lichtbrechung hervorrufe.

Doch nicht nur der See allein bezaubert, es ist die Komposition dieses einmaligen Landschaftsbildes, der dunkle, geradstämmige Fichtenforst, der rundum den See begrenzt, und darüber die grauen, gezackten und schmalgegliederten Zinnen des Latemars, die sich im See spiegeln.

Glücklich, wer hier allein verweilen kann, wer nicht auf einen Haufen Bewunderung schwatzender Menschen mit klickenden Fotoapparaten stößt! Denn hier ist die innere Pforte zum Reiche der Dolomiten und Ladiniens aufgerichtet, und die Natur hat sie zu vollem Triumph bekränzt. Hier weht dem Kommenden der erste volle Duft der Sagen und Märchen der Ladiner entgegen, hier schlägt die Bergschönheit der Dolomiten das Menschenherz erstmals in trunkenen Bann, diese dolomitische Bergschönheit, wie sie aus den Felsen, die aus mildem Altsilber getrieben erscheinen, in schwermütigem Ernst leuchtet, wie sie aus Wiesen und Matten hinwieder aus funkelndem Sonnengekringel dunkelgolden ersprüht.

Von hier aber reißt die Schau in das versponnene und geheimnisvolle Wunder der Dolomitenwelt nicht mehr ab. Die Straße führt durch Lärchenwiesen, wie sie Auf- und Abgesang jeder Dolomitenlandschaft sind. In dem sich hier weitenden Mattengelände liegt der Koloß des Karerseehotels, eine Gründung des berühmten Dr. Theodor Christomannos, und schon vor der Jahrhundertwende ein Treffpunkt der großen Welt Europas, die damals noch Zeit und Bewunderung für die Dolomitenwelt hatte. Theodor Christomannos, der große Kenner der Dolomiten und Südtirols, hat Karersee als den schönsten Platz in dem Wunderland der Felsen bezeichnet, und noch heute stimmen ihm viele darin zu.

An der fassanischen Schwelle Ladiniens

Der Karerpaß (1753 m) ist ein erster heller Fanfarenstoß dolomitischer Schau Ladiniens, hinein in seine Felsenwelt und hinüber in nahe Täler und ferne Bergzüge. Seine Eigenheit und Eigenwilligkeit ist, daß an ihm Forst und Fels und Wiesen, dieser herrlichste Dreiklang jedes Berglandes, hier ineinanderwachsen und eins werden wie nirgendwo. Die schmalen, felsigen Orgelsäulen des Latemars sind etwas zurückgetreten, wie Wächter an der Pforte zurückbleiben. Dafür kommen jetzt die glattwandigen, rotleibigen Riesen des Rosengartens, zu einer Mauer gestaut, bis fast an den Paß heran. Weit und weiter geht der Blick auf ferne Bergwelten der Zentralalpen, Namen klingen auf, die Erstaunen wecken, weil sie von Gedächtnis und Vorstellung viel ferner vermutet werden, als sie jetzt zu sehen sind. Es sind die geologischen Ahnen der Dolomiten mit ihren vom Alter zermotteten Gletscherhermelinen um die kraftlos hängenden Schultern, es ist der ganze Kranz der Zentralalpen von den Stubaier Alpen über die Ötztaler, die Bernina, den Ortler und bis hinunter zu Presanella und Adamello. Vielleicht waren diese Berge auch einmal so stolz und jugendlich in ihren Felsformen wie die Dolomitenriffe, die uns hier umstehen. Und darum ruht das Auge auf ihnen mit der Ehrfurcht vor dem sanften und stillen Alter.

Gegen Süden aber geht die Sicht vom Karerpaß weit über Bergketten hinweg, die Schau in die nahe fassanische Dolomitenwelt entzückt über alle Maßen, weil dieses Tal so grün und innig heraufleuchtet, als wollte es den herben Ernst der Felsenlandschaft brechen. Die Höhenzüge von Monzoni und Buffaure, die das Fassatal aus dem Fleimstal herauf begleiten, sind reizvoll und schweigsam in Wald und Alpen gegliedert, darauf kleine Felskuppen wie silberne Krönchen auf Sammetpolstern ruhen. Nur einzelnes Dolomitengewänd ist in diese Tallehnen eingesprenkelt, darunter die steilgefurchten Berge der Vallaccia, die für die nahen fassanischen Dörfer zu ihren Füßen die Uhrzeiger im Tageslauf sind. Von weit drunten im Süden aber drängen ahnungsvoll die Riesen der Pala in ihrer kühnen Schönheit heran.

Die Talfahrt vom Karerpaß ins Fassanische ist wie ein Hineinschaukeln durch wundersame Lärchenwiesen in eine weite Talwiege. Dann tauchen die ersten Weiler des ladinischen Fassa mit ihren spitzen und überspitzten Kirchtürmen auf. Gleich unterhalb Vigo di Fassa mündet die Straße über den Karerpaß in die Talstraße ein, die aus dem Fleimstal heraufkommt. Sie wird mißbräuchlich auch als Dolomitenstraße oder zu ihr gehörig gezählt, doch führt sie nicht in die Dolomiten hinein, sondern aus ihnen hinaus. Vigo di Fassa, Pozza, Méida und Pera sind zusammengedrängt die ersten fassanischen Orte. Wohl hat ihnen der Fremdenverkehr durch seine neuzeitlichen Bauten das Antlitz verändert, doch noch immer erfühlt man auf alten Gehöften, aus höherliegenden, kleinen Weilern die Ursprünglichkeit dieses ladinischen Tales.

Nun folgt die Fahrt durch die breite Talsohle von Fassa in wonnigem Gleiten dem Avisio entlang, dem zahmsten aller munterklaren Bachknaben unter den Dolomitenwassern. Rasch und überraschend geht es durch einige kleine, alte Bergdörflein, andere Weiler blicken von den sonnigen Berghängen herunter, ihre Fensterscheiben blinzeln so eifrig in der Sonne, als wollten sie die warmen Strahlen in den Stuben für den langen Winter horten.

Fahrt durch das Fassatal

Die dolomitische Flanke des Fassatales an seiner Westseite zieht ununterbrochen mit ihm zur linken Hand taleinwärts. Der mächtige Zug der Rosengartengruppe gibt dem Fassatal schon vom Karerpaß ab sein Geleit. Halbwegs im Tal drängen sich die Riffe von Larsec wie kantige Spitzfeilen heran, dann folgen Felskuppen, aus denen die märchen- und sagenumsponnenen Felstäler von Donà, Duron und Udai hervorbrechen.

Der Talschluß von Fassa wird seinem Ruf gerecht, die Herzkammer der fassanischen Dolomiten zu sein. Mit großartigem Aufbau wird im Halbrund von Felsgruppen umrahmt, deren Namen zu den klangvollsten des ganzen Dolomitenlandes zählen. Linkerhand baut sich ein Teil der Langkofelgruppe mit dem eigenwilligen Dreigestirn Zahnkofel, Innerkoflerturm und Grohmannspitze auf, die man über dem Dörfchen Campitello in einem reizvollen Talausschnitt erspäht. Geradeaus leuchten rotgelb die mächtigen Bruchwände der Sella wie eine ungeheure Mauer und Bastion, die jedes weitere Vordringen zu versperren scheinen, indes zur Rechten der gerippte, mächtige Grat des Vernéls die Hochburg der Marmolata verdeckt.

Hier im Talschluß liegt Canazei, das trotz seiner zahlreichen Hotels und Fremdenheime noch immer ein gemütliches Bergdorf geblieben ist. Immerhin durchbrandet es starker Verkehr, denn von hier aus ziehen die Straßen zu den großen Jöchern hinauf und bilden so für den Automobilisten wie den Bergsteiger und Skifahrer einen hochgelegenen Ausgangspunkt. Von hier aus zieht die gut ausgebaute Autostraße über Alba und Penia in das hinterste Avisiotal hinein und von dort nunmehr weiter über den Fedajasattel am Fuße der Marmolata, wodurch nunmehr die Überschreitung in Richtung Caprile möglich geworden ist. Von Canazei aus wird die Trasse der Dolomitenstraße wieder höchst eigenwillig. Sie folgt nicht mehr dem Tallauf. Die Auffahrt an der Pordoirampe von Canazei bis auf das Pordoijoch ist eines der besonderen Erlebnisse einer Fahrt auf der Großen Dolomitenstraße. Man dreht zuerst in Kehren, die immer weiteren Schwung gewinnen, durch den Wald hinauf, man stößt aus dem engen Kessel des Tales allmählich heraus und in das Halbrund unter dem Sellastock hinein, man wird wie im

Taumelflug eines Schmetterlings immer wieder und immer näher an die gelb- und plattwandigen Bruchwände der Sellafestung und des Sass Pordoi herangetragen und wieder abgedreht. Und schließlich rutscht man wie bei einer sanften Bauchlandung in den weiten Sattel des Pordoijochs hinein. Auf halber Strecke zweigt die schöne und so viel gerühmte Autostraße über das Sellajoch nach Gröden ab. Von ihr ist an anderer Stelle die Rede.

Die Schau bei dieser Bergfahrt zum Pordoijoch blendet wie eine zaubernde Drehbühne immer wieder neue Anblicke auf, immer machtvoller wächst die Langkofelgruppe in den Himmel, und draußen, weit über dem Fassatal, häufen sich immer mehr die Berge der Rosengartengruppe zu einem fast unübersehbaren Gewirr.

Wie fast alle Dolomitenpässe, ist auch das Pordoijoch eine kleine Welt für sich. Die große Seilbahn auf den Sass Pordoi (Pordoispitze) erschließt die mächtige Felshochebene der Sellagruppe; ein kurzer Spaziergang zum Belvedere auf dem Padonkamm vermittelt eine direkte Schau auf die mächtige, vergletscherte Marmolatagruppe.

Die Dolomitenstraße durch das einsame Buchenstein

Jenseits des Pordoijochs aber tut sich eine neue Welt auf. Es ist eine Allschau wie fast von einem Berggipfel aus, so sind jetzt silberne Berggruppen in weitem Blickwinkel aufgereiht: Dies reicht von den urladinischen Felskolossen des Heiligkreuzkofels bis zu den aus dem Gewirr von Bergen massig aufstrebenden Tofanen. Weite Täler und Almen queren das Bild. Und mitten unter ihnen, die das Tal verriegeln, dehnt sich ein Berg aus erdigen Matten und dunklem Gestein, ein Berg, der aus einem fast unscheinbar gerippten Kamm besteht, ein Wicht an Gestalt und Aufbau gegenüber den glitzernden Felsbergen, und dabei doch unheimlich hingelagert wie ein schwarzbepelztes und geducktes Raubtier. Es ist der „Blutberg", der berüchtigte Kriegsberg Col di Lana. Wie wenige Menschen mögen wohl vor 1914 diesen Berg im edlen Rund der Felsriesen beachtet haben; niemand konnte damals ahnen, welch traurigen Ruhm und Ruf er sich im Ersten Weltkrieg erwerben würde.

Soviel man bisher geschaut hat und soviel auch das Pordoijoch an Nah- und Fernbildern verschenkt, ein Berg verbirgt sich noch immer scheu vor dem Reisenden, ein Berg, von dem man weiß, daß er ganz in der Nähe aufragt: es ist die

Marmolata, der höchste Berg und einzige Gletschergipfel der Dolomiten. Darin liegt vielleicht ein kleiner Mangel, den das Pordoijoch schuldlos trägt. Man muß der „Königin" im weißen Gletscherhermelin und felsiger Gipfelkrone etwas entgegengehen, wie es oben schon angedeutet wurde. Wer dies nicht tut, wer hier nicht dem Teufel in seinem Motor die Zündung nimmt, dem ist nicht zu helfen, der verzichtet in selbstbetrügerischer Weise auf eines der größten Erlebnisse bei einer Fahrt durch die Dolomiten.

Vom Pordoijoch sinkt die Dolomitenstraße in weiten Kehren durch Weiden und Matten von einer erstaunlichen Ausdehnung und Wellung nach Arabba hinunter. Ein großartiger, ganz ungewohnter Szenenwechsel hat sich vollzogen. Links beherrscht in ihrer ganzen geschlossenen Wucht der glatten Bruchwände die Bastion der Sellagruppe die Landschaft. Sie ist eine Felsgruppe ganz besonderer Prägung, sozusagen eine eigenwillige Felspersönlichkeit. Rechts hingegen wird die Paßrampe von dem schwarzdunklen Padonkamm aus Tuff- und Mergelgestein eingerahmt. Mit seinen merkwürdigen Gipfelformen scheint er wie ein gewaltiger Felszaun das Tal des Cordevole vom jenseitigen Fedajasattel und der Marmolatagruppe abzugrenzen.

Am Fuße der Bergrampe liegt in einem kleinen Mattenkessel das nur wenige Häuser und einige kleine Hotels zählende Örtchen A r a b b a, das bisher zu den ruhigsten Plätzen hier im Herzen der Dolomiten zählte. Hier zweigt die hervorragend ausgebaute Autostraße über den niederen Campolongopaß nach dem weitbekannten Fremdenort Corvara ab.

Doch auch für das bisher stille Nest Arabba, das besonders hervorragende Eigenschaften für den Wintersport hat, hat die Zukunft bereits begonnen. Eine große Seilbahn führt durch die felsigen Waldhänge des Padonkammes hinauf zur Porta Vescovo. So kann man winters und sommers von der Dolomitenstraße aus über den Padonkamm den Fedajasattel am Fuße der Marmolata erreichen.

Arabba liegt im westlichsten Zipfel des ladinischen Buchenstein, das vor Erbauung der Dolomitenstraße der einsamste und am mühseligsten zugängliche Teil Ladiniens war. Nun aber zieht die Straße von Arabba in kaum fühlbarem Gefälle und dann fast eben quer durch diesen merkwürdigen Dolomitenraum, der eigentlich nur der sich fächerartig gliedernde Talschluß des italienischen Cordevoletales ist.

Panoramastraße im Halbkreis um den Col di Lana

Ganz ungewöhnlich ist hier der Verlauf der Straße. Sie zieht immer an Steilhängen entlang, sie läßt die kleinen Weiler, die hier noch Raum fanden, ober und unter sich, sie erreicht den im gewaltigen Steilhang des Col di Lana fast widersinnig eingerammten Hauptort Buchenstein (ital. Pieve di Livinallongo), und immer in gleicher Hanglage gelangt sie allmählich in das östliche Tälchen, in dem der Ort Andraz liegt. Doch diese balkonartige Führung der Trasse zuhöchst an steilsten Hängen über der Cordevoleschlucht gibt Landschaftsbilder von einmaliger Größe frei. Es ist eine Panoramastraße par excellence. In unvergeßlichen Bildern bauen sich über den tiefen Tälern und dunklen Waldkuppen die mächtigen Felsgebilde der Civetta und des Monte Pelmo auf, Dreitausenderkolosse der Dolomiten mit furchterregenden Felsmauern. Erstaunlich ist das Dorfbild von Buchenstein (Pieve di Livinallongo), dem Hauptort des Buchensteinischen und einer Siedlung, die in dieser Größe wohl kaum anderswo so steil an einem Berghang angeklebt in den Alpen zu finden ist. Hübsch ist der Blick auch hinunter in die sich trichterartig verengende Cordevoleschlucht, wo ein halbfertiges E-Werk am Ausgang zu sehen ist. Etwas höher liegt auf dem hübschen Talboden von Salesei der italienische Kriegerfriedhof des Col di Lana, dessen Grabreihen in Kreuzform angelegt sind.

Nach dieser kilometerlangen Querfahrt in einem leichten Halbbogen an den Hängen des berühmten Col-di-Lana-Massivs mündet die Straße in das Tälchen von Andraz ein, dem kleinen Ort am Fuße der Rampe zum Falzaregopaß. Gleich oberhalb beim Weiler Cernadoi, biegt eine schöne Straße ab, die im Ersten Weltkrieg entstanden und nunmehr ausgezeichnet ausgebaut die Verbindung mit Caprile im Cordevoletal herstellt.

Durch lichten Lärchenwald und hübsche Bergwiesen führt die Straße an der Rampe gegen den Paß empor. Schon weiter oben erkennt man an der anderen Talseite eine Gehöftegruppe und daneben eine der merkwürdigsten Burgruinen nicht nur Ladiniens, sondern von ganz Südtirol. Es ist das bereits genau geschilderte Schloß Andraz, das auf einem mächtigen Findlingsblock geradezu unersteiglich mitten in den Wiesengründen aufragt. Berühmt war diese Burg als Besitz der Bischöfe von Brixen seit dem 11. Jahrhundert und bis zur Säkularisation heraut. Malerisch steht diese mit ihrem Burgfels verwachsene Ruine fast wie ein kleiner Dolomitenberg selbst mitten in diesem schönen Landschaftsbild.

Über den Falzaregopaß nach Cortina d'Ampezzo

Das Teilstück der Dolomitenstraße über den Falzaregopaß ist besonders gut ausgebaut, weil es ab Cernadoi oberhalb Andraz den ganzen Verkehr aus der oberitalienischen Tiefebene und durch das Cordevole herauf nach Cortina schlucken muß.

Besonders schön sind in dieser Auffahrt zum Falzaregopaß die Rückblicke. Greifbar nahe liegt das dunkle Massiv des „Blutberges" Col di Lana vor dem Beschauer, deutlich sind noch nach mehr als einem halben Jahrhundert die Spuren der harten Kämpfe auf den Graten und an den Flanken dieses Berges zu erkennen, vor allem der Krater auf dem höchsten Punkt, der durch die berühmte Sprengung im Jahre 1916 entstanden ist. Nach rückwärts wird das Bild von dem glänzenden, firngekrönten Gipfelgrat der Marmolata mit ihren Schneefeldern und weiten Flächen abgeschlossen. Mit zwei schönen Kunstbauten, einer langen, erst kürzlich fertiggestellten Lawinengalerie unterhalb des Hexensteins und einem kleinen Kehrtunnel, erreicht die Straße den Falzaregopaß.

Ganz verschieden von jener des Pordoijochs ist die Schau vom Falzaregopaß aus, der mit seinen weiten, steindurchsetzten Flächen und dem nahen Felsaufbau des Kleinen Lagazuoi viel alpiner wirkt. Hier zweigt eine schmale Straße über das Valparolajoch in das Val Armentarola ab. Der Falzaregopaß war vorderstes Kampfgelände im Ersten Weltkrieg und noch heute sind mehr als anderswo die Spuren der Kämpfe, Überreste von Stellungen und Felstunnels, zu sehen. Vor allem der nahe liegende und durch eine Seilbahn erschlossene Kleine Lagazuoi war hart umkämpft und erlebte eine Reihe von großen Minensprengungen.

Die Talfahrt vom Falzaregopaß nach Cortina d'Ampezzo steht ganz im Banne der nahen, mit gewaltigen Südabstürzen aufragenden Tofana di Rozes. Rechter Hand aber fesseln den Blick immer wieder die so wild durcheinandergewürfelten Felsklötze der Cinque Torri, und später der wildgezackte Felskamm der Croda da Lago. Diese Paßrampe der Dolomitenstraße ist vielleicht die schönste und vor allem abwechslungsreichste. Durch weite Wiesen- und Mattengründe tritt die Straße in die lichten Wälder rings um Cortina ein und schlängelt sich an den ersten Hotelkolonien des weltberühmten Fremdenortes in das weite Talbecken hinunter, wo aus dem mitten in den Bergen gelegenen Ort, der schon vor 100 Jahren und mehr die ersten Touristen anzog, ein Alpenplatz von Weltruf als Sommerkurort und Wintersportplatz geworden ist.

Von Cortina d'Ampezzo, das auch ein wichtiger Verkehrsknotenpunkt ist, zieht die Dolomitenstraße als ein Teilstück der uralten Strada d'Alemagna gegen Norden. Sie verläßt hier wohl Ladinien, aber sie bleibt mit ihrem Durchbruch durch die nördlichsten Ketten der Dolomiten noch reine dolomitische Straße. Über den flachen Sattel von Cimabanche und danach durch das urwüchsige Gemärk leitet sie in das vielgerühmte Höhlensteintal hinein, das keine einzige Siedlung hat, nach R. von Lendenfeldt aber zu einem der großartigsten Täler der Alpen gehört. In Toblach endlich findet der einzigartige Straßenzug durch die Dolomiten sein Ende.

Front in Fels und Eis

Kämpfe und Stellungen in den ladinischen Landschaften

In den landeskundlichen Betrachtungen über ein Land muß in dessen Geschichte auch den kriegerischen Ereignissen durch die Jahrhunderte ein angemessener Raum eingeräumt werden. Es ist ein Vorzug der allgemeinen modernen Geschichtsschreibung, daß diesen Ereignissen nur soviel Wichtigkeit zugesprochen wird, wie sie als Faktoren für den Fortgang, für die Weiterentwicklung der politischen Geschehnisse haben. Vom Schulbuch bis zu breiteren geschichtlichen Darstellungen, in allen wird man nur mehr wichtige Daten erwähnen, man wird die Ursachen und Anlässe eines Krieges behandeln, man wird den Verlauf mit wenigen Daten über entscheidende kämpferische Ereignisse, die zu Erfolg oder Niederlage geführt haben, erwähnen. Alles übrige, alles was noch im vorigen Jahrhundert zur eingehenden Darstellung von Schlachten und Gefechten geführt hat, wird man heute stillschweigend übergehen. Der Abscheu vor dem Krieg ist in unserem Jahrhundert in solchem Maße gestiegen, daß man nur mehr Fakten und Daten verzeichnet, um Heldenmut und unnötige Aufopferung der Nachwelt gebührend vor Augen zu führen, nicht aber um in gewissem Sinne Bereitschaft für kriegerische Konflikte im Leben der kommenden Generationen vorzubereiten.

Es gibt für eine solche, sozusagen nur in ihren wichtigsten Daten archivierte Kriegsgeschichte, keinen Anschauungsunterricht mehr. Man mag auf dem Schlachtfeld von Tagliacozzo stehen, wo Konradin, der letzte Hohenstaufe, dem Karl von Anjou unterlag, man mag das Schlachtfeld der Drei-Kaiser-Schlacht von Austerlitz betrachten, man kann durch Flandern wandern und wohl auch über die Schlachtfelder des letzten Krieges, man wird selten ein deutlich sichtbares Merkmal auch dieser letzten, gewaltigsten Kriege erkennen können. Die gütige Mutter Erde hat das Aufwühlende und Zerstörende des Krieges wieder geglättet.

Mehr Spuren hat die Hochgebirgsfront des Ersten Weltkrieges hinterlassen, die entlang den Grenzen Südtirols verlief. Interessant ist vorerst, daß der Krieg im Hochgebirge erst in den Jahren 1915—1918 geboren wurde. Erstmals verließen Truppen damals die konventionellen Schlachtfelder und Stellungen in der Ebene, in Talsohlen und im Mittelgebirge, und drangen bis in das Ödland der Alpen, das ist bis über die Zweitausendmetergrenze und in Fels und Eis vor. Erstmals wurde hier eine Frontlinie geschaffen, die über die höchsten Eis- und Felsgipfel ging, an denen teilweise heute noch jene interessanten Wundmale zu sehen sind, die der Mensch den Bergen schlagen mußte, um auf ihnen bestehen zu können.

Darum soll hier in gedrängter Kürze von dieser Hochgebirgsfront in Fels und Eis erzählt werden. Denn sie hat Merkmale hinterlassen, sie hat kleine Veränderungen in der Landschaft bewirkt, die auf Jahrhunderte hinaus noch den Besucher beeindrucken werden. Wohl ist vor allem im Eis fast alles verschwunden, was an den Hochgebirgskrieg erinnerte, nicht aber im Fels. Es gibt noch viele Örtlichkeiten in den Dolomiten, wo Überreste von Stellungsbauten, halbverfallene, aus Stein errichtete Unterstände, Schützengräben, die durch den Fels gemeißelt waren, und schließlich Kavernen in größter Anzahl und Tunnelgänge durch den Fels, die vor allem für den Minenkrieg notwendig waren, zu sehen sind.

Und noch etwas ist besonders erwähnenswert. Dieser Hochgebirgskrieg hat im nahen Hinterland der vordersten Frontlinien ein Wegenetz geschaffen, das vom Felsensteig bis zur Autostraße in weitem Maße ausgebaut werden mußte. Und in diesem Sinne hat der Krieg auch eine gute Seite für die folgenden Generationen hinterlassen.

Kriegsausbruch mit Italien 1915

Als im Jahre 1915 der Krieg zwischen Italien und Österreich ausbrach, stießen zwei Heere an der Alpenfront zusammen. Mehr denn zwei Drittel der Tiroler Frontlinie von damals waren in Meereshöhen über 2000 m im Ödland der Alpen, eine Front in Fels und Eis. Während der rechte Flügel der Frontlinien in Südtirol in diesen Höhen eine geschlossene Eisfront bildete, war der Frontverlauf durch die Felsenwelt der Dolomiten eine ununterbrochene, kompakte Felsfront. Nur in ganz kurzen Abschnitten sank die Höhenkurve unter zweitausend Meter herunter, und dort, wo im Herzen der Dolomiten, nämlich auf der Marmolata, sich die Gegner gegenüberstanden, da erreichten die Schützengräben und Stellungen Höhen bis dreitausend Meter und noch darüber. In seiner gesamten Ausdehnung wurde Ladinien an seiner Südseite von den Frontlinien des Ersten Weltkrieges durchzogen. Sie kamen in einem scharfen Winkel von den Bergen des Fleimstalkammes über das Travignolotal herüber und erreichten in den Bergen um den Lusiapaß ladinisches Gebiet. Moena an der Grenze des ladinischen Fassatales war der erste Talpunkt dieser ladinischen Front. Von dort gingen die Stellungen über die Kämme der Berge in der südwestlichen Marmolatagruppe, über den Kamm der hartumkämpften Costabella und erreichten über den Col Ombert und am Südfuße der Marmolata über die Ombrettaspitzen das Herz der Marmolatagruppe selbst. Die Frontlinien beider Gegner durchschnitten das gewaltige Bergmassiv der Marmolata.

Hier sind besonders viele Merkmale des Krieges heute noch zu sehen und nicht zu übersehen. Wohl sind die berühmten acht Kilometer Eisstollen der Österreicher, die unter der Gletscheroberfläche des Marmolatafirns zu den verschiedenen vordersten Gräben und Feldwachen zogen, längst im Flusse des Werdens und Vergehens der Gletscher zerschmolzen. Nicht so aber die Felsbauten und Felsstellungen sowohl auf österreichischer wie auf italienischer Seite. Noch heute sind die von Menschenhand geschaffenen künstlichen Scharten, Felsfenster, kühnen Felssteige und anderes an den beiden Felsriegeln, die aus der Nordflanke der Marmolata aufragen, deutlich zu erkennen. Nur was aus Holz war, ist längst vermodert und verschwunden. Zahlreiche Felskavernen, die als Truppenunterkünfte dienten, sind noch gut zu erkennen, markant ist der Einschnitt auf dem schmalen und steilen Felsnordgrat der Marmolata zu sehen, der damals Standplatz einer Gebirgskanone war. In noch stärkerem Maße und viel zahlreicher sind die Felsbefestigungen und Frontwege im Fels im Raume der Punta Serauta und des Piz Serauta auszumachen. Vor allem sind diese durch die neu erbaute, große Marmolataseilbahn, die in der Forcella Serauta eine Mittelstation hat, auch für bergungewohnte Besucher leicht zu erreichen und zu besichtigen.

Col di Lana — der „Blutberg Ladiniens"

Das höchste Geschütz des Ersten Weltkrieges stand auf dem Vorgipfel des Ortlers (3905 m). Das höchste Geschütz der Dolomitenfront war die österreichische Kanone auf dem Gipfelkamm der Marmolata di Rocca (3259 m). Sie stand in einer Felskaverne, die durch den schmalen Gipfelgrat gegen die Südwand hin durchbrochen war und schoß von dort in steilstem Winkel an die tausend Meter tief auf die großen italienischen Depots bei der Malga Ciapèla. Heute ist ein Teil der Capanna Marmolada (Skihütte) in diese Kaverne hineingebaut. So war die firnschimmernde Marmoléda der Ladiner, der höchste Berg in diesem Felsenreich und sein Wahrzeichen, zum gewaltigen Eckpfeiler der ladinischen Hochgebirgsfront geworden.

Von hier schwenkte die Front aus den Bergen des ladinischen Fassatales in das Buchenstein hinüber. Und gleich nach der Überquerung des Talgrabens von Arabba unterhalb des evakuierten und zerstörten Ortes erreichte der Verlauf der Kampflinien einen Berg, der im Rahmen des Dolomitenkrieges einen besonderen Namen und Ruf erhalten hat: den Col di Lana (2462 m). Dieser Berg war früher nur wenigen und vor allem auf Wanderungen mit schöner Aussicht bedachten Touristen bekannt. Im weiten Rund der dolomitischen Felskolosse wirkte er kaum besonders auffällig, er war nur ein bescheidener felsiger Grat, der wie ein ungeheurer Schiffsbug in den Talschluß des Buchensteinischen vorsprang, und an dessen südlichen Steilhängen, tausend Meter tiefer, die Große Dolomitenstraße seinen mächtigen Bergkörper umrundet und der Hauptort Pieve di Livinallongo-Buchenstein (1465 m) klebt.

Dieser Berg ist zum Inbegriff der schwersten Kämpfe in den Dolomiten geworden. Und wahrlich zu Recht hat er bei den italienischen Truppen den Namen „Col di sangue" (Blutberg) erhalten. Es ist heute fast unverständlich, daß sich die italienischen Kommanden darauf versteiften, durch die Wegnahme dieses Berges einen Durchbruch zu erzwingen, um durch das Gadertal in das Pustertal vorzustoßen.

Schon in den ersten Monaten des Krieges, schon im Oktober 1915, begannen die großen Angriffskämpfe gegen den Col di Lana, der damals nur von schwachen österreichischen Kampftruppen und Teilen des zu Hilfe geeilten Deutschen Alpenkorps verteidigt wurde. Nur zu bald mußte den italienischen Kommanden klarwerden, daß die Erstürmung des Col di Lana ein aussichtsloses Beginnen sei. Trotzdem gab man diesen Plan nicht auf, denn wie kein anderer Berg in der Hochalpenfront war der Col di Lana im Halbrund von einem Kranz italienischer Artillerie bis zu den schwersten Kalibern umgeben, die den nur kirchplatzgroßen Raum auf dem Gipfel mit Leichtigkeit sturmreif schießen konnten.

Nach den schweren Blutopfern im Winter 1915/16 kam hier den Italienern zum erstenmal der Gedanke, den Berg zu unterminieren und in die Luft zu jagen. Auf diese Art sollte unter geringsten Verlusten der heißersehnte Erfolg erzwungen werden.

Damit ist der Col di Lana ebenfalls in die Geschichte des Hochgebirgskrieges eingegangen: er war der erste größere Felsgipfel, in dem man einen Stollen bis wenige Meter unter die österreichische Gipfelstellung vortrieb, dort eine Minenkammer lud und mit der Sprengung den Gipfel dem Feinde entreißen wollte.

Bei dieser ersten Sprengung, die den Italienern ganz planmäßig am 16. April 1916 gelang, wurden ungefähr 5000 Kilogramm Sprengstoff gezündet. Der Erfolg blieb nicht aus, die Gipfelbesatzung der Österreicher flog in die Luft, und mit einem kurzen Ansturm konnten sich die Italiener zum zertrümmerten und zerfetzten Gipfel emporarbeiten.

Einen Erfolg auf weitere Sicht bedeutete dies zu ihrer großen Enttäuschung jedoch nicht. Die Österreicher nahmen ihre Truppen über den Siefgrat auf den Monte Sief (2426 m) zurück und bezogen dort neue, noch stärkere Stellungen. Nun entbrannte der Kampf auf dem Siefsattel, der bis in den Herbst 1917 währte. Hier, auf dem Siefsattel, waren es die Österreicher, die einen großen Felskopf, den sogenannten „Knotz", der den italienischen Truppen den größten Rückhalt bot, durch eine großzügig angelegte Minensprengung zerstörten. Bei dieser Sprengung am 27. September 1917 wurden 45.000 kg Sprengstoff verwendet, also neunmal soviel wie bei der Sprengung des Col di Lana. Die kompaktere Art des Gesteins erforderte diese Masse und die Wirkung sollte dadurch noch vergrößert werden.

Leiden und Gefahren an der Hochgebirgsfront

Erst nach dem Durchbruch von Karfreit der verbündeten deutschösterreichischen Truppen im Herbst 1917 endeten diese Kämpfe am Col di Lana mit dem überstürzten Rückzug der Italiener. Auf dem Gipfel des Col di Lana und auch fast von überall her ist heute noch der große Krater zu sehen, den diese erste Mine des Hochgebirgskrieges in den Leib des Berges gerissen hatte. Und wer heute als tüchtiger Wanderer entweder über Straße und Steig von Buchenstein herauf oder vom Monte Sief herüber den Gipfel des Col di Lana erreicht, der kann in der kleinen Kapelle, die dort dem Andenken der Gefallenen errichtet worden ist, nachfühlen, welches Ausmaß an Tapferkeit, Ausdauer und übermenschlicher Anstrengung den Truppen auf beiden Seiten bei diesen Kämpfen und bei den Sprengungen in 2400 m Höhe zugemutet wurde. So ist der Col di Lana in mehrfacher Hinsicht zum Beispiel eines heißumkämpften Gipfels der Hochgebirgsfront geworden. Immer ging es um Kämpfe auf einem verhältnismäßig beschränkten Raum, dafür aber waren diese Kämpfe um so konzentrierter und nervenzermürbender. Denn neben dem reinen Kampferlebnis mußten diese Truppen alle Unbilden des Hochgebirges ertragen, die Unbilden der Witterung, Schnee, Lawinen und die Gefährlichkeit der Zugänge zu den Stellungen und schließlich als psychologischen Faktor die Einsamkeit, dort oben unter den Wolken, weitab von menschlichen Siedlungen und von einer guten Etappe kämpfen zu müssen.

Im weiteren Verlauf gingen die Stellungen der Österreicher über den Felskamm des Settsass und erreichten den Gipfel des Sasso di Stria (2477 m), der als hübscher Felsgipfel schon nahe dem Falzaregopaß und dem Valparolajoch aufragt. In leichter Schweifung lagen hier die Kampfstellungen der Österreicher über dem lieblichen Wiesenbecken, in dem das berühmte alte Schloß Andraz steht. Welch unvorstellbarer Wandel des Kriegshandwerks war hier auf engem Raume zusammengedrängt! Rund 500 Jahre früher hatte der kaiserliche Feldhauptmann Göbel die als uneinnehmbar geltende Burg Andraz belagert und erstürmt und den unbotmäßigen Lehensträger Guadanini von Avoscano verjagt.

Der Falzaregopaß war engstes Kriegsgebiet und ist heute ein unübertrefflicher Standpunkt, um einen großen Teil der Felsfront vom Sasso di Stria (Hexenstein) über den Kleinen Lagazuoi und die anschließenden Felsberge hinüber zum ungeheuren Bollwerk der Tofana di Rozes zu überblicken. Auch hier gibt es in bunter Folge Besonderheiten des hochalpinen Felskrieges. Am Hexenstein lag die vorderste Front der Österreicher auf der südlich vorspringenden Felsterrasse, die nur durch Überschreitung des Gipfels zu erreichen war. Man ging, um Verluste zu vermeiden, alsbald daran, durch den Leib des Berges einen fünfhundert Meter langen mannshohen Stollen zu treiben, der aus der Umgebung des Valparolajoches bis zu dieser vordersten Grabenstellung führte. Der Stollen ist zum Teil verschüttet und durch Wassereinbrüche unbegehbar, soll jedoch in nächster Zeit freigelegt werden, um auch den Menschen von heute zu zeigen, welcher Art der Krieg in den Felsbergen war.

Minenkrieg längs des Falzaregopasses

Vom Falzaregopaß aus aber fesselt besonders der Anblick der dem Paß nahe gegenüberliegenden Südwand des Kleinen Lagazuoi (2778 m), zu dem heute eine Seilbahn in vier Minuten hinaufführt. Mitten durch den Berg, schräg nach links aufwärts, zieht das berühmte terrassenartige Felsband, die sogenannte „Cengia Martini", auf der sich in schwindelnder Ausgesetztheit die gegnerischen Feldwachen bis auf wenige Meter gegenüberstanden. Die italienischen Stellungen auf diesem Felsband wurden von den Österreichern zweimal unterminiert und aus dem Berg herausgesprengt. Die im Jahre 1917 gezündeten Minen waren einmal mit 15.000, das zweitemal mit 23.000 kg Sprengstoff geladen. Der noch nicht verwitterte und heller leuchtende Felsfleck in der Mitte der Wand zeigt heute die abgesprengte Felsfläche, die großen Schuttreißen am Fuße der Wand sind nicht von Natur aus entstanden, sondern durch das gewaltige Schuttmaterial, das die Sprengungen über den Berg hinuntergeschleudert haben. Man schätzt die abgesprengten Felsmassen auf rund 130.000 m^3 Material. Trotz dieser beiden verheerenden Felssprengungen gelang es nicht, die Italiener aus ihren Stellungen zu vertreiben, und bis zu ihrem endgültigen Abzug im Jahre 1917 klebten sie fest in diesen Felsennestern.

Die Italiener gaben es nicht auf, die Österreicher von der Spitze des Lagazuoi zu vertreiben, um sich so einer der lästigsten gegnerischen Stellungen zu entledigen, die beherrschenden Einblick in das ganze Kampfgebiet rings um den Falzaregopaß ermöglichte. Zu diesem Zwecke starteten sie ein Minenunternehmen, das zu den absonderlichsten des ganzen Hochgebirgskrieges gehörte. Sie wollten ihr Ziel durch die Wegnahme der Lagazuoivorkuppe vorbereiten und von dieser dann den Hauptgipfel erstürmen. Vom Südostfuße der Vorkuppe begannen sie einen Felsstollen durch den Berg emporzutreiben, der mit einer Länge von 1100 Metern bis zur Minenkammer unter die österreichische Feldwachestellung auf der Vorkuppe kam. 33.000 kg Sprengstoff betrug die Ladung dieser Minenkammer. Am 20. Juni 1917 jagten sie damit den Gipfel der Vorkuppe mit den österreichischen Stellungen in die Luft, und es gelang ihnen auch, sich auf dem Gipfel weiterhin zu halten. Dieser Minenstollen an der Vorkuppe des Kleinen Lagazuoi war wohl die mühevollste und zäheste Leistung im Minenkrieg der Dolomiten.

Nach Eröffnung der Seilbahn Falzarego—Kleiner Lagazuoi legte man den inzwischen teilweise verfallenen Felsstollen wieder frei, steilere Stücke wurden mit Felsstufen und Drahtseilen gesichert. Damit wurde für den heutigen Besucher eine der interessantesten Attraktionen in Erinnerung an den Hochgebirgskrieg der Jahre 1915—1918 geschaffen. Heute fahren die Menschen in vier Minuten zum Gipfel empor, dort kauft man sich Fackeln, und im bequemen und interessanten Abstieg, an einigen Lichtfenstern des Stollens vorbei, kehrt man durch den Leib des Berges bis an seinen Fuß zurück!

Noch einer Felssprengung in der Nähe des Falzaregopasses muß hier gedacht werden. Wenn man vom Paß nach Cortina fährt, tut sich allmählich der großartige Blick auf die ungeheure Südwand der Tofana di Rozes auf. Ganz links an ihrem westlichsten Fußpunkt springt eine kleine Felskuppe vor, die bei den Italienern den Namen C a s t e l l e t t o, bei den Österreichern den Decknamen „S c h r e c k e n s t e i n" führte.

In den Herbstmonaten des Jahres 1915 war sogar noch die Spitze der T o f a n a d i R o z e s (3225 m) in österreichischem Besitz. Diese allesbeherrschende Stellung, von der aus man den ganzen Talkessel von Cortina überblicken und jede Bewegung dort beobachten konnte, ging durch ein Mißverständnis bei der Ablösung und durch einen gleichzeitgen blitzartigen Überfall der Italiener verloren, nicht aber der kleine Castelletto am Fuße der Westwand, den die Österreicher trotz aller Angriffe zähe verteidigen und behaupten konnten.

Wiederum griffen die Italiener zum Mittel der Sprengung. Sie war nach jener des Col di Lana die zweite in diesem Frontabschnitt, und man hatte noch nicht sehr viel Erfahrungen gesammelt. Trotzdem gelang diese Aktion voll und ganz. Die ganze Gipfelkuppe des Castelletto wurde abgesprengt, der Rest der österreichischen Besatzung, die dabei nicht umgekommen war, wurde gefangen und die Stellung besetzt. Auch diese Mine mußte wegen des harten Dolomitgesteins mit 25.000 kg Sprengstoff geladen werden. Der Sprengstollen selbst bis zur Minenkammer betrug 507 m.

Der ganze mächtige Felsstock der Drei Tofanen blieb damit für die österreichischen Frontlinien ausgespart. Erst im nördlichsten Zipfel des Talbeckens von Cortina d'Ampezzo drückten die österreichischen Kampflinien sich wieder nahe gegen diesen heran, verliefen über die Croda d'Ancona, überquerten etwas oberhalb das Gemärk und wurden unter schwierigsten Verhältnissen an den Nordhängen der Cristallogruppe, an der Punta Forame, gehalten. Schluderbach lag noch innerhalb der österreichischen Kampfstellungen.

Front durch berühmte Dolomitgruppen

Von hier aus verließ die Hochgebirgsfront des Ersten Weltkrieges Ladinien und zog sich über den stark zerklüfteten M o n t e P i a n o, der das Höhlensteintal flankiert, auf die Hochfläche der D r e i Z i n n e n und durch die Berge von Sexten und über einige der massigen Dreitausender von ihnen, den Elfer, die Rotwand, zum Kreuzbergsattel, der Grenze der Dolomiten, hinüber. Hier endete auch die eigentliche Hochgebirgsfront des Ersten Weltkrieges, die Front im Ödland der Alpen, die „Front in Fels und Eis". Nur in einigen wenigen Stellen des Karnischen Kammes und in den Bergen des oberen Isonzotales erreichten die Frontlinien noch Höhen, die ihnen Hochgebirgscharakter verliehen.

Neben all diesen Eigenheiten und Merkmalen des Bergkrieges war der Kampf gegen den zweiten großen Feind, gegen die Naturgewalten, ein besonderes Erschwernis. Darin haben die Alpentruppen einen Leidensweg schmerzlichster Erfahrung durchschreiten müssen. Die Natur war oft und oft weit furchtbarer und unerbittlicher als der Gegner, der gegnerische Soldat und seine Waffen, denn Lawinen, Wetterstürze, Kälte und Entbehrungen, haben Lücken in die Truppen der Alpenfront gerissen, die oftmals die Verluste der blutigen Kämpfe übertrafen.

In all seinen Einzelheiten mußte der Krieg an der Hochgebirgsfront ja erst erlernt und meist durch bittere Erfahrungen bezahlt werden. Welch ein übergroßes Maß von körperlichen Leiden hatte der einzelne Mann durchzumachen, bis die Ausrüstung der alpinen Truppen den Erfordernissen des Hochgebirges entsprach! Wieviel Verluste mußten hingenommen werden, bis man die besondere Verwendungsmöglichkeit und Wirkung von Waffe und Munition kannte!

Von beiden Seiten ging man in diesen unbekannten Krieg mehr oder weniger unvorbereitet hinein. Man erkannte am Anfang die Möglichkeit und Notwendigkeit einer vollkommenen Abriegelung in den Bergen, und vor allem im Hochgebirge nicht. Man war damals noch immer der Meinung, daß nur ein begrenzter Teil des Gebirges und besonders natürliche Übergänge und Pässe sowie leicht erreichbare Höhen und Kämme verteidigt werden müßten. Dagegen sah man in den unwegsam aufragenden Regionen des Ödlandes, in den Fels- und Eisbergen des Hochgebirges von Natur aus uneinnehmbare und unüberschreitbare Bollwerke. So blieben vorerst im Aufmarsch- und Verteidigungsplan der Hochalpenfront ganze Berggruppen „militärisch ungangbares Gebiet" und bildeten für den Generalstab weiße Flecken auf der Landkarte. Man erkannte in diesen wilden Landschaften keine Möglichkeit einer Fronthaltung und Kampfhandlung.

Zum alpinen Unverständnis, das bei Stellungen, Lagern und Zugangswegen die Gefährdung durch Lawinen nicht erkennen ließ, trat bisweilen die harte Notwendigkeit, aus taktischen Gründen lawinengefährliches Gelände besetzt zu halten oder zu begehen. Die Verluste durch Lawinentote halten sich dadurch in erschreckendem Maße. Eine grausame Schicksalsfügung brachte dazu noch im Winter 1916/17 Schneefälle von sintflutähnlichen Ausmaßen. Die Lawinenkatastrophen im Lager Gran Poz in der Marmolata legt davon ein erschreckendes Zeugnis ab. Über 500 Mann wurden dort von einer ungeheuren Lawine verschüttet, an die 300 konnten nur mehr als Leichen geborgen werden. Zur gleichen Zeit verloren die italienischen Truppen im obersten Val Pettorina, ebenfalls im Marmolata Abschnitt, über 200 Mann in einem einzigen Lawinengang. Man schätzt die Verluste durch Lawinen bei Freund und Gegner in diesem Katastrophenwinter allein auf über 10.000 Mann.

Die Zerstörungen an Gebäuden und Siedlungen waren im ladinischen Abschnitt der Hochgebirgsfront verhältnismäßig gering. Frontnahe Schutzhütten des Deutschen und Österreichischen Alpenvereins, Almhütten und einzelne Weiler wurden natürlich restlos und meist schon in den ersten Kriegszeiten zerstört. So erging es dem Contrinhaus der Sektion Bamberg des Deutschen und Österreichischen Alpenvereins, an deren Ruinen dann die vordersten Schützengräben ganz nahe lagen. Bald schon wurde das große Fedajahaus der Sektion Bamberg auf dem Fedajasattel von italienischer Artillerie in Brand geschossen. Von Ortschaften und Weilern erhielten nur einige in der Umgebung von Canazei Artillerietreffer und Zerstörungen, ebenso die Ortschaft Arabba und deren Weiler an der Dolomitenstraße. Restlos in Trümmer fiel die Ortschaft Buchenstein samt ihrer Kirche, denn diese lag ja in der ersten Zeit nur wenige hundert Meter unterhalb den vorgeschobensten italienischen Linien. Auch Andraz und zahlreiche seiner Gehöfte an den Hängen des Col di Lana wurden zerstört.

Im Hochgebirge Krieg führen heißt Wege bauen! Dieser Grundsatz war bei Ausbruch des Krieges den Generalstäblern beider Seiten noch vollkommen unbekannt. Und so mußte im Laufe der Kriegsjahre das nachgeholt werden, was bei der langjährigen Vorbereitung eines Konfliktes zwischen Österreich und Italien an der Alpenfront vollständig unterlassen worden war. Nach altem Muster hatte man gerade an der ladinischen Hochgebirgsfront einzelne Täler und Übergänge durch Sperrforts, kleine Gebirgsfestungen, gesichert. Diese erwiesen sich von allem Anfang an als unbrauchbar, wurden entweder allsogleich zugunsten von Feldbefestigungen geräumt oder von feindlicher Artillerie ohne große Mühe zerstört.

Dieses Schicksal erlebte das Werk Soraga oberhalb Moena, das gegen einen Einbruch der Italiener über den San-Pellegrino-Paß sichern sollte. Ähnlich war es beim Fort Corte in der Nähe des Col di Lana und bei der Straßensperre Ruaz an der Dolomitenstraße vor Buchenstein selbst. Heute noch ragen als traurige Erinnerung die wuchtig gemauerten Ruinenreste dieser altertümlichen Werke auf. Ein klassisches Beispiel bilden ferner die unheimlichen Ruinen des Forts Tra i Sassi in der Nähe des Valparolajochs, das dem Feind den Übergang in das Gadertal verwehren sollte. Noch heute stehen die wuchtigen Trümmer dieser Befestigung wie ein mahnendes Erinnerungszeichen in der Steinwüste nördlich des Sasso di Stria.

Mit der immer stärker werdenden Hochgebirgsfront und ihren Erfordernissen an Nachschub konnte der in aller Eile und unter Aufbietung aller zur Verfügung stehenden Mittel betriebene Bau von Saum- und Karrenwegen nicht nachkommen. So kam es zu den ersten Anlagen von Seilaufzügen und Materialseilbahnen, deren Ausbau eine überaus rasche Entwicklung nahm. Bald überspannte ein ganzes Netz von Materialseilbahnen die Etappe gleich hinter der ersten Kampffront. Was in dieser Hinsicht geleistet wurde, brachte unerhört wichtige Erfahrungen und Kenntnisse, die sich für den Bau von Seilbahnen nach dem Kriege sehr nützlich erwiesen. Doch auch in der weiteren Etappe mangelte es an Straßen und später dann auch an Pferden und Fuhrwerken, die allein die gewaltigen Massen des Nachschubs nach vorne bringen konnten.

Als Hauptzuschublinien aus dem Inneren der Monarchie kam immer nur die Brennerstrecke und die Eisenbahnlinie durch das Pustertal in Betracht. Durch die Dolomitentäler hinauf und über die Jöcher, die an die Frontlinien heranführten, mangelte es jedoch an brauchbaren Straßen. So entstanden einige Paßstraßen, die schon bald nach dem Krieg als Auto- und damit touristische Straßen großen Wert für die Entwicklung Ladiniens als Fremdenverkehrsland gewannen. Die bemerkenswertesten unter diesen Paßstraßen waren die über das Sellajoch, die eine Verbindung aus dem Grödental in das Fassatal herstellte, ferner die von ihr abzweigende Straße über das Grödner Joch, die wiederum den Talschluß von Corvara leichter erreichbar machte als die Zubringung durch das lange Gadertal. Ja sogar zwei Kleinbahnen wurden geschaffen, die den Nachschub von der Hauptstrecke der Brennerlinie durch die Seitentäler hinauf in die zentraleren Gebiete der Dolomiten besorgten. Als bekannteste von diesen blieb die Schmalspurbahn von Klausen durch das Grödental bis nach Plan noch bis zum Jahre 1960 in Betrieb und hat wirtschaftlich und touristisch viel für den Aufschwung des Grödentales nach dem Kriege geleistet. Interessant ist die kurze Bauzeit und wie gut improvisiert wurde. Das rollende Material der Feldbahn von Klausen in das Grödental, die später so bekannt und beliebt gewordene Grödner

Bahn, wurde aus der Nähe von Belgrad herbeigeholt, wo diese Kleinbahn eine Verbindung zu einem Schloß des Königs von Serbien hergestellt hatte. Von Plan wurden dann gleichzeitig mit dem Bau der Straße große Materialbahnen über das Sellajoch nach Canazei geführt, die von dort durch das oberste Avisiotal bis zum Talboden von Pian Trevisan gelangten. Im weiteren Anschluß erstanden große Materialseilbahnen über den Col de Bois auf der Nordflanke der Marmolata und bis zum Felsriegel des U n d i c i, der kaum einige hundert Meter hinter den vordersten Gletscherstellungen der Österreicher lag. Damals war es möglich, von jedem Bahnhof der österreichisch-ungarischen Monarchie aus, mit Eisenbahn, dann auf der Feldbahn durch das Grödental, weiter mit Seilbahnen über das Sellajoch und hinauf bis in die Nordflanke der Marmolata und knapp einige hundert Meter hinter die vordersten Stellungen zu fahren, ohne andere Verkehrsmittel zu benützen. Ein origineller Zustand, der so recht die improvisierten Verhältnisse an der Hochgebirgsfront aufzeigte.

Ende der Kämpfe an der ladinischen Front

Im Oktober 1917 mußten die italienischen Truppen wegen des großen Durchbruchs der Verbündeten bei Karfreit die ganze Dolomitenfront fluchtartig räumen. Zurück blieben fast an die hundert Kilometer Frontlinie wie eine ungeheure Narbe durch dieses wunderbare Felsenland, durch seine Täler und Almböden, an seinen Felsgraten und quer durch die Firnfelder der Marmolata. Ungeheure Mengen von Kriegsmaterial zeichneten den Verlauf dieser Front noch durch Jahre.

Heute erscheint es in einem rein historischen Sinn gerechtfertigt, der kriegerischen Ereignisse vor bald 60 Jahren in diesem eigenartigen und einzigartigen Gelände aller Kriege zu gedenken. Die sichtbaren Merkmale jener Zeit riefen dafür mehr denn anderswo die Erinnerung wach an den Heldengeist der Alpentruppen und an die übermenschlichen Leistungen, die sie in diesen Jahren ertragen mußten.

Anmerkung des Verlages: Kurz nachdem der Verfasser dieses Buches, Dr. Gunther Langes, zu Beginn des Jahres 1972 verstorben war, erschien noch die von ihm selbst bearbeitete vierte Auflage seines Hauptwerkes „Die Front in Fels und Eis" (Verlag Athesia, Bozen). Darin schildert er ausführlich und an Hand von zeitgenössischen Bildern den gesamten Ablauf der Kämpfe an der österreichischen Südfront. Die 7. Auflage des Buches ist derzeit in Vorbereitung.

Berühmteste Felsenriffe der Alpen

Geologischer Aufbau Ladiniens

Für den Laien und Besucher Ladiniens ist der geologische Aufbau in dem Sinne interessant, als er sich dem Auge offenbart und die Landschaft gestaltet, weniger in dem, was nicht sichtbar wird und nur auf Grund wissenschaftlicher Forschung und eingehenderen Wissens bekannt ist.

Hierzu kommt, daß in der dolomitischen Landschaft und besonders in Ladinien gerade die felsigen Dolomitberge als sinnfällige Erscheinung im Landschaftsbilde weitaus den größten Anteil des Interesses, der Bewunderung, ja des Staunens so magisch und überwältigend auf sich ziehen, daß alle anderen bis auf ganz wenige ebenso stark ins Auge stechenden Formationen geradezu abfallen.

Für den Laien — und nur für diesen sind diese Ausführungen in einfacher Systematik und kurzer Fassung bestimmt — ist es also vornehmlich interessant, solche Hinweise über die geologische Beschaffenheit Ladiniens zu hören.

Die Entstehung des Dolomits wird kurz gefaßt so erklärt: Der Dolomit, dieser mit Magnesia (Bittererde) stark versetzte Kalk, ist nicht nur einfach ein maritimes Sediment, eine Ablagerung eines vorgeschichtlichen Meeres wie viele andere Kalke und „Schichten", also nicht einfach zu Boden gesunkener Meeresschlamm, sondern die Ausscheidung von Meeresorganismen zu ihren Lebzeiten, ein sogenannter Riffkalk, der so die Riffe und Gebirgsstöcke bildete. Von diesen Meeresorganismen sind die bekanntesten die Korallen, und es hat wohl eine Unzahl Arten von ihnen gegeben; dazu kommen auch die kalkabsondernden Muscheln und Algen.

Die tiefste Unterlage der Dolomiten wird von Quarzphyllit gebildet, der jedoch nur an wenigen Stellen sichtbar wird. Wie sich nun darüber in verschiedenen geologischen Zeitaltern andere Schichtungen ablagerten und es zu den Riffbildungen der so eindrucksvoll aufragenden Felsberge kam, das verlangt schon größeres geologisches Wissen.

Was aber jedem Besucher nicht nur auffällt, sondern ihn entzückt, das ist die einzigartige Gegensätzlichkeit im Landschaftsbild der Dolomiten, wo sich unvermittelt neben schroff und kühn und zu großer Höhe aufragenden Felsriffen weite und wellige Matten und Almen, Wiesen und Wälder ausdehnen, die sich oftmals bis an den Fuß der Felsen heranschmeicheln.

Die Dolomiten sind geologisch als ein klassisches Gebiet bekannt, in dem der Aufbau der Alpen klarer hervortritt und bemerkenswerte geologische Geschehnisse leichter zu erkennen sind als anderswo. Besonders in Ladinien prägt sich die geologische Entwicklung nicht nur wissenschaftlich klar aus, sondern auch in der ungewöhnlichen Schönheit und Eigenart ihres Landschaftsbildes. Neben den Dolomitbildungen zeigt sich dies in der Quarzporphyrzone, die bis in das Grödental hineinreicht. Es ist die bekannte „Bozner Porphyrplatte", die bis zu tausend Meter stark ist und das Herz Südtirols, das Eisacktal mit dem Bozner Talkessel und weite Gebiete ringsum in einer Ausdehnung von rund 4000 Quadratkilometern bedeckt, das größte geschlossene Porphyrvorkommen der Alpen und in Europa. Ein geologisches Schaustück bildet der mächtige Bergsturz von Pontives, der die „Ladinische Pforte" formt, wo der Porphyr, aus dem der Bergzug der Seceda aufgebaut ist, sozusagen zu geologischem Anschauungsunterricht mit einem mächtigen Bergsturz abgebrochen ist. Die Grödentalstraße führt mitten hindurch.

Ein noch bestaunteres geologisches Bild bieten die westlichen Abbrüche der Seceda mit ihren einen ganz seltenen Naturanblick bietenden grau bis ziegelrot gefärbten Sandsteinbänken. Hier hat der berühmte Geologe F. v. Richthofen genaue Forschungen und aufklärende Erscheinungen über den Sandstein gefunden und diesen nach dem Grödner Vorkommen als „Grödner Sandstein" getauft.

Man fährt heute mit der Secedaseilbahn nahe an den auffallenden Sandsteinwänden hinauf, die für jeden einen unvergeßlichen Anblick bieten.

Besonders sinnfällig in der ladinischen Landschaft sind die weiten Flächen der Almen, die aus vulkanischen Tuffböden mit dem Vorkommen eigenartiger Augitporphyrite bestehen und nicht nur in ihrer Formung von den umrahmenden Dolomitriffen abstechen, sondern dank ihrem Humusreichtum einen so schönen Bewuchs tragen, daß damit zwischen den sterilen Felsgebieten wahre Oasen herrlichen Vegetationslebens eingebettet sind.

Eine bildende Fundgrube für den geologisch Interessierten ist das Heimatmuseum in St. Ulrich. Die petrographische Sammlung des Museums gibt einen Querschnitt durch die Vielgestaltigkeit der Gesteine. Porphyr- und Sandsteinarten sind zu sehen, verschieden gefärbte Kalk- und Dolomitarten, dann Mergeln und Tuffe und vieles mehr. Hochinteressant und besonders für den Laien reizvoll ist die Sammlung mit einer schönen Auslese von Versteinerungen, so Exemplare aus dem Grödner Sandstein, Pflanzenabdrücke aus den Tuffen der Seiser Alm und anderes mehr. Besonders wertvolle Versteinerungen sind darunter, auch Neufunde und seltene Exemplare sind vertreten. Den Mineralogen und eifrigen Mineraliensammlern bietet sich hier die Gelegenheit, die typischen Mineralien Ladiniens kennenzulernen. Besonders solche von der Seiser Alm sind interessant, denn diese gilt als eine der klassischen Fundstellen Südtirols, die wohl schon stark ausgebeutet ist, für den beharrlichen Sucher aber immer noch überraschende Funde hat.

Die erste Erklärung für die Bildung der Dolomitberge bietet die Rifftheorie von R. von Mojsisovics. Früher schon hatte der große Geologe von Richthofen den Dolomit als eine den modernen Korallen- und Algenriffen analoge Bildung angesprochen. E. von Mojsisovics hat die Rifftheorie dann wissenschaftlich begründet und ausgebaut. Nach diesen Erklärungen wuchsen nahe der Küste eines Flachmeeres auf einem Sokkel von annähernd gleicher Höhe Algen- und Korallenriffe stockförmig empor, die wohl ein zentrales Becken umschlossen, das während wiederholter submariner Eruptionen allmählich durch vulkanisches Material ausgefüllt wurde. Nachdem die Ausfüllung dieses zentralen Meeresteiles mit eruptivem Material beendet war, griff die Dolomitenentwicklung auch auf die Tuff- und Mergelablagerungen dieser Region über, deren Meer früher für das Gedeihen von Korallen und Algen zu tief gewesen war. Hauptbeweise für die Riffnatur des Dolomits sind: das Auftreten in isolierten, stockförmigen Massen, die Individualisierung der einzelnen Dolomitstöcke, so der Geislerspitzen, Sellagruppe, des Langkofelstockes, dann Latemar-, Schlern-, Rosengarten-, Palagruppe und Marmolata. Ein weiterer Beweis ist die regelmäßige Bankung der Mergel, der steile Winkel der Riffböschung mit den angelagerten Sedimenten, die etwa beim Plattkofel 30 Grad, bei anderen Bergen bis zu 50 Grad beträgt (C. Diener).

Die Dolomiten sind geologisch eine eigenartige und fremde Welt. Anders als die großen firn- und eisbedeckten Flächen der kristallinischen Urgesteinsalpen, aus denen kleine, dunkle Felsgipfel mit ihren durch Fels und Eis durchsetzten Flanken aufragen, bietet sich in den Dolomiten ein Bild, das in bunter, monumentaler und fast architektonisch geformter Art, in stürzenden und senkrechten Linien komponiert, Felsberge zeigt, deren Dolomit in weißer, silbergrauer oder rötlicher Farbe leuchtet, deren

Gipfel nicht mit langgezogenen und gewundenen Graten verbunden sind, hingegen eine Vielheit von isolierten Bergspitzen, schlanken Türmen, gedrungenen Felsburgen, schmalen Mauerrücken und klotzigen Vorbauten darstellen.

Diese durch die atmosphärische Erosion meist stark modellierten Felsgebilde sind oft waagrecht gebändert und geschichtet, bilden Terrassen, Stufen, Bänder und Gesimse, die fast stufenartig den Gipfel zu tragen scheinen.

Auch karrenfeldartige Felshochebenen zeigen sich da und dort, die nur durch ihre steilen Randabstürze dolomitische Architektur aufzeigen. Der Kern der Sella- und Palagruppe sind dafür besonders typische Beispiele.

Wie Leuchttürme oder Schiffsrümpfe scheinen viele von diesen Dolomitgebilden auf den umgebenden, leichtgeneigten oder flächigen Gesteinszonen zu schwimmen, deren sanfte Hügelbildung oft begrünt oder von Wäldern bestockt ist. Vielfach sind die Felsaufbauten auch in Schutthalden eingerammt, die wie eine helle Brandung um ihren Fuß spülen.

Das Bild des dolomitischen Aufbaues hat sich also aus den lokalen und hier typischen Schichtungen der Trias ergeben, die aus weicheren Gesteinsarten, Sandstein und Mergel oder auch aus eruptiven Tuffen und Melaphyren bestehen und in die Kalkablagerungen erfolgten.

Wer mit den nötigen Vorkenntnissen ein Bild solcher Schichtungen anschaulich erleben will, der steige durch die Pufler Schlucht zum Puflatsch empor. Man begegnet zuerst dem Porphyr der Bozner Porphyrplatte, dann Grödner Sandstein, Schichten vom Bellerophonkalk und Werfener Schichten bis nach Pufels hinauf, wo diese beiden Schichten infolge einer mächtigen Längsverwerfung zweimal übereinander erscheinen. Darüber liegt eine bis zu fünfzig Meter mächtige, sehr gleichmäßig entwickelte Platte eines an Magnesiakarbonat ungewöhnlich armen Dolomits, den schon F. von Richthofen mit dem Namen Mendeldolomit belegt hat. Diese Platte folgt der ganzen Böschung der Seiser Alm entlang und tritt durch ihren Wandabsturz und ihre weißliche Färbung als Kalkdolomit im Landschaftsbild sehr auffallend hervor. Durch Buchensteiner Schichten, das sind Knollenkalke mit tuffigen Einlagerungen, vom Mendeldolomit getrennt, folgt nun die mächtigste Schichtgruppe im Bereich der Seiser Alm, eine gewaltige Masse von Augitporphyr- und Melaphyrlagen mit ihren Aschendecken und Tuffen. In Puflatsch erreicht sie ihren höchsten Punkt.

Fauna

Ladinien ist kein einsames Bergland mehr. Die starke Vermehrung der ansässigen Bevölkerung, die zahlreichen Almwirtschaften und Schutzhäuser, der immer mehr anschwellende Fremdenverkehr im Sommer mit Wanderern, Bergsteigern, Seilbahnen und mit Skiläufern im Winter, vor allem auch der beschränkte Raum, der das so stark pulsierende Leben von Wirtschaft und Fremdenverkehr schlucken muß, haben Ladinien die Bergruhe genommen und damit auch die Voraussetzung für größere Bestände besonders der jagdbaren Wildarten. Gegenüber dem Reichtum der Flora sinkt jener der Fauna merklich ab.

Von den Schalentieren ist der Hirsch wiederum in bemerkenswerten Beständen anzutreffen (Cortina, Prags), und auch das scheue Reh hält sich in einzelnen Waldrevieren dank sorgfältiger Hege recht gut. Auch die Gemse ist in einzelnen Gebieten noch bodenständig. Erfreulich zugenommen hat die Zahl der possierlichen Murmeltiere, vielleicht auch weil sie nicht mehr soviel gejagt werden, seit das Märchen von der heilkräftigen Wirkung ihres Fettes nicht mehr geglaubt wird. In den begrünten Blockhalden unter den Wänden der Dolomiten haben sie ihre Einstände. Was noch an Raubzeug vorhanden ist, wie Rotfüchse, Marder, dann Dachse und Wiesel, das wird der Wanderer nur noch selten erspähen.

Viel besser ist es um die Vogelwelt bestellt; Steinadler, Habichte, Sperber und Falken kann man oft gewahren. Die Jäger wissen um die Stammplätze der scheuen Auer- und Birkhähne, Eulenarten erspäht auch der Nichtjäger, und der Ruf des Kuckucks ist noch häufig zu hören.

In Schwärmen kann man hingegen die Bergdohlen sehen, denn sie sind ja Nutznießer des Bergtourismus; auch die schönen Alpenraben und mehrere Arten von Krähen beleben das Landschaftsbild.

Blühende Berge Ladiniens

Floristisches aus den Dolomiten

Hanns Forcher-Mayr, Bozen

Südöstlich von Rienz und Eisack breitet sich der Bergraum der Südtiroler Dolomiten. Er ist das Kronjuwel im weitgeschwungenen Diadem des europäischen Alpenbogens. Massive Wucht erhebt sich aus blütenreichen Matten und dunklem Wald, wird unterbrochen durch Riffe schwereloser Gestaltung. Gewaltige Wandfluchten bauen Bastionen, kühne Türme verlieren sich im Blau eines südlichen Himmels. Zum Räumlichen fügen sich Farben als verzauberndes Element. Das Wechselspiel des Lichtes verschmilzt Kontraste zu symphonischem Ganzen. Die bleichen Berge flammen rote Glut zum scheidenden Tage, verdämmern im Graublau werdender Nacht. Dolomiten — eine Welt voller Sagen und Lieder, Heimat eines uralten Volkes, begehrtes Ziel der Bergsteiger und Naturfreunde aller Länder.

Orographisch werden die Dolomiten durch das Gadertal-Campolongo-Paß und Cordevoletal in einen westlichen und östlichen Teil getrennt. Sie wurden im Trias durch Ablagerungen und Riffbildungen aus dem Meer geboren; Erosionen verschiedenster Art haben im Verlauf der Jahrmillionen das Gegenwartsbild geschaffen. Im westlichen Teil haben sich submarine Vulkanergüsse emporgewuchtet und eingeschoben, wodurch er mehr in Gruppen aufgegliedert ist, während der östliche und weniger dolomitisierte Teil zusammenhängender ist und zu Karrenbildung neigt. Am Basishorizont der sterilen Gesteinsformationen breiten sich Almböden und Hanganlagen, die die verschiedenartigsten mineralischen Bodenzusammensetzungen aufweisen, so daß sich eine Vegetationsdecke ansiedeln konnte, die an Mannigfaltigkeit innerhalb der Alpen nur durch jene des Südalpengürtels zwischen dem Garda- und Langensee übertroffen wird. Von den Pflanzengesellschaften, die den Raum der Dolomiten bewohnen, soll im folgenden in knappster Übersicht das aufgezeigt werden, was für ihn typisch und charakteristisch ist.

Unter den Nadelholzgewächsen nimmt die Fichte das größte Areal ein. Sie erstreckt sich hauptsächlich über die montane und subalpine Vegetationsstufe, die hier dem kontinentalen mitteleuropäischen Klimagürtel angehört. Der geschlossene Wald erstreckt sich zwischen 500 und 1900 m. Einzelexemplare erreichen im Rosengarten- und Latemargebiet noch

2300 m. Basische und saure Böden werden von der Fichte gleicherweise besiedelt. Optimale Lebensbedingungen scheint sie in der Umgebung des Karersees, am Niger und Rollepaß gefunden zu haben. Hier wie dort begegnet man prachtvollen Bäumen, wie sie in ähnlicher Mächtigkeit und Anzahl anderswo kaum zu sehen sind. Alte, jedoch völlig gesunde Stämme erheben sich in makellosem Wuchs aus dem Halbschatten des überwiegend moosigen Bodens. Nicht sehr zahlreich sind die Mitbewohner des Fichtenwaldes. Immerhin erregen einige typische Blütenpflanzen unsere Aufmerksamkeit. Da sind zunächst die Wintergrünarten (Pirola), die mit ihren wachsbleichen Blüten einen feinen Maiglöckchenduft ausströmen. Schwarzbeeren bedecken große Flächen und dulden kaum das Aufkommen anderer Pflanzen. Unter diesen wenigen konkurrenzfähigen fallen die Wachtelweizen-Gewächse auf. Von ihnen ist der Hainwachtelweizen (Melampyrum nemorosum L.) bemerkenswert. Gelb bis orangerot sind die Blüten, die von blau-violetten Deckblättern umgeben sind, so daß bei oberflächlicher Betrachtung der Eindruck einer violettgelben Blütenkrone vermittelt wird. Auffallend sind die verschiedenen Weidenröschen(Epilobium)-Arten. Auf hohen Schäften sitzen die hellvioletten bis purpurroten Sternblüten. Die Weidenröschen sind Spätblüher wie der tiefblau leuchtende Schwalbenwurz-Enzian (G. asclepiadea L.), dessen Blütenstengel bis zu einem Meter lang werden. Bis in den Altweibersommer hinein steht diese prächtige Enzianart in Blüte.

In fast gleicher Höhenlage, nur mit etwas geringerer Untergrenze, sind in den Dolomittälern inselartige Waldbestände von Föhren vorhanden. Die Föhre oder Kiefer ist ein anspruchsloses Holzgewächs, das noch auf sehr trokkenen, humusarmen Talhängen mit geringen Niederschlagsmengen sein Fortkommen findet. Bei uns sind die noch vorhandenen Kiefernbestände als Relikte zu werten, die sich aus der postglazialen Zeit, während der sie ausgedehnte und zusammenhängende Gebiete bewohnten, bis in die Gegenwart erhalten konnten. Den kargen, trockenen Böden entsprechend finden wir ausdauernde und zählebige Pflanzen in der Gesellschaft der Kiefer. Erika, Preiselbeere, Bärentraube vereinen sich zu einem fast immergrünen Teppich. Seltsam mutet es an, hier im Mai eine schöne Orchidee mit grünlichweißem Blütenstand zu finden. Zweiblättriges Breitkölbchen (Platanthera bifolia Rich.) ist der konstruktive Name dieser starkduftenden Waldbewohnerin, in deren Umgebung das Rote und Weiße Waldvögelein häufig zu sehen ist.

An trockenen Süd- und Westhängen des montanen und subalpinen Gürtels haben wir die härteren, aber viel Licht heischenden Lärchen zu suchen. Ihre untere Verbreitungsgrenze liegt bei 900 m, die obere bei 1600 m. Einzelexemplare halten sich in extremen Fällen auch noch bei 2350 m. Stehen die

Bäume in größeren Abständen voneinander entfernt, spricht man von Lärchenwiesen. Diese lichtdurchfluteten Nadelholzhaine ermöglichen das Aufkommen von mehr Blütenpflanzen, als dies im schattigen Fichten- und Föhrenwald sein kann. Der Boden des Lärchenwaldes ist meist von harten Gräsern bewachsen. Unter ihnen nimmt das anspruchslose Borstgras den Vorrang ein. Gleich nach der Schneeschmelze erscheinen die dichtbehaarten, weißen, außen lilagefärbten Sterne der Frühlingsküchenschelle (P. vernalis). In knapper Folge erblühen die hochstengeligen Bergküchenschellen (P. montana). Die an die lebhaft gefärbten Blüten der Osterglocke, welche die submontane Zone kaum überschreitet, erinnernden Glocken sind unscheinbarer, von einem verwaschenen Lila und völlig geruchlos. Bald darauf erscheinen die blauen stengellosen Enzianarten. Das sogenannte Schusternagele (G. verna) eröffnet den Reigen. Die polsterbildenden Blütenstände können vom dunkelsten Blau bis ins reinste Weiß variieren. Fast gleichzeitig erschließen sich die tiefblauen Becher des Clusischen (auf Kalkböden) und Kochschen Enzians (auf sauren Böden). Beide zählen zu vikariierenden Arten des Dolomitengebietes, wie dies bei der Alpenküchenschelle (P. alpina) und Schwefelanemone (P. alpina ssp. sulphurea) der Fall ist. Wo der an Ausblicken reiche Steig vom Fassajoch zum Sellapaß führt, ist dieses anmutige, aber giftige Hahnenfußgewächs in beiden Erscheinungs- und transitorischen Formen — je nach der Bodenzusammensetzung des Standortes — zu sehen. Auf Flachmooren oder sumpfigen Stellen des Lärchenwaldes beobachtet man häufig die fast rasenbildende Mehlprimel (P. farinosa). Ihre doldenartigen Blütenköpfchen verändern die Ausfärbung von dunklem Rot bis ins reinste Weiß. An der Obergrenze des Lärchenwaldes begegnen wir dem Niederliegenden und Gestreiften Seidelbast (Daphne gen.). Allen Bergwanderern ist er wegen seines intensiven Duftes wohlbekannt. Besonders schöne Lärchwiesen stufen sich unterhalb der Armentarola und des Kreuzkofels im Gadertal. Die Lärche erreicht ein Alter bis zu 700 Jahren und zählt mit der gleich ausdauernden Zirbelkiefer zu den zähesten hochstämmigen Nadelhölzern unserer Heimat.

Die Zirbelkiefer ist ein prächtiger und uriger Baum des Hochgebirges. In Europa kommt sie, an rein kontinentales Klima gebunden, nur in den Alpen und Karpaten vor. Ihr nächstes, ungleich ausgedehnteres Verbreitungsgebiet ist Zentralasien. Die größten noch bestehenden zusammenhängenden Zirbelbestände sind bei uns im Grödner Tal erhalten. Ihr Vegetationsgürtel liegt zwischen 1000 und 2300 m Meereshöhe. Das Holz der Zirbe wird von den Grödner Bildschnitzern besonders geschätzt; die eßbaren Samen, „Nießlen" genannt, von Hirten, Kindern und Zirbelhähern (Gratschen) gerne gesammelt und gegessen. In Gesellschaft der Zirbelkiefer lebt auch die Latsche oder Legföhre sowie die Grünerle. Beide ertragen die durch die Höhenlage bedingten Verhältnisse gut. Sie setzen erosiven Kräften des Windes, des Wassers und Schnees zähen Widerstand entgegen und sind im Winter der beste Schutz gegen Lawinen. Man hat in besonders lawinengefährdeten Lagen erfolgreich Anpflanzungen vorgenommen. Noch so tiefe und schwere Schneeschichten vermögen beide geschmeidigen Gewächse nicht zu schädigen. Die Rostblättrige und die Behaarte Alpenrose haben in diesem Gürtel ebenfalls einen charakteristischen Anteil am Gesamtbild der vegetativen Decke. Die Behaarte Alpenrose bevorzugt kalkarme Böden, während ihre rostblättrige Verwandte saure Böden liebt. Die kreisrunden, niedrigen, blaugrünen Büsche des Zwergwacholders, der nur ausnahmsweise Früchte trägt, fügen sich dazwischen. Endlich soll noch der sehr schöne Blaue und Gelbe Eisenhut (Aconitum Napellus L. und A. Lycoctonum L.) Erwähnung finden. Die Schäfte dieser üppig belaubten Hahnenfußgewächse werden bis zu 150 cm hoch. An ihren Enden erscheinen im Juli und August die lebhaft gefärbten Blütenstände, die besonders von großen Hummeln gerne angeflogen werden. Bei Schaf- und Viehlägern rund um Almhütten ist der Eisenhut fast immer zu sehen. Er gedeiht von der oberen Waldzone bis hoch in die alpine Stufe hinein. Alle Eisenhutarten sind außerordentlich giftig und wirken bei Mensch und Warmblütlern absolut tödlich, nicht so aber bei den Raupen einiger Schmetterlingsarten, die die saftigen Blätter gerne fressen. Die Giftwirkung der Eisenhutarten war schon den Kulturvölkern des Altertums bekannt. Es wird auch berichtet, daß primitive ostasiatische Völker Pfeilgifte aus ihnen gewinnen. Bei uns hat man früher mit dem Absud der Eisenhutwurz, auch Wolfswurz genannt, verlaustes Rindvieh behandelt. Das in der Wurzelknolle vorhandene Alkaloid Akonitin verwendet die moderne chemopharmazeutische Industrie zur Herstellung von Medikamenten.

An der oberen Grenze der Holzgewächse beginnt der eigentliche alpine Gürtel. Von ihm seien hier etliche besonders charakteristische Typen genannt. Wir sehen da die Grasmatten, das Geröll- und Schottergelände und endlich den nackten Fels. Das alles sind besonders geartete Umweltsräume, wovon jeder seine eigene, typische Pflanzengesellschaft beherbergt. In ihrer Gesamtheit ersteht vor uns der alpine Großraum, der an Vielfalt aller darin existenten Gebilde von anderen Landschaftsräumen kaum übertroffen wird.

Der Reigen der Alpenblumen soll in unserem Falle von der Schlernhexe eröffnet werden. Warum die rotblühende Alpen-Grasnelke (Armeria alpina [DC] Willd.) in Südtirol gerade mit den Hexen in Verbindung gebracht wird, kann mit Sicherheit nicht festgestellt werden. Zugegeben, daß der leicht zugängliche Schlern sich oft den Besuch hexenähnlicher Wesen gefallen lassen muß; doch bleibt es trotzdem unverständlich, daß diese anmutige Grasnelke, die sehr häufig auf dem Bozner Hausberg zu sehen ist, damit in Verbindung gebracht wird. In einer durchschnittlichen Höhe von 1900—2800 m blühen vom Juli bis Oktober die violettroten, runden Blütenköpfchen dieser zu den Bleiwurzgewächsen zählenden Alpenblume, die im ganzen Dolomitengebiet heimisch ist. An der Ausfärbung der bunten Decke der blühenden Almen haben die Schmetterlingsblütler mit ihren verschiedenen Klee-, Linsen-, Spitzkiel- und Tragantarten nicht den geringsten Anteil. Der bestandbildende Echte Alpenklee (Trifolium alpinum L.) hält die purpurrote Dominante im Teppich unserer Almen. Vom Kreuzbergsattel und Brennerpaß angefangen, erstreckt sich sein Verbreitungsgebiet in einer Höhenlage von 1600 bis 2500 m westwärts. Er gilt als besonders nährstoffreich und wird deshalb von den Viehhaltern sehr geschätzt. Die tiefgründende Pfahlwurzel (ca. 1 m) verleiht ihm Widerstandskraft und Ausdauer. Auf mehr basischen Böden treffen wir den Goldklee (Trifolium badium Schreb.). Seine endständigen, langgestielten Blütenköpfchen sind anfänglich leuchtend gelb, verfärben sich aber während des Verwelkens von unten nach oben braun. Auch diese Kleeart ist sehr nährstoffreich. Eine weitere häufige Erscheinung der Grashalden ist die Gletscher-Linse (Paca frigida L.). Gelblichweiß ist ihr reicher Blütenstand und die schwach aufgeblasene Frucht länglich. Auf nicht extrem basischen oder sauren Böden ist sie in unserem Gebiet überall zwischen 1500 m und 2500 m zu sehen. Das blaue Farbelement stellen die Schmetterlingsblütler durch den Gebirgs-Spitzkiel (Oxytropis montana [L.] DC.) und den Alpentragant (Astragalus alpinus L.). Beide Arten ziehen den steinigen Untergrund fetten, humösen Böden vor. Mit über 30 Arten sind die Glockenblumengewächse in den Alpen vertreten. Eine der häufigsten und zugleich lieblichsten ist die Bärtige Glokkenblume (Campanula barbata L.), deren hellblauer bis weißlicher, traubiger Blütenstand zottig behaart ist. Von den Zirbelwäldern angefangen, sehen wir sie über die Borstgrasmatten bis zur Felsregion ansteigen, sofern der überwiegende Anteil der Bodenzusammensetzung aus Ton oder Lehm besteht.

Ihr verwandt ist die Kugelige Teufelskralle oder Rundköpfige Rapunzel (Phyteuma orbiculare L.), die wie alle Rapunzelarten durch den eigentümlichen, krallenförmigen Blütenstand auffällt.

Diese sagenumwobenen Alpenblumen werden im ladinischen Sprachraum mit dem Namen „Griflas del diavel“ bezeichnet. Die Kugelige Teufelskralle blüht den ganzen Sommer über. Die Grenzen ihres vertikalen Verbreitungsgürtels werden mit 500 m und 2500 m angegeben. Wegen seiner großglockigen, hellgelben, innen dunkel punktierten Blüten fällt der bis zu 60 cm hoch werdende Punktierte Enzian (Gentiana punctata L.) auf. Unter den nahverwandten hochschäftigen Enzianarten, dem Gelben und Ungarischen Enzian, ist er im Dolomitengebiet der vorherrschende. Die Stauden des Weißen Germers oder der Weißen Nieswurz (Veratrum album L.), die das giftige Protoveratrin enthalten, werden oft mit den hochstengeligen Enzianarten, mit denen sie in Gemeinschaft leben, verwechselt. Der Punktierte Enzian senkt dicke Pfahlwurzeln tief in den Boden. Die oft armdicken und bis zu 6 kg schwer werdenden Wurzeln werden von den Kräutersammlern ausgegraben und zur Destillation des begehrten „Enzeler" verwendet. Dieser im ganzen Alpengebiet bekannte Schnaps soll ein vorzügliches Heilmittel zur Behebung von Magenerkrankungen und anderen Beschwerden sein. Zumal er sich sehr gut trinken läßt, mag das seine Richtigkeit haben. Das Gentiopikrin und Gentiamarin sind die sehr bitteren Wirkstoffe, die nebst Zucker in den Wurzelteilen enthalten sind. Früher hat man in fast allen Sennhütten einen kräftigenden und echten Enzianschnaps erhalten können. Heute gibt es meistens nur einen angesetzten Enzeler, der natürlich nicht im entferntesten an die Güte des gebrannten Erzeugnisses herankommt. Schon von Dioscorides und Plinius wird die Enzianpflanze erwähnt. Sie führen seinen Namen auf den König Gentis, der 200 Jahre vor der Zeitwende in Illyrien herrschte und den Enzian gegen die Pest empfohlen haben soll, zurück.

Gerölle und Schotterhalden sowie Sandhänge, die infolge ihrer Körnung nicht nur sehr wasserdurchlässig sind, sondern sich ständig in kontinuierlichem, wenn auch sehr langsamem Tempo talabwärts bewegen, werden von einer Reihe sehr schöner alpiner Pflanzenarten bewohnt, die sich diesen außergewöhnlichen Verhältnissen weitgehend anpassen konnten. Sie entwickeln zusätzlich zur geotrop orientierten Hauptwurzel ein dem Neigungswinkel des besiedelten Hanges entsprechendes parallellaufendes Nebenwurzelsystem, das die Fähigkeit besitzt, an seinen extremen Enden Vegetationssprossen zu entwickeln, wodurch eine vegetative Vermehrung und Bestandssicherung in den abrutschenden Böden ermöglicht wird. Typische Vertreter dieser spezialisierten Alpenpflanzen sind: die Gemskresse (Thlaspi rotundifolium Gaud.), die von 1400 bis zu 3300 m ansteigt und während des ganzen Sommers blüht. Die reichen Blütendolden sind von hell-violetter Farbe. Dazu gehört das in leuchtendem Blauviolett und Safrangelb blühende Alpenleinkraut (Linaria alpina Mill.), das besonders rund um den Sellastock häufig vorkommt. Auch der Weiße Alpenmohn (Papaver sendtneri Kern) sowie der Gelbe Alpenmohn (Papaver rhaeticum Ler.), die mancherorts in den östlichen und westlichen Dolomiten scharenweise im rutschenden Grobschutt zu beobachten sind, erfreuen durch ihre grazile Formung und reine Ausfärbung der Blütenblätter. Eine außergewöhnlich eindrucksvolle Bewohnerin steriler Gelände ist die nicht sehr häufige Einseles Akelei (Aquilegia einseleana F. W. Schultz). Sie bevorzugt lockere, etwas durchfeuchtete basische Böden geringer Dolomitisierung. Eine Verpflanzung dieser Arten in tiefergelegene Steingärten hat geringe Aussicht auf Erfolg. Die Annahme, den Pflanzen im kontrollierbaren, aber tiefergelegenen Alpengarten bessere Lebensbedingungen zu schaffen als in ihrer natürlichen Umwelt, trügt. Die geheimnisvolle Verzahnung aller lebenfördernden Elemente durch künstliche Kombinationen zu ersetzen, ist noch nicht gelungen.

Unmittelbar vor den aufragenden Felsformationen beobachtet man häufig eine Geländeformation, die man als Geschröfe bezeichnen kann. Dieses Wort, das ausschließlich im oberdeutschen Raum gebräuchlich ist, vermittelt die Vorstellung einer steilen Hanglage, die von Grasnarben, feinkörnigem Sand, harter Erde und Felsrippen und -stufen durchsetzt ist. Nebst den eigentlichen Felsformationen ist das Geschröfe jene Bodenart, in der wir den seltenen Kostbarkeiten der hochalpinen Pflanzenwelt begegnen. Die hochalpinen Gewächse haben hier ihre angestammte Heimat. Der Hausmanns Mannsschild (Androsace hausmanni Leyb.), nach unserem Landsmann Franz Frh. v. Hausmann benannt, der im Jahre 1851 das bedeutsame botanische Handbuch „Flora von Tirol" herausgab, ist ein Dolomiten-Endemit, also eine Pflanze, die ausschließlich in einem engumgrenzten Lebensraum heimisch ist. Im vorliegenden Falle sind es die Fassaner Berge und das obere Cordevoletal. Dieses polsterbildende Primelgewächs ist während seiner Blütezeit von unzähligen kleinen, weißen und rötlichen Blütensternchen übersät. Der Platenigl oder die Felsenaurikel (Primula auricula L.) steht hoch im Ansehen der Alpenblumenfreunde. Die vielblütige, goldgelbe, aromatisch duftende Dolde erscheint im Frühsommer. Sie ist in den Dolomiten nicht so häufig wie in den nördlichen Kalkalpen, doch gibt es schöne Bestände in der Langkofel- und Marmolatagruppe. Bei uns erreicht sie bei 2400 m die obere Grenze ihrer Verbreitung. Um dieser Blume, gleich wie des Edelweiß, habhaft zu werden, sind schon viele allzu waghalsige und ungeübte Berggeher zu Tode gestürzt. Die Tiroler Schlüsselblume (Primula tirolensis Schott.) erreicht in den Dolomiten des ladinischen Sprachraums ihr nördlichstes Verbreitungsareal. Sie ist eine niedliche Zwergprimel, die fünflappige, rote Blütenkronen besitzt. Unter 2000 m ist sie kaum anzutreffen. Die Gold-Primel (Gregoria vitaliana [L.] Duby) hat lebhaft goldgelbe Blüten, die je nach Höhenlagen von Juni bis Juli erscheinen. Die kurzen Blätter sind nadelförmig und haben keine Ähnlichkeit mit den Blättern der echten Primelgewächse.

Bevor auf etliche Vertreter der eigentlichen Felsflora hingewiesen wird, soll ihre Reaktionsfähigkeit auf die ökologischen Umweltverhältnisse erwähnt werden, denen sie sich anpassen müssen, um ihre Existenz zu erhalten. Der Kälte begegnen sie durch niederen Wuchs, Polsterbildung, tiefgründende Wurzelung und erhöhten osmotischen Druck, der durch vermehrten Anteil löslichen Zuckers in den Zellen erzeugt wird. Dadurch sind dahin spezialisierte Pflanzen in der Lage, schadlos bis zu 15 Minusgrade zu überdauern. Der durch die Hochlage bedingten größeren Einwirkung der lebenzerstörenden ultravioletten Strahlen stellen sie absorbierende blaue, violette und rote Farbtöne der Blütenblätter entgegen. Ebenso wird der Behaarung protektive Bedeutung zugemessen. Bei anderen Arten schützen sich die Blütenblätter dadurch, daß sie eine glänzende, strahlenreflektierende Oberflächenschicht produzieren, wodurch solche Blüten eine besondere Leuchtkraft haben. Die teilweise sehr ungleichmäßig verteilten jährlichen Niederschlagsmengen in den Dolomiten und in den Südalpen überhaupt setzen subtilste physiologische Organisation voraus. So sehen wir bei vielen hochalpinen Arten wahre Wunder von Vollkommenheit.

Der botanische Name der Silberwurz, Dryas octopetala L., weist auf die acht reinweißen Blütenblätter hin, aus welchen die Blütenkronen dieses Rosengewächses bestehen. Der aufrechte, drüsig behaarte Stengel wird bis zu 7 cm hoch. Die Blütezeit der im ganzen Dolomitengebiet heimischen Silberwurz zieht sich durch den ganzen Sommer hin. Selbst im verblühten Zustande schmücken die gefiederten, silbrigen Fruchtstände, denen der Osterglocken ähnlich, die dem Winter entgegendämmernde Felslandschaft. Das Dolomiten-Fingerkraut (Potentilla nitida Torner), ebenfalls ein polsterbildendes, rotblühendes Rosengewächs, zählt zu jenen Arten, die disjunkte Verbreitungsgebiete haben, d. h. weit voneinander getrennte inselartige Standortsräume. Das Phänomen wird dadurch erklärt, daß durch ehemals zusammenhängende Gebiete im Quartär Gletscherströme flossen, wodurch das Pflanzenleben großer Landschaftsstriche vernichtet wurde. Die seither veränderten Umweltverhältnisse gestatteten den Zusammenschluß der isolierten Areale nicht mehr. Das Dolomiten-Fingerkraut lebt ausschließlich auf Kalk oder Dolomit der Südalpen und des Nordapennin. Auf den Melaphyr- und Porphyritlägern der Marmolatagruppe kann man den ziemlich seltenen Himmelsherold (Eritrichum nanum Gaud.) zwischen 1800—2500 m Höhe finden. Die himmelblauen, kleinen, dem Vergißmeinnicht gleichenden Blüten sitzen nahezu stengellos auf den niederen Polstern der Pflanze auf. Nur kurze Zeit, im Juli oder August, sind sie zu sehen. Zwei Baldrianarten verdienen besondere Aufmerksamkeit. Die eine ist die in den östlichen Dolomiten vorkommende und bis zu 2800 m aufsteigende Valeriana elongata Jacq., deren Blüten schmutziggelb sind; Zwerg-Baldrian (Valeriana supina Ard.) nennt sich die andere. Das in senkrechten Wänden hausende Pflänzchen schmückt sich im Juli und August mit zartrosa bis blauen Blüten. Seine obere Verbreitungsgrenze erreicht es bei 2500 m. Als Leitpflanze typischer Felsbewohner kann das Vielstengelige Fingerkraut (Potentilla caulescens Torner) gelten. Es wird bis zu 30 cm hoch und blüht im ganzen Dolomitengebiet im Hoch- und Spätsommer zwischen 1000 und 2400 m. Niederliegend ist die Herzblättrige Kugelblume (Globularia cordifolia L.), die, in Felsritzen oder -bändern verankert, blaue, kugelförmige Blütenköpfchen während des ganzen Bergsommers austreibt. Sie erreicht bei 2800 m ihre Höchstgrenze, ist aber auch angeschwemmt an Bachrändern in niedrigeren Lagen fallweise zu sehen. Ein Endemit der Bleichen Berge ist die Dolomitenglockenblume (Campanula morettiana Rchb.). Die trichterförmigen Kronen sind blau mit purpurner Schattierung. Im Spätsommer ist sie an exponierten Wandfluchten um den Falzaregopaß und Sellastock zu sehen. Ihren Namen verdankt sie G. Moretti, Professor der Botanik, der zu Beginn des vorigen Jahrhunderts an der Universität Pavia wirkte. Großköpfige Teufelskralle (Phyteuma comosum L.) ist der Name der schönsten und elegantesten Alpenpflanze unserer Dolomit- und Kalkalpen. Die Einzelblüte ist am Grunde blasig aufgetrieben und endet in einer weitausgezogenen dünnen Geißel, die in zwei auswärts zurückgewundenen Spitzen verläuft. Sieben bis zwanzig Einzelblüten sind zu einer Dolde vereinigt. Die Blüten können vom zartesten Rosa oder Blau alle Schattierungen bis Schwarz zeigen. Die Geißeln sind stets dunkler als der Blütengrund. Am Schlern wurde eine Blume von tiefstem Violett mit 4 cm Länge beobachtet. Diese phantastische Blume sprießt aus kleinsten Felsspalten, in die sie tief ihre Wurzeln versenkt, hervor. Glücklicherweise sind ihre Standorte an mehr oder weniger schwer erreichbaren Stellen, sonst wäre sie ob ihrer einmaligen Schönheit sicherlich, wie dies leider bei anderen, leicht auffindbaren Pflanzen der Fall ist, der Sammelwut ignoranter Blumenmarder zum Opfer gefallen.

Sowohl die Existenz als auch die Fortpflanzung aller hochalpinen Pflanzen ist in der von Extremverhältnissen charakterisierten Umwelt äußerst schwierig. In Überlegung dieser Tatsache sollte jedem denkenden und naturverbundenen Menschen der Schutz aller floristischen Erscheinungsformen selbstverständliche Verpflichtung sein. Eine kurze Umschau nächst den Schutzhütten oder in der Umgebung der leicht erreichbaren Dolomitenpässe beweist nur zu gut die durch menschlichen Unverstand vorgetriebene Verödung und Zerstörung kostbarsten Gutes.

Die hier getroffene kleine Auswahl aus der überreichen und großartigen Alpenflora der Dolomiten soll lediglich dem Bergwanderer, Naturfreund und Gast den Blick für die tausendfachen Schönheiten unserer Heimat Südtirol weiten und die Ehrfurcht vor allen Schöpfungsgestaltungen vertiefen.

Für den freundlich genehmigten Abdruck des meisterhaften und illustrativen Artikels „Floristisches aus den Dolomiten" sei den Verwaltern des Nachlasses von Hanns Forcher-Mayr (1899—1974) hier nochmals herzlich gedankt. Forcher-Mayr hat unbestreitbar zu den besten Kennern der dolomitischen Blumenwelt gezählt.

Benützte Werke

Alton, G.: Das Grödental. In: Zeitschrift des DÖAV, Jg. 1888, Bd. XIX, München.

Alton, Johann: Beiträge zur Ortskunde und Geschichte von Enneberg und Buchenstein. In: Zeitschrift des DÖAV, Jg. 1890, Bd. XXI, München.

Egger, Josef: Geschichte Tirols. Universitätsverlag Wagner, Innsbruck 1872.

Frei, Mathias: Gröden und sein Heimatmuseum. Hrsg. v. Museum de Gherdeina, St. Ulrich 1966.

Garber, Josef: Die Reisen des Felix Faber durch Tirol in den Jahren 1483—1484. Universitätsverlag Wagner, Innsbruck 1923 (= Schlern-Schriften Nr. 3).

Handbuch der historischen Stätten. Österreich, Bd. 2: Alpenländer mit Südtirol. Hrsg. von F. Huter in Zusammenarbeit mit H. Bachmann, H. Klein, G. Moro u. a. Kröner-Verlag, 2. Aufl. Stuttgart 1979 (= Kröners Taschenausgabe Nr. 279).

Heuberger, Richard: Rätien und Ladinien. In: Ladinien, Land und Volk in den Dolomiten. Jahrbuch des Südtiroler Kulturinstitutes 1963/64, Bozen.

Humberdrotz, Rudolf: Die Chronik des Klosters Sonnenburg. I. Bd. 1597—1766; II. Bd. 1767—1781. Universitätsverlag Wagner, Innsbruck 1964/65 (= Schlern-Schriften Nr. 226).

Huter, Franz: Die Besiedlung des „Landes im Gebirge". In: Jahrbuch des DAV, Bd. 70, Verlag F. Bruckmann, München 1939.

Huter, Franz: Die geschichtliche Stellung von Ampezzo-Haiden. In: Beiträge zur Geschichte und Heimatkunde Tirols. Festschrift zu Ehren Hermann Wopfners Bd. I. Universitätsverlag Wagner, Innsbruck 1947 (= Schlern-Schriften Nr. 52).

Huter, Franz: Südtirol. Tausendjährige Heimat, 3. Aufl., Tyrolia-Verlag, Innsbruck 1964.

Innerebner, Georg: Verschiedene Veröffentlichungen über Wallburgen. In: Der Schlern, versch. Jge., Athesia-Verlag, Bozen.

Innerebner, Georg: Vorgeschichtliche Höhensiedlungen in Südtirol. In: Jahrbuch des ÖAV, Bd. 79, Innsbruck 1954.

Klebelsberg, Raimund von: Geologischer Führer durch die Südtiroler Dolomiten. Verlag Borntraeger, Berlin 1928.

Klebelsberg, Raimund von: Der Südtiroler Dolomiten-Rand. In: Jahrbuch des ÖAV, Bd. 82, Innsbruck 1957.

Kostner, Franz: Franz Kostners Leben für seine Dolomiten-Heimat. Eigenverlag, 1965.

Kuhn, Alwin: Das Ladinische. In: Jahrbuch des ÖAV, Bd. 84, Innsbruck 1959.

Lutz, Wilhelm: Gröden. Landschaft, Siedlung und Wirtschaft eines Dolomitentales. Universitätsverlag Wagner, Innsbruck 1966 (= Tiroler Wirtschaftsstudien Nr. 21).

Lutz, Wilhelm: Gröden Landschaft und Mensch. In: Jahrbuch des ÖAV, Bd. 83, Innsbruck 1958.

Lutz, Wilhelm: Die Seiser Alm. In: Jahrbuch des ÖAV, Bd. 85, Innsbruck 1960.

Moroder, Franz: Das Grödner Tal. Hrsg. von der Sektion Gröden des DÖAV, St. Ulrich in Gröden 1914.

Mussner, Norbert: Wanderführer durch Gröden. Hrsg. von der Kurverwaltung St. Ulrich, 3. Aufl.

Paulin, Karl: Die schönsten Sagen aus Südtirol. Universitätsverlag Wagner, Innsbruck 1947.

Rasmo, Nicoló: Die Kirche von St. Vigil in Enneberg. Bozen 1962 (= Kultur des Etschlandes Nr. 2).

Richter-Santifaller, Berta: Die Ortsnamen von Ladinien. Universitätsverlag Wagner, Innsbruck 1937 (= Schlern-Schriften Nr. 36).

Steub, Ludwig: Drei Sommer in Tirol. Verlag H. Hugendubel, München 1899.

Stolz, Otto: Geschichtskunde der Gewässer Tirols. Universitätsverlag Wagner, Innsbruck 1936 (= Schlern-Schriften Nr. 32).

Stolz, Otto: Politisch-historische Landesbeschreibung von Südtirol. 3. und 4. Lieferung: Die Viertel Eisacktal und Pustertal. Universitätsverlag Wagner, Innsbruck 1939 (= Schlern-Schriften Nr. 40).

Stolz, Otto: Geschichte des Zollwesens, Handels und Verkehrs in Tirol und Vorarlberg. Universitätsverlag Wagner, Innsbruck 1953 (= Schlern-Schriften Nr. 108.)

Vian, Josef Anton: Gröden, der Grödner und seine Sprache. J. Wohlgemuth'sche Buchdruckerei, Bozen 1864.

Vittur, Alois: Enneberg in Geschichte und Sage. Selbstverl. Lana a. d. E. 1912.

Weingartner, Josef: Tiroler Burgen. Bearbeitet und ergänzt von Oswald Graf Trapp. Tyrolia-Verlag, Innsbruck 1962.

Weingartner, Josef: Die Kunstdenkmäler Südtirols, Bd. I. Vierte Auflage, bearb. von Josef Ringler, Tyrolia-Verlag, Innsbruck 1965.

Widmoser, Eduard: Südtirol-Brevier von A bis Z. Südtirol-Verlag, München-Innsbruck 1966.

Wolff, Karl Felix: Zur Altertumskunde Ladiniens. In: Südtirol, Land europäischer Bewährung. Festschrift zum 70. Geburtstag Kanonikus Michael Gampers. Universitätsverlag Wagner, Innsbruck 1955 (= Schlern-Schriften Nr. 140).

Wolff, Karl Felix: Die Besiedlung der Dolomitentäler. In: Jahrbuch des AVS, Bozen 1950.

Wolff, Karl Felix: Dolomitensagen. Sagen und Überlieferungen, Märchen und Erzählungen der ladinischen und deutschen Dolomitenbewohner. 12. deutsche Aufl. Tyrolia-Verlag, Innsbruck 1969.

Wolff, Karl Felix: Monographie der Dolomitenstraße. Verlag der Moser'schen Buchhandlung, Bozen 1908.

Wolkenstein, Marx Sittich von: Landesbeschreibung von Südtirol (aus der Zeit um 1600). Hrsg. von einer Arbeitsgemeinschaft von Innsbrucker Historikern. Universitätsverlag Wagner, Innsbruck 1936 (= Schlern-Schriften Nr. 34).

Literaturhinweise

Artoni, Carlo: 4 Ladinische Täler. Sonne und Schnee in Gröden und im Fassatal, in Buchenstein und im Gadertal. Verlag Manfrini, Calliano-Trento 1969.

Bossi Fedrigotti, Anton Graf: Die Front im Pustertal 1915—1917; Das Gadertal. In: Pustertal. Athesia-Verlag, Bozen 1967.

Brandstätter, Otto: Tirols Schicksalsjahre 1914—1918. In: Reimmichls Volkskalender 1969. Athesia-Verlag, Bozen.

Brandstätter, Otto: Südtiroler Verkehrswege in alter und neuer Zeit. In: Reimmichls Volkskalender 1970. Athesia-Verlag, Bozen.

Delago, Hermann: Dolomiten-Wanderbuch. 13. Aufl., durchges. und erg. von Josef Rampold. Tyrolia-Verlag, Innsbruck 1979.

Fink, Hans: Verzaubertes Land. Volkskult und Ahnenbrauch in Südtirol. Tyrolia-Verlag, Innsbruck 1969.

Frass, Hermann: Wunderwelt der Dolomiten. Mit einer geologischen Einführung von P. Viktor Welponer. Athesia-Verlag, Bozen 1978.

Hager, Hansjörg: Bergwanderführer Dolomiten. 77 ausgewählte Bergwanderungen zwischen Bozen und Sexten. Bergverlag Rudolf Rother, München 1977.

Hager, Hansjörg: Vom Rosengarten zur Marmolata. Wanderungen, Übergänge und Gipfelersteigungen. Bergverlag Rudolf Rother, München 1976.

Hiebeler, Toni: Das Dolomiten-Skibuch. Mit einem beigebundenen Spezialführer der Dolomiten-Skihochroute. Schroll-Verlag, Wien 1966.

Höhne, Ernst: Vom Gaspedal zum Gipfelkreuz. Bd. II: 150 Bergwanderungen vom Auto zwischen Kühtai und Fedajapaß. Bergverlag Rudolf Rother, München 1967.

Ladinien, Land und Volk in den Dolomiten. Jahrbuch des Südtiroler Kulturinstitutes 1963/64, Bozen.

Langes, Gunther: Autorama I — Bild-Autoführer durch Südtirol, Dolomiten, Ortler, Gardasee. 9. Aufl., Innsbruck 1979.

Langes, Gunther: Die Front in Fels und Eis, Athesia-Verlag, Bozen 1979 (7. Aufl.).

Langes, Gunther: Skirama I — Bild-Skiführer durch Südtirol, Dolomiten, Ortler. Universitätsverlag Wagner, Innsbruck 1964.

Langes Gunther: Grödner Tal. Ein Kurz-Führer. 4. Aufl., durchges. und erg. von Norbert Mussner. Bergverlag Rudolf Rother, München.

Langes, Gunther: Westliche Dolomiten. Bergverlag Rudolf Rother, München 1978 (= Dolomiten-Kletterführer Bd. I).

Langes, Gunther: Nordöstliche Dolomiten. 4. Aufl., Bergverlag Rudolf Rother, München 1977 (= Dolomiten-Kletterführer Bd. IIa).

Langes, Gunther: Rosengarten-, Geisler- und Langkofelgruppe. 6. Aufl., Bergverlag Rudolf Rother, München 1969 (= Dolomiten-Kletterführer Bd. Ia).

Langes/Knoll/Lantschner: Marmolata-Rosengarten. Kurz-Skiführer. 4. verbess. Aufl., Bergverlag Rudolf Rother, München.

Larisch, Hermann / Kofler, Erika: Fremdenführer für Bruneck, Corvara und . . . Selbstverlag, Bozen 1967.

Lechner, Auguste: Dolomitensagen (2 Bände), für Jugend und Haus erzählt von . . . Tyrolia-Verlag, Innsbruck 1964 bzw. 1969.

Lutterotti, Otto R. v.: Eine Bildhauerwerkstatt des Barocks: Die Benedetti und Dominikus Moling. Athesia-Verlag, Bozen 1941 (= Beiheft zum „Jahrbuch für Geschichte, Kultur und Kunst" Nr. 7).

Merian, Das Monatsheft der Städte und Landschaften: Südtirol (Heft 11/X); Die Dolomiten (Heft 11/XIX). Hoffmann und Campe Verlag, Hamburg.

Pedrotti, Remo / Frass, Hermann: Autostraßen in den Dolomiten. Routenbeschreibungen. Verlag Manfrini, Rovereto-Bozen.

Piaz, Tita: Dolomiten, meine Freiheit. Hallwag-Verlag, Bern und Stuttgart 1965.

Rampold, Josef: Südtiroler Wanderbuch. 60 Wege um Etsch, Eisack und Rienz. 5., erw. Aufl., Tyrolia-Verlag, Innsbruck 1978.

Ringler, Josef: Die Grödner Krippenkunst unserer Zeit. In: Tiroler Krippen unserer Zeit (Bildwerk). Tyrolia-Verlag, Innsbruck 1966.

Sayn-Wittgenstein, Franz Prinz zu: Südtirol und das Trentino. 4., durchges. Aufl., Prestel-Verlag, München 1969.

Schälow, Ernst: Es blüht in den Dolomiten. J. Neumann-Neudamm Verlag, Melsungen.

Sparber, Anselm: Die Brixner Fürstbischöfe im Mittelalter. Athesia-Verlag, Bozen 1968.

Trenker, Luis: Sonne über Sorasass. Roman. Mosaik-Verlag, Hamburg 1962.

Trenker, Luis / Müller-Brunke, Heinz: Gröden im Herzen der Dolomiten. F. Bruckmann-Verlag, München 1962.

Trenker, Luis: Berge in Flammen. Roman. Bertelsmann-Verlag, Gütersloh 1963.

Tumler, Franz: Das Tal von Lausa und Duron. Erzählung. Mit einer Nachschrift des Verfassers zur Neuauflage. Insel-Bücherei Nr. 881.

Wolff, Karl Felix: König Laurin und sein Rosengarten. Höfische Märe aus den Dolomiten. Mit einem Vorwort von Josef Rampold. 5. Aufl., Athesia-Verlag, Bozen 1969.

Wolff, Karl Felix: Zur Urgeschichte Tirols. Kritische Betrachtungen und neue Hypothesen in Sachen der Räterforschung und der Indogermanenkunde. Verlag Ferrari-Auer, Bozen.

Wolkenstein, Oswald von: Um dieser Welten Lust. Leib- und Lebenslieder. Hrsg. von Hubert Witt. Herbig-Verlag, Berlin 1968.

*

Wanderkarten: Grödner Dolomiten — Marmolata-Rosengarten, jeweils mit Kurztext auf der Rückseite, 1:50.000 (beide aus dem Bergverlag R. Rother) ■ Freytag-Berndt Wanderkarten (mit Kurzführer) 1:100.000, Blatt 16: Westliche Dolomiten; Blatt 17: Östliche Dolomiten. — Von Freytag und Berndt gibt es neuerdings auch Blätter 1:50.000, und zwar für das behandelte Gebiet S 1 (Bozen, Meran und Umgebung), S 2 (Pustertal-Bruneck-Drei Zinnen) und S 5 (St. Ulrich-Cortina d'Ampezzo-Marmolata) ■ Kompaß-Wanderkarten 1:50.000, Blatt 54: Bozen — Grödner Tal; Blatt 55: Cortina d'Ampezzo — Abtei; Blatt 57: Bruneck-Toblach-Enneberg; Blatt 59: Sellagruppe-Marmolata; Blatt 76: Palagruppe-San Martino ■ Wanderkarte des Dolomitengebietes von Seis-Kastelruth-Völs-Seiser Alm-Schlern, 1:50.000, Hrsg. von Ander Kreil, Seis.

BILDERNACHWEIS

	Seite
Blumenthal, Adolf Garmisch-Partenkirchen	190
Fischer, Wenzel Garmisch-Partenkirchen	60, 119, 122, 125, 128, 129, 187, 188, 189, 194
Flaim, Bruno - St. Ulrich	53, 58, 68
Frass, Hermann - Bozen	192
Fuchs-Hauffen, Elisabeth Überlingen	Umschlag, 50, 51, 52, 54, 56, 57, 62, 64, 65, 66, 67, 118, 120, 123, 127, 130, 131, 132, 136, 185, 193, 195
Ghedina, Foto - Cortina	121, 124, 191, 196
Löbl, Robert - Bad Tölz	63, 117, 134, 135, 186
Mussner Norbert - St. Ulrich	49, 55, 133
Pertl, Ernst - Bozen	59
Planinschek, Foto Wolkenstein	61
Sottsass, Foto - Olang	126

Die Übersichtskarte auf den Vorsatzblättern erstellte Heinz Matthias, Neumarkt.

Personen- und Ortsregister

Die jeweils am Schluß fettgedruckten Ziffern beziehen sich auf Bildseiten

H

I

J

K

L

Inhaltsübersicht

Ortschaften des Grödentales

Sellajoch — der Weg ins ladinische Fassa

Grödner Joch — Klammer ladinischer Täler

Gadertal

Grenzen und Geschichte der Talschaft

Straßen durch Enneberg und Abtei

Siedlungen und ihr Werden

Sonnenburg
Unt. Pustertal
Kiens
St. Lorenzen
Bruneck
Mühlbach
Lüsener Alm
Astjoch
Montal
Rodeneck
Franzensfeste
Schl. Rodeneck
Reischach
Schabs
Michelsburg
Aicha
Lusental
Saalen
Neustift
Plose
Lüsen
Lüsener Joch
Onach
Zwischenwasser
Welschellen
Brixen
Würzjoch
Untermoj
Elsacktal
Peitlerkofel
Schloß Thurn
Theis
St. Valentin
St. Peter
St. Magdalena
Peitlerscharte
Geislergruppe
Campilltal
Kl. Säben
Gufidaun
Seceda
Albions
Tschövas
Raschötzer-Hs.
Regensburger-Htt.
Klausen
Lajen
St. Peter
Raschötz
Col Raiser
Campill
Langental
Waidbruck
Puez-Htt.
Grödner Tal
R. Wolkenstein
St. Ulrich
Tagusens
Puflatsch
St. Christina
Cir
Puez-Gruppe
Pufels
St. Michael
Hotel M. Pana
Col Pradat
Wolkenstein
Fischburg
Eurotel
D'Anterceppies
Seiser Alm
Kastelruth
Langkofel
Plan de Gralba
Grödner Joch
Colfuschg
Schlernhaus
Plattkofel
Piz Sella
Bamberger-Htt.
Roßzähne
Schlern
Piz Setour
Boè
Seis
Sella-Gruppe
Sellajoch
Col Rodella
Völs
Kölner Hütte
Rosengarten-Gruppe
Canazei
Pecol
Pordoijoch
Campitello
Pian Trevisan
Alba
Fontanazzo
Mazzin
Vajolethütte
Contrin-Hs.
Rualp
Buffaure
Karerpaß
Pera
Ciampedie
Marmolata
Meida
Pozza
Latemar
Val di S. Nicolò
S. Giovanni
Vigo di Fassa
P.so S. Pellegrino
Pellegrino-Tal
Moena
Fassatal
Lusia
Falcade
P.so di Valles
Pala-Gr.

Falzaregopaß — Brennpunkt des Fremdenverkehrs

Ampezzo

Landschaft und Berge in weitem Umkreis

Die große Dolomitenstraße

Front in Fels und Eis

Berühmteste Felsenriffe der Alpen

Blühende Berge Ladiniens

* * *

Sonnenburg
Unt. Pustertal
Kiens
St. Lorenzen
Bruneck
Mühlbach
Lüsener Alm
Astjoch
Montal
Reischach
Franzensfeste
Rodeneck
Schl. Rodeneck
Michelsburg
Aicha
Schabs
Lusental
Lüsen
Lüsener Joch
Onach
Saalen
Neustift
Plose
Zwischenwasser
Welschellen
Brixen
Würzjoch
Untermoj
Elsacktal
Peitlerkofel
Schloß Thurn
Theis
St. Valentin
St. Peter
St. Magdalena
Peitlerscharte
Geislergruppe
Kl. Säben
Gufidaun
Seceda
Campilltal
Klausen
Albions
Tschövas
Raschötzer-Hs.
Regensburger-Htt.
Lajen
St. Peter
Raschötz
Col Raiser
Campill
Waidbruck
Grödner Tal
Langental
Puez-Htt.
R. Wolkenstein
St. Ulrich
Tagusens
Puflatsch
Pufels
St. Christina
Cir
Puez-Gruppe
St. Michael
Hotel M. Pana
Wolkenstein
Col Pradat
Fischburg
D'Anterceppies
Eurotel
Seiser Alm
Kastelruth
Langkofel
Plan de Gralba
Grödner Joch
Colfuschg
Schlernhaus
Plattkofel
Piz Sella
Bamberger-Htt.
Roßzähne
Schlern
Piz Setour
Boè
Seis
Sella-Gruppe
Sellajoch
Col Rodella
Völs
Kolner Hutte
Rosengarten-Gruppe
Canazei
Pecol
Pordoijoch
Campitello
Pian Trevisan
Alba
Fontanazzo
Mazzin
Vajolethütte
Contrin-Hs.
Rualp
Buffaure
Pera
Karerpaß
Ciampedie
Marmolata
Pozza
Meida
Latemar
Val di S. Nicolò
S. Giovanni
Vigo di Fassa
Pellegrino-Tal
P.so S. Pellegrino
Moena
Fassatal
Lusia
Falcade
P.so di Valles
Pala-Gr.